치료도우미 동물학

Therapy Animals

김옥진 · 홍선화 · 김현주 · 유지현 지음

동일출판사

머리말 PREFACE

치료도우미동물이란 동물매개중재 활동에 활용될 수 있는 일정한 자격을 갖춘 동물을 말한다.

국내에서도 한국동물매개심리치료학회(www.kaaap.org)가 2008년 창립되어 인증된 치료도우미동물의 양성과 더불어 국내 동물매개치료의 학술적 지원과 자격을 갖춘 동물매개심리상담사를 양성하는 데 기여하고 있으며, 동물매개치료의 과학적 접근과 학술적 지원을 위하여 국내 유일의 동물매개심리치료학과를 2008년 원광대학교 보건보완의학대학원에 신설하여 동물매개치료의 효과에 대한 과학적 학술활동을 수행하고 있다.

그 동안의 학술활동을 통하여 습득한 동물매개치료의 놀라운 효과와 과학적 검증 결과들을 접하면서, 저자들은 동물매개치료의 핵심 역할을 하는 치료도우미동물을 보다 쉽게 이해하고 활동 가이드라인으로 활용할 수 있도록 치료도우미동물학 기본 교재로 활용될 수 있는 도서를 계획한 바 있다.

본 교재는 동물매개심리상담사와 동물매개치료 관련 전문가들에 치료도우미동물의 이해와 활용을 위한 기본 지침서로 동물매개치료 활동에 큰 도움을 줄 것으로 확신한다.

본 교재의 완성에 큰 도움을 주신 분으로 그 누구 보다 본 교재의 출판을 허락해 주시고 꼼꼼한 출간 작업으로 교재의 완성도를 높여주신 동일출판사 정창희 대표님에게 큰 감사를 드린다. 또한 본 교재의 완성을 위하여 인용 및 발췌를 허락하여 주신 여러 선배님들에게 또한 감사드린다.

본 교재가 동물매개치료의 핵심 역할을 맡고 있는 치료도우미동물에 대한 이해를 도모하고 관련 활동과 연구의 방향을 제시하여 줄 수 있으면 하는 바람으로 이 글을 맺을까 한다.

저자 일동

www.kaaap.org

차례

CONTENTS

Chapter 01

치료도우미동물

Ⅰ. 치료도우미동물의 개요

Ⅱ. 치료도우미동물의 조건과 기준

치료도우미동물이란 동물매개중재 활동에 활용될 수 있는 일정한 자격을 갖춘 동물을 말한다. 치료도우미동물은 한국동물매개심리치료학회의 정해진 기준에 따른 수의학적 관리, 훈련, 동물복지 기준을 충족하는 동물로서 평가에 합격하고 인증된 동물을 말한다. 동물매개치료는 따뜻한 체온을 가지고 있고 부드러운 털을 가지고 있으며, 감정을 가지고 꼬리치고 핥아줄 수 있는 살아있는 동물이 중재의 도구로 활용되는 특징을 가지고 있다.

이러한 이유로 동물매개치료는 다른 어떤 대체요법보다 우수한 효과를 빠르게 달성할 수 있다.

I

치료도우미동물 개요

학습목표 1. 치료도우미동물의 개념을 이해할 수 있다.
2. 중재 도구로서 치료도우미동물의 이점에 대해 알 수 있다.

1. 치료도우미동물이란?

- 동물매개중재 활동에 활용될 수 있는 일정한 자격을 갖춘 동물
- 한국동물매개심리치료학회의 정해진 기준에 따른 수의학적 관리, 훈련, 동물 복지 기준을 충족하는 동물로서 평가에 합격하고 인증된 동물

치료도우미동물이란 동물매개중재 활동에 활용될 수 있는 일정한 자격을 갖춘 동물을 말한다. 치료도우미동물은 한국동물매개심리치료학회의 정해진 기준에 따른 수의학적 관리, 훈련, 동물복지 기준을 충족하는 동물로서 평가에 합격하고 인증된 동물을 말한다.

동물매개중재 활동의 가장 중요한 중재 도구가 치료도우미동물이라 할 수 있다. 중재단위는 치료도우미동물과 펫파트너를 말하며, 인증된 치료도우미동물과 이를 잘 다룰 수 있는 펫파트너가 함께 **중재전문가인** 동물매개심리상담사의 지시에 따라 대상자와 상호작용을 수행하는 것이 동물매개치료 프로그램이라 할 수 있다.

동물매개치료는 중재 도구로서 다른 보완대체의학적 방법들과 다르게 살아있는 치료도우미동물을 활용하기 때문에 효과가 빠르고 능동적인 장점을 가지고 있다. 치료도우미동물로 가장 많이 활용되는 동물은 개다. 그 이유는 개가 가장 오랜 기간 인류와 함께 살아오면서 인간과 동물의 유대가 강하고 상호작용이 가장 뛰어나며 수의학적 관리 또한 용이하기 때문이다.

2. 중재 도구로서 치료도우미동물의 이점

1) 동물매개치료의 특징과 치료도우미동물의 이점

동물매개치료는 따뜻한 체온을 가지고 있고 부드러운 털을 가지고 있으며, 감정을 가지고 꼬리 치고 핥아줄 수 있는 살아있는 동물이 중재의 도구로 활용되는 특징을 가지고 있다. 이러한 이유로 동물매개치료는 다른 어떤 대체요법보다 우수한 효과를 빠르게 달성할 수 있다.

〈표 1-1〉은 치료도우미동물의 중재 역할로 인한 동물매개치료의 특징을 보여주고 있다. 이러한 동물매개치료의 특징은 바로 치료도우미동물이 가지고 있는 특성 때문에 유도될 수 있는 동물매개치료의 특징이자 장점이라 할 수 있다.

표 1-1. 치료도우미동물의 중재 역할로 인한 동물매개치료의 특징

1. 동물매개치료는 다른 대체요법과 다르게, **살아있는 동물이 매개체**로 작용하는 점이 가장 큰 특성이라 할 수 있다.
2. 동물매개치료는 다른 어떤 보완대체의학적 방법들보다 대상자들이 **능동적이며 즐겁게 참여하고 효과 또한 빠르고 지속적**이다.
3. 동물은 살아있고, 감정을 표현하며, 사람 대상자들과 빠른 상호반응을 하기 때문에 내담자인 대상자들에 **빠른 신뢰 형성**과 치료 프로그램에 **적극적인 참여**를 유도하여 **빠른 치유 효과**를 유발할 수 있다.

2) 동물매개치료 과정에서 치료도우미동물의 역할

〈표 1-2〉는 동물매개치료 과정에서 치료도우미동물의 역할을 정리한 것이다. 동물매개치료 과정 동안에 치료도우미동물은 대상자에게 사회적 윤활제, 감정의 촉매자, 선생님으로서 역할, 중간 연결체 역할을 할 수 있다.

(1) 사회적 윤활제

동물매개치료 과정에서 치료도우미동물은 자폐와 같이 사회적 기술 발달이 낮은 대상자들에게 쉽게 친숙해지고 나아가 사람들과도 사회성을 향상시키는 역할을 한다.

(2) 감정의 촉매자

치료도우미동물은 대상자의 친구역할을 하며, 대상자 자신의 감정을 쉽게 털어놓고 슬픔이나 기쁨을 표현할 수 있는 감정의 촉매자 역할을 한다.

(3) 선생님으로서 역할

치료도우미동물은 동물매개치료 과정 동안에 대상자가 간단한 훈련이나 교육 과정에 참여하는 프로그램을 통하여, 대상자에게 지식뿐 아니라 사회적 규범이나 규칙 준수와 같은 도덕을 배우게 할 수 있는 선생님으로서의 역할을 한다.

(4) 중간 연결체

치료도우미동물은 동물매개심리상담사와 대상자(내담자)의 중간 연결체로서 대상자가 동물매개심리상담사에 자신의 비밀을 빨리 털어 놓고 마음의 벽을 허무는 중간 연결체 역할을 한다.

표 1-2. 동물매개치료 과정에서 치료도우미동물의 역할

역할 1	사회적 윤활제
역할 2	감정의 촉매자
역할 3	선생님
역할 4	동물매개심리상담사와 대상자(내담자)의 중간 연결체

II

치료도우미동물 조건과 기준

학습목표 1. 치료도우미동물의 조건을 이해할 수 있다.
2. 치료도우미동물의 종류와 선택 기준에 대해 알 수 있다.

1. 치료도우미동물의 조건

1) 치료도우미동물의 일반 조건

동물매개치료 프로그램에 참여하는 치료도우미동물은 많은 조건들을 충족하여야 한다. 치료도우미동물로 활용되기 위해서는 아래와 같은 최소 조건을 갖추어야 한다.

- 성숙한 연령 (개의 경우는 최소 1살 이상)
- 공격성이 없어야 함
- 기초적인 복종이 되어야 함
- 수의학적인 관리가 수행되어야 함
- 동물매개심리상담사와 호흡이 맞아야 됨

(1) 성숙한 연령

동물의 연령이 너무 어린 경우에 상황에 대한 대처 능력이 떨어지거나 조그만 자극에도 크게 반응할 수 있다.

따라서 어느 정도 성숙한 연령의 동물을 치료도우미동물로 활용하는 것이 권장된다.

단체에 따라 기준은 다르지만, 개의 경우에는 최소 1살 이상의 연령이 치료도우미견으로 적합하다.

(2) 공격성이 없어야 함

동물매개치료 프로그램 수행 과정에 대상자 사람을 치료도우미동물이 물거나 할퀴는 일이 발생하는 일은 사전에 공격성이 없는 동물을 선발하는 것으로 예방할 수 있다. 따라서 성격 검사를 통하여 공격성이 없는 동물을 선발하여 치료도우미동물 활용하는 것이 적합하다.

(3) 기초적인 복종이 되어야 함.

동물매개치료 프로그램 수행을 하기 위해서는 치료도우미동물은 대상자 사람에 대한 복종을 보여야 한다.

따라서 기초 복종 훈련을 통하여 기본적인 복종이 되어야 치료도우미견으로 활용이 적합하다.

(4) 수의학적인 관리가 수행되어야 함

동물매개치료 프로그램 수행을 위한 전제 조건으로 치료도우미동물은 대상자 사람에 전염병을 유발하면 안 된다.

동물로부터 오는 인수공통감염병을 예방하기 위해서는 치료도우미동물은 구충, 예방 접종 및 질병의 예방을 위한 철저한 수의학적 관리를 받아야 한다.

(5) 동물매개심리상담사와 호흡이 맞아야 됨

동물매개치료는 동물매개심리상담사가 치료도우미동물을 활용하여 이루어지는 중재 프로그램이다. 따라서 동물매개치료의 성공을 위한 전제 조건으로 우수한 치료도우미동물이 확보되어야 하고, 또한 동물매개심리상담사와 치료도우미동물의 호흡이 잘 맞아야 된다.

2) 치료도우미견의 선발을 위한 4대 평가

개를 치료도우미동물로 활용되기 위해서는 〈표 1-3〉과 같은 4가지 평가를 통과하여야 한다. 이러한 평가는 한국동물매개심리치료학회 가이드라인에 따라, 각 기준을 통과한 개를 치료도우미견으로 인증하고 있으며, 동물매개치료 활동을 하기 위해서는 인증된 치료도우미견만 중재의 도구로 활용할 수 있다.

표 1-3. 치료도우미동물 선발을 위한 4대 평가

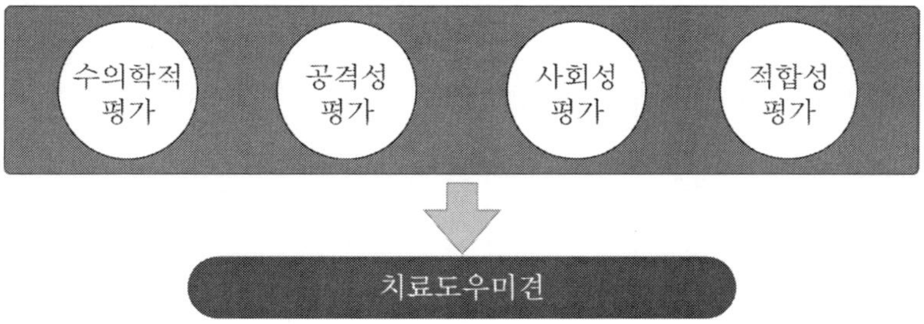

2. 치료도우미동물의 종류 선택 기준

1) 치료도우미동물 선택을 위한 8가지 기준

- '치료도우미동물 선택을 위한 8가지 기준'은 "사육성, 운반성, 상호접촉성, 감정 소통성, 안전성, 인간의 운동성, 동물 자신의 즐거움, 감염의 안전성"과 같다.

계획하는 동물매개치료 프로그램에 적합한 치료도우미동물 종류는 선택 기준에 맞추어 비교 검토 후 선택을 하도록 한다.

치료도우미동물 선택을 위한 8가지 기준은 〈표 1-4〉과 같이 "사육성, 운반성, 상호접촉성, 감정 소통성, 안전성, 인간의 운동성, 동물 자신의 즐거움, 감염의 안전성"과 같다.

표 1-4. 치료도우미동물 선택을 위한 8가지 기준

1	사육성	집에서 쉽게 기를 수 있는가?
2	운반성	사람이 직접 운반할 수 있는 편리성
3	상호 접촉성	사람과 동물과의 신체접촉의 용이성
4	감정 소통성	사람과의 친밀도
5	안전성	동물의 사람에 대한 공격성
6	인간의 운동성	동물과 사람이 함께 운동할 수 있는 정도
7	동물 자신의 즐거움	사람과 같이 지내는 것을 좋아하는지에 대한 정도
8	감염의 안전성	동물로 인해 감염될 수 있는 질병의 위험도

2) 치료도우미동물의 종류와 특성

- 치료도우미 동물 중에서 가장 많이 동물매개치료와 활동에 활용되는 것이 개이다.
- '치료도우미동물 선택을 위한 8가지 기준'에 따라 프로그램마다 적합한 동물 종류를 선택하도록 한다.

사람과 동물이 서로 신체적인 접촉을 할 수 있는 동물은 기니피그, 토끼, 양이나 염소이고 개나 고양이도 안아주거나 쓰다듬기 등 상호 접촉성이 좋은 동물이다. 사람과 동물이 친밀감을 느낄 수 있고 서로 감정을 주고받을 수 있는 동물은 개, 고양이, 말 등이다.

동물이 사람에 대한 공격을 하지 않아 안전한 동물은 물고기, 새, 기니피그, 토끼 등이며 원숭이는 사람에게 공격을 할 수 있어서 조심해야 한다. 동물과 사람이 함께 운동할 수 있는 동물은 개, 말, 돌고래 등이며 물고기나 파충류, 새 등은 함께 운동하기는 어려운 동물이다.

사람과 동물이 함께 어울리는 것을 좋아하고 사람도 즐겁고 동물도 즐거워할 수 있는 동물은 개와 고양이들이다. 동물의 질병이 사람에게 전염될 수 있는 동물은 사람과 유사한 질병을 가지고 있는 원숭이류를 제외하고는 대부분의 동물이 안전한 편이다.

동물매개치료에 활용되는 동물의 선택은 대상자에 따라서 선호도도 다르고 알레르기 등이 있어 특정한 동물을 기피하는 경향이 있지만 대상자에 의해서 선택되는 것이 아니라 동물매개심리상담사에 의해서 프로그램 목적에 적합한 종류가 선택된다.

동물매개심리상담사는 다양한 동물에 대한 지식과 응용기술이 필요하다. 국내에서는 대부분 개를 동물매개치료의 치료도우미동물로 활용하고 있으나, 프로그램에 따라 다양한 동물이 동물매개치료나 활동에 활용될 전망이다.

〈표 1-5〉의 도표는 치료도우미동물의 종류 별로 '치료도우미동물 선택을 위한 8가지 기준'의 적합성을 분석하여 표시한 정리표이다.

동물매개심리상담사는 동물매개치료 프로그램을 설계할 때, 〈표 1-5〉의 도표를 참고하여 적합한 동물 종류를 선택하도록 한다.

표 1-5. 동물 종류에 따른 치료도우미동물 선택을 위한 8가지 적합성 비교

종류	사육성	운반성	상호 접촉성	감정 소통성	안전성	인간의 운동성	동물 자신의 즐거움	감염의 안전성
물고기	★	▽	▽	◇	★	▽	◇	☆
파충류	◇	◇	◇	◇	☆	▽	◇	☆
조류	★	◇	☆	◇	★	▽	◇	☆
햄스터	★	★	◇	◇	☆	◇	◇	☆
기니피그	★	★	★	◇	★	◇	◇	☆
토끼	★	★	★	☆	★	◇	◇	☆
양, 염소	◇	◇	★	☆	☆	☆	◇	☆
소	◇	◇	☆	☆	☆	☆	◇	☆
돼지	◇	◇	☆	☆	☆	☆	☆	☆
고양이	☆	☆	★	★	☆	☆	★	☆
개	☆	☆	★	★	☆	★	★	☆
말	◇	▽	☆	★	☆	★	☆	☆
돌고래	▽	▽	☆	☆	☆	★	◇	☆
원숭이	▽	◇	◇	☆	▽	☆	☆	▽
곤충	☆	★	▽	▽	★	▽	▽	★

★ = 매우 좋음 ☆ = 좋음 ◇ = 보통 ▽ = 나쁨

단원학습정리

1 치료도우미동물이란 동물매개중재 활동에 활용될 수 있도록 한국동물매개심리치료학회의 정해진 기준에 따른 수의학적 관리, 훈련, 동물복지 기준을 충족하는 동물로서 평가에 합격하고 인증된 동물을 말한다.

2 치료도우미동물로 가장 많이 활용되는 동물은 개다. 그 이유는 개가 가장 오랜 기간 인류와 함께 살아오면서 인간과 동물의 유대가 강하고 상호작용이 가장 뛰어나며 수의학적 관리 또한 용이하기 때문이다.

3 동물매개치료치료 과정 동안에 치료도우미동물은 대상자에게 사회적 윤활제, 감정의 촉매자, 선생님으로서 역할, 중간 연결체 역할을 할 수 있다.

4 치료도우미동물의 일반 조건으로는 성숙한 연령, 공격성이 없어야 하며, 기초적인 복종이 되어야 하고, 수의학적인 관리가 수행되어야 하며, 동물매개심리상담사와 호흡이 맞아야 된다.

5 '치료도우미동물 선택을 위한 8가지 기준'은 "사육성, 운반성, 상호접촉성, 감정소통성, 안전성, 인간의 운동성, 동물 자신의 즐거움, 감염의 안전성"과 같다.

6 동물매개심리상담사는 동물매개치료 프로그램을 설계할 때, 대상자의 특성과 프로그램 목표에 적합한 동물 종류를 선택하여 중재에 활용한다.

Chapter 02

치료도우미동물의 종류와 특성

I. 각 동물의 특징과 치료도우미동물의 장단점

I

각 동물의 특징과 치료도우미동물의 장단점

학습목표 1. 치료도우미동물의 특징을 알 수 있다.
2. 치료도우미동물의 종류 별 장단점을 알 수 있다.

1. 개

1) 개의 기원

개는 가장 먼저 가축화된 동물이다. 개의 기원에 대해서는 여러 가지 견해가 있다.

현대의 모든 개들이 한 종의 선조에서 유래되었다는 설과 2종 이상의 야생의 혼혈로 유래되었다는 설이 있다.

화석에 나타난 최초의 동물은 개로 알려져 있으며, 그 연대는 최고 3만 5천 년 전에서 1만 2천 년 전 사이로 거슬러 올라간다.

2) 개의 특성

(1) 신체 구조적 특징

개는 식육목과 개과의 포유류 동물이다. 발가락은 앞발에 5개, 뒷발에 4개로 땅을 걸어 다니는 지행성이고, 땀샘은 피부에 없고 발바닥과 혀에 있다. 개의 크기는 품종에 따라 다르며 어깨 높이는 8-90cm이고, 체중은 4.4-100kg 이상까지도 있다. 털은 장모, 단모, 이중모, 털이 없는 것도 있으며, 빛깔이나 무늬의 변화가 많다.

개는 대뇌가 발달되었고, 감각기관으로 청각과 후각이 뛰어나다.

시력은 100m 정도 떨어진 주인도 식별할 수 없을 정도로 약하지만, 움직이는 물체에 대해서는 민감하게 반응한다.

그림 2-1. 개의 화석

(2) 생태학적 특징

개도 야생상태에서는 여러 마리의 수컷과 암컷이 무리를 이루어 사냥하고 새끼를 돌보며 공동생활을 한다. 개의 무리에는 서열이 정해져 있으며, 그것이 정해져 있지 않으면 싸워서 우열을 가린다.

번식은 일반적으로 봄, 가을에 거쳐 2회 출산을 한다.

개의 수명은 보통 12-16년 정도지만 최근에는 장수하는 개들이 늘어나고 있는 추세이다.

(3) 개의 일반적인 습성

개는 원래 야행성 동물이었기 때문에 좁고 어두운 것을 선호하고 먹이를 구하던 습성이 남아있어 코를 땅에 대고 냄새 맡기를 좋아하며, 배설은 자신의 집에 배설하지 않고 일정한 장소에 배설하며, 야생시절의 먹이를 쫓던 습성으로 눈앞에 움직이는 물체를 본능적으로 쫓는다. 자신보다 큰 동물이나 낯선 환경에서는 공격적인 성향을 보이나, 자신보다 작은 동물에게는 관대하다. 소변으로 영역을 표시한다.

(4) 감각적 특징

개의 감각 중 후각을 100이라 할 때, 청각은 70, 시각은 50, 미각은 20, 촉각은 10 정도여서 개에게는 시각보다 후각이 더 발달되어 있다.

3) 치료도우미동물로서의 장단점 분석 및 SWOT 분석

표 2-1. 치료도우미동물로서의 장단점

장점	• 개는 여러 동물 중 동물 매개 활동이나 치료에 가장 많이 사용되고 있다. • 개는 사람보다 체온이 높아서 안았을 때 사람에게 따뜻하고 포근함을 준다. • 개는 사교적인 동물로 봉사하는 것, 새로운 사람을 만나고 반기는 것을 좋아한다. • 이런 특성은 외롭고 우울한 사람을 위한 동물 매개 치료로써 활용할 수가 있다.
단점	• 훈련이 잘 되지 않을 시 공격성을 보일 수 있다. • 대상에 따라 개의 크기나 특징에 따라 도우미견이 달라져야 한다.

표 2-2. 치료도우미동물로서의 SWOT 분석

강점(Strength)	**약점**(Weakness)
• 체온이 따뜻하다 • 순종적이다 • 훈련을 통해 다양한 활용 가능하다.	• 내담자에 따라 개의 크기나 특성을 고려해야 한다.
기회(Opportunity)	**위협**(Threat)
• 나이, 성별에 상관없이 모든 내담자에게 적용이 가능하다.	• 훈련이 잘 되지 않을 시 예기치 못한 행동으로 내담자에게 위협이 될 수 있다.

4) 개의 사육관리

(1) 개의 영양관리

개의 영양에 미치는 요인으로는 유전, 환경, 신체상태 및 활동정도, 품종 등이다.

표 2-3. 성장 단계별 영양관리

성장 단계	영양관리
강아지(puppy)	성장기에는 성장 속도가 빠르므로 에너지 요구량 또한 매우 높다. 1일 3~5회 사료를 공급하고 에너지 밀도와 소화율이 높은 사료를 공급한다.
성견(adult)	유지기로 균형 잡힌 식이만 공급한다. 이 시기에 많은 양의 에너지 공급은 비만의 원인이 되며, 1일 필요 요구량만 제공하도록 한다.
노령견	장 기능이 8년령부터 저하되기 시작하므로 저영양 밀도의 사료를 공급하는 것이 좋다. 또한 활동량의 감소로 에너지 요구량도 감소하게 된다. 비타민의 경우 체수분의 변화로 인해 증가하게 된다. 영양 밀도는 낮고 비타민은 증가된 기호성이 높은 사료가 좋다.
임신견	임신 첫 5~6주 동안까지는 평소 공급량만큼 먹이고 임신 5주령부터는 서서히 증가시켜 15~25%까지 증가된 사료를 공급한다. 또한, 임신 말기에는 복강 내 공간 축소로 인해 소량이며 고영양의 사료를 준다.

강아지의 경우 한참 성장하는 단계이기 때문에 성견에 비해 체중당 2-3배(생후 6-8주령은 성견의 3배, 생후 16-24주령은 성견의 2배)의 에너지를 요구한다. 이 기간이 개의 일생 건강을 결정하는 중요한 시기이므로 강아지에게 필요한 영양분을 이상적으로 공급해 주어야 한다. 개는 태어나서 1년 만에 신체적 성장이 끝날 정도로 매우 빠른 성장을 하는 동물이다. 강아지는 생후 1년 동안에 체중으로 보면 약 60배의 성장을 한다. 인간의 경우 2배이다. 그만큼 강아지는 많은 영양을 필요로 한다. 또 개의 품종, 운동량 등에 따라서 필요한 에너지의 양이 달라지므로 상태에 따라 급여한다.

(2) 금기 식품

① 정어리, 고등어 등 등푸른 지방 → 종종 습진과 알레르기의 원인.
② 닭 뼈와 생선 뼈, 씨 있는 과일 → 장이 상할 수 있으며, 작은 뼈 전체를 삼켜서 식도나 장이 폐쇄되는 경우도 있고 소화불량의 원인이 되기도 한다.
③ 비스킷, 초콜릿, 사탕, 우유 등 사람 음식
→ 설사, 비만, 쇼크의 원인
④ 후추, 고추 등 자극성 식품

(3) 질병 증사에 따른 예측

① 설사 : 급성, 만성질환, 디스템퍼, 파라티프스, 식중독, 회충증 등
② 변비 : 디스템퍼, 항생제 과다투여, 장의 유착, 복수증
③ 혈변 : 콕시듐성, 파보바이러스성, 살모넬라성 장염, 렙토스피라증, 십이지장충, 편충증
④ 기침 : 전염성 기관지염 등
⑤ 동작의 둔화 : 구루병, 슬개골
⑥ 식욕감퇴 : 급성위염, 자궁축농증, 위궤양, 위장 이물질 등
⑦ 구토 : 위염, 뇌염, 뇌막염, 복막염, 톡소플라스마, 간질환 등
⑧ 귀를 긁거나 털음 : 외이염, 귀 개선충증
⑨ 엉덩이 비빔 : 항문낭, 촌충증
⑩ 눈동자 흐려짐 : 망막손상, 안구내, 안검염
⑪ 탈모, 경련 : 농가진, 모낭염, 여드름, 개선충증, 모낭충증, 진드기, 피부사상균증, 식이과민증, 담마진과, 지루성 피부염, 피부낭포, 갑상성기능저하 등
⑫ 침 흘림, 악취 : 치주질환
⑬ 통증 : 구루병, 슬개골

(4) 질병 종류

① 전염성 간염

홍역과 유사한 증상을 나타내는 질병으로서 강아지 때 급사하는 경우를 제외하고는 사망률이 10% 정도로 예방법은 DHPPL 종합백신을 적기에 접종하는 것이다.

병든 개의 오줌을 통해 접촉이나 경구 감염되며, 잠복기는 5일 정도로 발병되면 고열, 눈 점막, 편도선의 부종, 구토나 설사가 발생될 수도 있다. 정도에 따라 황달이 나타나며, 7일 정도 지나면 회복기에 들어가는데 이때 눈의 각막이 희게 또는 자줏빛으로 흐려지는 경우가 많으나 2차 감염이 없는 한 회복되면 자연히 맑아진다.

② 렙토스피라증

인수공통 전염병으로 들쥐에 의해 전파된다. 갑작스런 고열, 오한, 황달, 유산구강점막궤양, 출혈성 설사, 저체온이 되어 수일 내에 폐사하게 된다. 예방은 혼합백신 DHPPL을 적기에 접종하고 들이나 야외에서 불결한 곳에 코를 대고 냄새를 못 맡게 하고, 아무거나 주워 먹지 못하도록 해야 한다.

③ 파보바이러스 감염증

전염력과 폐사율이 미접종의, 감염된 변을 통해 접촉이나 경구 전염이 이루어진다.

심한 구토와 설사로 인해 어린 강아지에게 치명적이다. 일단 발병되면 치료가 쉽지 않기 때문에 파보 백신을 미리 접종해야 한다.

④ 홍역

전염성이 강하고 폐사율이 전신감염증으로서 눈곱, 소화기 증상, 호흡기 증상, 신경 증상 등의 임상 증상을 보이며 간혹 발바닥이나 코가 딱딱해지고 균열이 생기는 경우도 있다.

일반적으로 개과와 족제비과에서 4-5개월령의 모견이 정기적인 예방백신과 평상시 면역을 유지하기 위한 사양관리가 필요하다.

특히 질병 초기에 콧물, 눈꼽, 기침 등의 감기와 같은 증상을 보이기 때문에 가벼운 감기로 생각하는 경우가 많으며, 시간이 경과함에 따라 증상은 점점 심해지며, 외부로 발산되는 침에 의해서 다른 건강한 개에게 쉽게 전염될 수 있는 위험성을 가지고 있다.

개홍역(디스템퍼)에 90%의 개가 죽게 된다. 만일 살아남는다면 심한 신경학적 후유증(뇌 손상)으로 인해 평생 마비 증상으로 고통 받는 경우가 많다.

⑤ 광견병

모든 온혈동물에 감염되는 치명적인 법정전염병으로서 사람이나, 다른 동물을 물었을 때 타액을 통해 전파되어 사람에게는 공수병을 일으킨다. 국내에서는 철책선 인근의 오소리, 너구리 등 야생동물이 감염되어 이 동물이 개나 소 등을 물어 광견병을 일으키고 있다. 광견병에 걸린 개는 불안해하는 전구기 증상이 36시간 정도 진행되며 병견은 멀리 방란하면서, 눈의 충혈을 보이고 침을 흘리며 꼬리를 가랑이 사이로 밀어 넣는 등의 광조기 증상을 나타낸다. 그 후 후구부터 인후두가 쉰 소리를 내고 질병의 말기에 가서는 근육이 마비가 되어 입을 벌린 채 침을 흘리고 휘청거리다가 쓰러져 죽게 되는데 대체로 발병일로부터 1주일이면 죽게 된다. 만일 의심이 가는 개에게 물렸을 경우 물린 부위의 피를 짜내고 광견병 예방접종의 여부를 확인한 후 10일 동안 입원을 시켜 광견병 여부를 검사하며, 10일 동안 경과해도 개에게 아무런 증상이 없으면 광견병을 의심하지 않아도 된다.

⑥ **코로나 바이러스성 장염**

전염성이 강하고 구토와 설사를 주 증상으로 하므로 파보바이러스 감염증과 유사하다.

생후 4-16주령에 발열, 식욕부진이 나타나며, 그 후 설사와 구토 증상을 보인다.

파보바이러스에 비해 열이나 혈액변이 약하게 나타나고 때로는 복부 내 가스가 차서 통증을 보일 때도 있다. 예방접종이 최선이다.

⑦ **전염성 기관지염**(켄넬코프)

호흡기 바이러스와 세균에 관여해서 일어나는 급성 호흡기 질병으로 감염된 개의 오줌과 직접 접촉하거나 오줌에 오염된 물과 접촉했을 때 전염되며 전염력이 매우 강한 질병이다.

어린 강아지에게서 심한 증상이 나타나며 콧물과 마른기침이 특징이며 연속적인 기침 후에 구토가 뒤따른다. 평상시 영양관리와 예방접종이 최우선 방법이다.

5) 사회화 훈련 방법

생후 6주에서 4개월까지는 사회화 형성의 중요한 시기이므로, 다양한 사람과 접촉할 수 있도록 한다. 다양한 환경이나 장소에서 접촉할 수 있게 하고 즐거운 경험을 갖게 한다. 다른 개나 여러 동물(고양이, 새 등)과 함께 접촉할 수 있도록 한다. 강아지를 혼내거나 무섭게 하여 두려움을 느끼지 않게 해야 한다.

6) 스트레스 관리

동물매개치료에 이용되는 치료도우미 동물들은 많은 스트레스를 받게 된다. 대상자에 따라 다르지만 실제로 동물매개치료 초기에는 한회기만 마쳐도 치료도우미동물이 지치고 많은 스트레스를 받게 되는 경우가 많다. 오랜 시간 불안정한 상태에서 휴식을 취하지 못하거나 내담자의 거칠고 과격한 행동이 주요원인이 된다.

동물이 느끼는 스트레스 신호를 잘 알아차리고 그에 맞는 적절한 대처를 해야 한다. 스트레스를 받게 되면 심리적, 신체적, 행동적 증상이 나타난다.

동물매개심리상담사는 동물의 증상을 빨리 파악하여 안정을 취하게 하고 스트레스 유발요인을 제거해 주어야 한다.

동물도 인간과 같이 존중받고 보호해 주어야 한다.

7) 프로그램 적용 예시

(1) 산책하러 가기

표 2-4. 산책하러 가기

대상	아동, 청소년, 성인, 개인, 집단
적용시기	초기/중기/종결
준비물	치료도우미견, 리드 줄 2개, 애견 간식
시간	40분
활동	• 이 활동은 치료도우미견이 목줄과 준비물을 착용할 것을 요청한다. • 내담자는 개 뒤로 가서 1-2m로 리드 줄을 잡는다. • 치료 도우미견에 더블리드 줄을 착용시킨다. • 동물매개심리상담사는 실제적인 통제자로서 치료 도우미견의 머리 쪽에 서 있으며, 개의 어깨 띠 쪽에 붙어 있는 짧은 가죽 끈을 사용한다. • 내담자와 도우미견과 보조를 맞춰 천천히 걷거나 원을 그리며 걷거나 나무숲을 걸으며 활동 및 치료, 상담을 할 수 있다.
효과	인내력/지구력 증가, 우울/의기소침 감소, 기억/상기력 증가, 교감력 상승 등

(2) 강아지에게 책 읽어주기

표 2-5. 강아지에게 책 읽어주기

대상	아동, 노인
적용시기	중기
준비물	치료도우미견, 동화책
시간	30분
활동	• 이 활동에 활용되는 도우미견은 인내심 훈련이 되어 있어야 한다. • 동물매개심리상담사는 치료 도우미견 옆에서 응급상황 시 대비하여야 한다. • 내담자에게 짧은 글의 동화책을 치료도우미견에게 읽어주게 한다.
효과	인내력/지구력 증가, 우울/의기소침 감소, 기억/상기력증가, 교감력 상승 등

8) 사례 조사 보고

Skeezer라는 이름의 치료견은 미시건의 Ann Arbor에 있는 어린이 정신병동에 상주하게 되었다(Yates,1973). 콜로라도의 Pikes Peak지방의 Humane Society는 동물이 치료를 하기 위해 집에 방문하는 "pet mobile"이라는 프로그램을 시작했다(Arkow,2004). 정신과의사 Dr. Michael McCullochd는 삶의 질의 향상을 위해, 치료목적으로 본인의 환자에게 애완동물을 "prescribing(처방)"하기 시작했다(Salotto,2001). 워싱턴주대학교 수의과대학의학장인 Dr. Leo Bustad는 Pullman Memorial Hospital과 Tacoma Lutheran Nursing Home에서 AAIs 프로그램을 발전시켰다(Salotto,2001).

1977년에 펜실베니아 대학의 조사팀인 정신과의사 Dr. Dean Katcher와 그의 조교인 Erika Friedmann는 환자의 혈압에 애완동물이 영향을 미치는 것을 밝혔다. 그들은 애완동물과 교류한 참가자와 가족을 포함한 사람들과 교류한 참가자를 비교한 결과 동물과 교감한 참가자의 혈압이 낮아짐을 나타냈다. 또한, 중등도의 심근경색환자가 애완동물과 함께 지낼 경우, 가족과 함께 지내거나 혼자 지낸 집단보다 연 사망률이 향상됨을 보였다(Salotto, 2001).

Martin & Farnum(2002)은 만연되는 발달장애 아이들에게 AAT의 효과를 찾아보았다. 작은 샘플인 10명의 환자(2.5-6.5세 연령의 발달 수준)가 15주간 일주일에 3번씩 15분 정도 치료과정을 개별로 수행했다. 치료과정 동안 환자들은 공, 개 인형, 실제 개에 노출되었다: 프로토콜은 치료기간 동안 항상성을 유지하며 수행되었다. 비디오를 본 집단은 "prosocial" 행동에 대한 측정을 하였다. 결과는 실제 개와 함께 활동한 참가자가 공과 인형에 노출된 참가자에 비해 오랜 시간 동안 더욱 "재미있는 분위기"를 가지며, 많이 웃었다(p<.019)고 제시했다.

Sams, Fortney, Willenbring(2006)은 동물들(개, 토끼, 라마)이 전문적인 치료법으로 제시되었을 때 자폐아에게 긍정적인 효과를 나타낸다고 밝혔다. 22명의 참가자들은 규격화된 치료와 동물과 치료법을 각각 받았다. 기존의 치료를 받은 기간과 비교하여 동물들과 함께한 기간 동안 사회적 상호작용과 웃음이 현저히 높아짐을 밝혔다.

2. 고양이

1) 고양이의 기원

고양이는 식육목 고양이과의 포유류에 속한다. 애완용 고양이는 아프리카, 남유럽, 인도에 걸쳐 분포하는 리비아 고양이를 사육하여 순화시킨 것이다.

고양이의 조상은 5000년 전의 리비아 살쾡이가 선조라고 할 수 있으며, 이 리비아 살쾡이가 고대 이집트 시대 때에 곡물창고의 쥐를 잡아먹었고, 사람들은 쥐로부터 곡식을 보호하기 위해 고양이를 사육하기 시작했다.

2) 고양이의 특성

(1) 신체 구조적 특징

고양이의 몸길이는 47-51cm이고, 꼬리길이 22-38cm, 몸무게 7.5-8.5kg이다. 귓바퀴는 삼각형이고, 귀의 등 쪽에 살쾡이에서 볼 수 있는 흰 무늬는 없다. 앞에 다섯 발가락이 뒷발에 네 발가락이 있으며, 예리한 발톱이 있는데, 발톱은 속에 감출 수 있다. 앞뒤 발바닥에는 연한 pad가 있어 소리를 내지 않고 걸을 수 있으며, 뒷발이 비교적 길어서 도약력이 뛰어나다.

눈은 어두운 곳에서 잘 볼 수 있으며, 색을 잘 볼 수 없고, 망막에 반사판이 있어 어둠에서 빛이 반사되어 눈이 반짝인다.

귀는 개보다 청력이 발달되었으며, 코는 개보다 덜 발달되었다.

(2) 고양이의 습성

낮에는 자고 밤 11시경 가장 활발히 활동하는 야행성이다. 단독으로 생활하기를 좋아하며, 적응력이 뛰어나 각기 자기의 생활 스타일을 만들어 갈 수 있다.

세력을 가지고, 발톱을 갈며, 정해진 곳에 배변하는 습성을 가진다.

(3) 치료도우미동물로서의 장단점 분석 및 SWOT 분석

표 2-6. 치료도우미동물로서의 장단점

장점	개보다 노력을 더 적게 요하고 요구사항도 적어 기르기가 편하고, 기분 전환도 되고 예쁘고 조용한 서비스를 제공한다. 개보다 관리가 수월하다.
단점	고양이는 개보다 독단적이어서 교류가 더 어려워 정서적 교감이 덜 이루어진다.

표 2-7. 치료도우미동물로서의 SWOT 분석

강점(Strength)	**약점**(Weakness)
• 체온이 따뜻하다 • 활동성이 적어 개보다 더 얌전하다 • 독립적 성향이 강하여 관리가 편하다.	• 정서적 교감이 덜 이루어진다. • 독립성이 강해서 예측이 불가능하다.
기회(Opportunity)	**위협**(Threat)
• 나이, 성별에 상관없이 모든 내담자에게 적용이 가능하다.	• 훈련이 잘 되지 않을 시 예기치 못한 행동으로 내담자에게 위협이 될 수 있다.

4) 고양이의 사육관리

(1) 위생관리

고양이는 고양이 전용 사료에 고양이에게 타우린이 포함 되어 있으니, 전용 사료를 공급하는 것이 좋고, 배변상자, 모래상자를 준비해 주어 일정 장소에서 배변을 하게 된다. 또, 발갈이 판과 고양이 장난감과 용품을 준비해 줘야 한다.

(2) 질병

① **모구증**(헤어볼) **예방**

- 원인 : 고양이는 자기 털을 핥고 다듬는 습관이 있어서 털을 많이 삼키게 되는데, 털은 소화가 되지 않으므로 변과 함께 나오기도 하지만, 그 털들이 위에 남아 서로 엉켜 야구공보다 단단하며, 크기도 다양해진다.
- 증상 : 설사, 변비, 잦은 구토를 보인다.
- 예방법 : 털갈이 철을 비롯해 평소에 브러시 질을 자주해 주고, 스트레스로 탈모를 줄여줘야 하며, 수의사의 정기적인 검진도 필요하다.

5) 프로그램 적용 예시

(1) 고양이털 빗겨주기

표 2-8. 고양이털 빗겨주기

대상	어린이, 청소년, 성인, 노인
적용시기	초기/중기
준비물	고양이 간식, 브러시 빗
시간	30분
활동	• 내담자는 고양이에게 간식을 먹이며, 브러시 빗으로 고양이의 털을 빗겨 주게 한다. • 상담자는 내담자에게 털을 빗겨 주었을 때 어떤 느낌인지 질문하고, 같이 느낌을 나눈다.
효과	교감 상승, 우울/의기소침 감소, 행복감 상승

6) 사례 조사 보고

Allen, Shykoff, Izzo(2001)도 또한 고양이와 개가 혈압에 미치는 영향에 대해 조사했다. 애완동물이 없으며, 고혈압의 2단계(160/100+)로 lisinopril을 처방받고 있는 대상자를 무작위로 두 그룹으로 나누었다. 대조군은 약물치료를 계속하게 하고, 실험군은 약물치료와 동물매개치료를 함께 받게 했다. 혈압은 연구의 시작과 함께 측정했으며, 실험군은 수학과 독서에 대한 스트레스를 제공한 후, 1달과 6달에 측정했다. 대조군과 비교하여, 실험군은 인지 스트레스 직무를 완료한 후에도 현저하게 혈압이 낮았으며($p<.0001$), 정확도 또한 초기 74%에서 92%로 증가하였다. 반면, 대조군은 초기 74%에서 75% 정도로 거의 향상이 없었다.

Charnetski & Riggers(2004)는 참가자가 동물을 귀여워했을 때의 면역기능(IgA) 변화를 조사하였다. 참가자는 개를 예뻐함/개 모형을 예뻐함/그냥 있음/에서 임의 추출하였다. IgA는 활동 전후로 추출하였다. 애완동물을 예뻐한 그룹은 나머지 두 그룹보다 IgA의 수치가 현저히 높았다($p<2$). 개를 예뻐한 참여자로부터 얻은, 증강된 정신신경면역학적 반응은, 감염을 물리칠 수 있는 것과 같은 긍정적인 건강의 결과물일 것이다.

동물은 사람의 심박수와 혈압에 영향을 주는 생리학적 효과 증거가 제공된다. Stasi 외 공동 집필진은(2004) 인지능력에 문제가 없는 요양원의 노인들에게 Pet therapy의 효과를 조사했다. 참가자들은 무작위로 두 그룹으로 나뉘어졌다. 실험군은 일주일에 세 번씩 고양이가 방문했고, 대조군은 용양원에서 일상적인 활동을 했다(p.407). 실험군은 고양이를 안고, 쓰다듬으며 시간을 보냈다. 실험 전과 실험 6주 후 혈압을 측정했다. 대조군과 비교하여, 실험군은 수축기와 이완기의 혈압($p<.05$)이 현저히 향상되었다.

7) 동물매개 치료의 결론

동물 매개 치료는 살아있는 생명체이며, 정서적 교감과 아이 콘택트가 가능한 동물을 매개로 하여 심신 스트레스와 우울증, 공황장애, 정신장애, 자폐아 등 심리적 질병과 신부전증과 같은 신체적 질병을 겪는 환자들에게 스트레스 감소, 심리적 안정과 건강에 효과적이며, 자아존중감과 자기 효능감에도 효과적이다.

3. 말

1) 말의 기원 및 특성

포유강(哺乳綱 Mammalia) 말목(一目 Perissodactyla) 말과(一科 Equidae)에 속하는 동물. 개나 소에 비해 늦게 길들여진 말은 인도유럽 민족의 한 종족에 의해 처음 이용되었고, 그 후 기후・음식・사람의 영향을 받아 현재의 모습을 갖게 되었다. 사람은 농사, 사냥, 전쟁, 마상 창시합과 같은 오락에 말을 이용하면서 말과 매우 독특한 동반관계를 유지해왔다. 인류문명 초기에 사람은 말을 소유하는 데 온 힘을 기울였고, 말의 털 색깔로 점을 쳤으며, 말의 머리를 매달아놓고 그것에 초자연적 힘을 부여하기도 했다. 그 당시 아름답고 훈련이 잘된 말은 지위의 상징이었다. 석기시대 이후 말은 예술에서 특별한 지위를 차지하고 있는데, 어느 시대 어느 곳에서나 예술가들에게 영감을 주었다. 말은 식용으로도 이용(유럽 일부지역)되며, 아교·신발·장식품의 재료로도 쓰인다. 또 현재 버섯재배의 토대가 되고 있는 갈기는 연료로도 사용되었다.

승마의 역사는 인류가 말을 길들여 타고 다니던 고대로 거슬러 올라간다. 서양의 승마는 그리스에서 시작된 것을 보이며, 25회 고대올림픽대회에서 4두 전차 경주가 열렸다는 기록이 있다. 근대 승마의 역사는 14-15세기 이탈리아에서 시작되었으며, 16세기에는 나폴리에서 승마교습소를 통하여 승마술을 전파하였다고 전해지며, 이들의 가르침은 프랑스, 독일, 스페인, 영국, 유럽 등으로 확산되었다. 이로부터 귀족들이 즐기던 승마의 역사는 스포츠로 확산되어 1900년 프랑스 파이에서 열린 올림픽경기대회에서 정식 종목으로 채택되었으며, 1920년에는 국제승마연맹을 설립하고 국제경기 등을 주관하기 시작하였다. 아시아 승마의 역사는 1982년 뉴델리대회부터 정식종목으로 채택된 종목이다.

2) 치료도우미동물로서의 장단점 분석 및 SWOT 분석

표 2-9. 치료도우미동물로서의 장단점

장점	• 운동성이 좋아짐 • 근육 운동의 통합 조정 • 자존감의 향상 • 장기 기억 강화	• 유연함과 균형 잡힌 자세 유도 • 심폐기능 증가 등의 신체적 기능 증가 • 주의집중 증가
단점	• 위험성 • 고비용 • 원거리 접근성 • 센터의 설립과 유지에 많은 자본과 인력이 필요함	

표 2-10. 치료도우미동물로서의 SWOT 분석

강점(Strength)	약점(Weakness)
• 운동성 • 역사	• 비용 • 위험성 • 접근성
기회(Opportunity)	**위협**(Threat)
• 대중화	• 비전문적 인력을 이용한 시설단체에서 시도.

3) 말의 사육관리

(1) 말의 영양관리

말 사육방식은 지역에 따라 다소 차이는 있으나 대부분 오래 전부터 관행적으로 내려온 연중 방목 위주의 사육형태를 취하고 있었다. 겨울철 동안 마사에서 지내던 말들은 3~4월 들에 풀이 돋아나기 시작하면 마을 주변공지나 들판에서 계곡부터 시작했다. 풀들이 충분히 자란 6월 철 하지가 다가오면 그동안 먼 들에 풀어놓았던 말들을 다시 마을 근처로 모아 농사에 이용하고 새로 태어난 망아지들에게는 낙인을 한다.

소와 말을 잃어버릴 수가 있기 때문에 보통 2살 되는 해에 낙인을 하는데 소의 경우는 오른쪽 엉덩이에 낙인을 찍는 반면 말은 가죽이 상하는 것을 우려해서인지 귀를 꿰어 표시했다. 저마다 특색 있게 오른쪽 귀를 꿰던가, 왼쪽 귀를 꿰던가, 혹은 양쪽을 다 꿰어 소유를 표시했다. 이 때 양쪽 귀를 다 꿴 말은 특별히 '양이양별'이라고 불렀다.

봄철 동안 마주들은 자기 소유의 마필을 직접 관리하지 않고 '마테우리'라고 부르는 자에게 위탁 사육시킨다. 제주도 내에서도 주요한 마 산지인 구좌읍 등지에서 봄 관리 기간을 보통 청명(4월5일)을 기점으로 망종(6월6일)까지 약 12개월을 1차 관리기간을 정하여 각자가 일정액의 위탁사용료를 지불하고 일률적으로 한 사람에게 사육을 위탁했다. 그리고 이 기간은 말들의 발정기가 되므로 위탁 관리자는 종모마(교잡종마)를 소유하여 자연 종부로 암말들을 임신시킨다.

(2) 말의 위생관리

말에 의한 동물원성 감염증 전이는 극히 드물다. 장 내 기생충과 살모넬라 같은 감염은 사람에게 전염될 가능성이 있다. 위험성이 높은 사람은 어린 말과의 접촉이나 말을 키우는 장소에 가지 말아야 한다. 깨끗한 환경에 있는 성숙한 말들도 최소한의 질병 전이 위험성은 가지고 있다.

4) 프로그램 적용 예시

그림 2-2.
자기조절을 위한 카운슬링

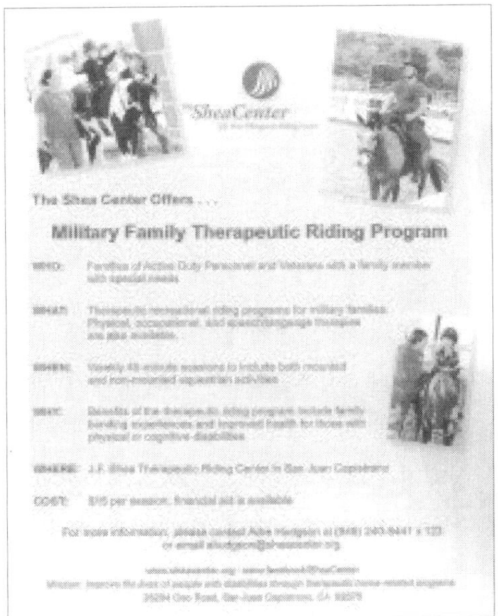

그림 2-3.
직업군인 가족을 위한 프로그램

5) 사례조사 보고

그림 2-4. 말을 활용한 동물매개치료

첫 사진은 뇌 병변장애를 겪고 있는 8세, 영국의 알리샤란 소녀이고, 두 번째 사진은 역시 같은 병의 준민이란 소년이다. 알리샤는 재활승마를 하기 전에는 화장실에서 다리를 벌릴 수도 등을 꼿꼿하게 세울 수도 없었지만 치료 후 모두 가능해졌다고 한다. 손을 못 쓰던 알리샤가 고삐를 잡기 위해 손을 움직이기 시작했고, 그 노력과 의지로 지금은 피아노도 치고 있다고 한다.

서울 삼성병원에서 PBS 균형평가와 PEDI 소아수행능력평가에서 신체적, 정신적, 기능적

면에서의 효과를 평가했는데 모든 부분에서 기승 후에 더 좋은 평가를 받았으며. 기승 후 균형평가에서는 확실한 차이를 보였고 수행능력평가에서도 신변처리, 이동, 사회적 기능 면에서 더 나아졌다고 발표되었다. 집중력장애를 겪고 있는 아이에게 힐링프로그램 치료 후 자기조절지수 테스트 결과에서도 상당 부분 도움이 된다고 한다.

6) 결론

승마는 오랜 역사를 가진 스포츠로 여기에 신체 외에 심리적인 효과도 있다는 것이 입증되면서 여러 사설단체에서도 행해지고 있다.

재활승마는 장애를 가진 사람들에게 말이라는 동물을 매개로 신체적, 정신적 사회적 안녕을 도모하게 하는 프로그램이다. 신체적으로는 전신운동과 같은 운동효과를 기대할 수 있으며 심폐기능과 근력강화 등의 효과가 나타날 수 있다.또한 살아있는 말과 같이 한다는 점에서 정신적인 안정감과 사회성의 향상도 두드러지게 나타날 수 있다.

재활 승마는 참가자의 필요에 따라 다양하게 활용될 수 있으므로 재활 승마전문가에 의해 '통합적' 접근 방식을 이해하고 단순 기승 활동뿐만 아니라 말과 같이 할 수 있는 모든 활동을 포함하여 재활승마 프로그램을 기획하고 실행해야 한다.

4. 새

1) 새의 기원

분류법에 따라 8,800~10,200종이 분포한다. 가장 작은 종은 벌새이며, 가장 큰 종은 타조이다. 약 1억 5,000만 년 전 공룡으로부터 분화했다고 생각되며, 각질의 깍지로 덮여 있는 부리와 비늘이 있는 다리, 날개 이외의 뼈대 구조 등은 파충류와 비슷하나 체표가 깃털에 싸여 있는 점과, 앞다리가 날개로 변화해 있는 점은 다른 동물 무리에서는 볼 수 없는 특징이다.

2) 새의 특성

(1) 신체 구조적 특징

조류는 대체로 머리에 비해 눈알이 크고, 망막의 시신경이 발달해 있어 시력이 예민하다.

부엉이 등의 야행성 종에서는 시세포가 간상세포만으로 되어 있으나, 주행성 종에서는 원추세포가 발달해 사람이 느끼는 색상을 대부분 감지할 수 있다. 귀는 머리 부분의 좌우에 한 쌍이 열려 있는데, 모두 깃털로 싸여 있기 때문에, 겉에서는 잘 보이지 않는 경우가 많다. 청각도 잘 발달해, 시각과 함께 조류가 생활하는 데 가장 중요한 감각 기관이다. 반면 후각은 타조목·슴새목 외에는 예민하지 않으며, 미각도 그리 발달해 있지 않다.

(2) 새의 습성

대부분의 새는 낮에 활동하지만, 올빼미 등은 야행성이다. 먹이는 종에 따라 꿀, 나무 열매, 곤충, 쥐, 물고기, 작은 새 등으로 매우 다양하다.

모든 종류가 비교적 적은 수의 알을 낳는데, 대부분 어미 새가 몸의 열로 알을 데워 부화시킨다. 알은 다량의 난황을 포함하는 단황란으로, 미수정란의 난황 부분은 하나의 세포로는 동물 중 가장 큰 부피를 차지한다.

많은 종은 계절에 따라 이주하며, 이러한 새들을 철새라 부른다. 언제, 어느 곳에서 이주하느냐에 따라 여름철새, 겨울철새로 나뉜다. 또, 한 곳에 머무르며 서식하는 새를 텃새라고 하며, 먼 길을 가기 위해 한 곳에 잠시 머무르는 새를 나그네새라고 한다. 서식지나 이동경로에서 벗어나 있는 새들은 미조나, 길 잃은 새라고 한다.

새의 성염색체는 ZZ-ZW형으로, 성염색체가 ZZ이면 수컷, ZW이면 암컷이다. 따라서 새의 정자와 난자 중 성을 결정하는 것은 난자이다.

새의 아름다운 색상이나 즐거운 노랫소리, 귀엽고 깜찍한 행동은 사람들에게 자연 속에 있는 듯한 착각과 함께 정서적인 안정과 순수한 감정을 느끼게 해준다. 조류의 인공사육은 약 3~4천 년 전부터 시작되었으며 한국에서도 오랜 옛날부터 왕실에서 정원에 새장을 지어 새를 키웠으며 요즘에는 심리적인 안정과 위안을 얻고 취미로 새를 키우는 애조가들이 늘게 되었다.

이 방법은 수동적 매개치료 방법으로 사람들은 새들의 아름다운 색깔과 지저귀는 울음소리, 날아다니는 모습과 서로 사랑을 속삭이는 모습 또는 사람의 목소리를 흉내 내거나 재롱을 떠는 모습에서 즐거움을 느끼게 된다.

우는 소리가 아름다운 새로는 카나리아, 털의 색체가 아름다운 세는 문조, 잉꼬, 금화조, 호금조, 핑류, 사람의 목소리를 흉내 내는 새는 구관조, 앵무류, 잉꼬 등이 있다. 또는 사람을 좋아하고 길들이기가 쉬워 손 노리개용 새는 문조, 잉꼬, 모란 앵무, 왕관 앵무 등이다.

3) 치료도우미동물로서의 장단점 분석 및 SWOT 분석

표 2-11. 치료도우미동물로서의 장단점

장점	• 사육이 쉬움 • 길들이 용이 • 소리를 통한 치유 효과
단점	• 소음 • 배설물로 인한 알레르기 유발

표 2-12. 치료도우미동물로서의 SWOT 분석

강점(Strength)	약점(Weakness)
• 쉽게 제어 가능 • 사육 공간 최소 • 색깔이 아름다움, 울음소리 • 사람을 잘 따르고 흉내를 냄	• 사육 시 배설과 소음
기회(Opportunity)	**위협(Threat)**
• 노인전문병원이나 요양시설 증가	• 기왕력(천식, 알레르기)

4) 새의 사육관리

(1) 사육방법

각각의 새마다 차이가 있겠지만 좁은 새장에서 생활하는 만큼 평소 많은 관심을 보여야 한다.

(2) 위생관리

조류 결핵균 복합체, 앵무병, 살모넬라증과 같은 감염증은 인간에게 전이될 가능성이 있는 애완동물 새와 관련된 질병이다. 새로이 입양된 새나 계속적인 스트레스를 받고 있는 새의 경우, 이들 감염성 있는 미생물 중에 하나를 보유할 가능성이 더 크다. 각 질병의 특징적인 특별한 증상은 없다. 만약 새가 먹는 것을 중지하거나 몸무게가 줄고 토하거나 설사를 하고 털을 부풀려서 세우거나 오한을 느끼는 것으로 보이거나 그 밖의 증상을 보인다면 내원을 해야 한다. 이러한 질병은 새똥이나 코 흘림 등의 직접적이 접촉이나 건조된 가루 새똥을 흡입함으로써 전이될 수 있다. 비듬, 깃털 등을 피한다.

5) 프로그램 적용 예시

장애아동이나 어르신들이 생활하는 시설이나 내담자에게 새장 속에 가두어진 새를 사육하게 하거나 새를 데리고 방문하여 새들의 노는 모습을 보도록 하는 방법도 있고 길들여진 새를 활용하여 새들을 직접 만지고 먹이를 주면서 새들과 함께 어울리는 시간을 갖도록 할 수도 있다.

6) 사례 조사 보고

그림 2-5. 동물농장 638회 13년 10월 27일 스님과 새의 특별한 동거

7) 동물매개 치료의 결론

새의 경우 관리의 편리성으로 인해 요양원이나 노약자가 주로 있는 시설, 따로 관리자가 필요 없는 경우에 유리한다. 이러한 장점을 이용하여 상주된 치료도우미동물로 활용도가 높을 것이다.

5. 돌고래

1) 돌고래의 기원

참돌고래과(—科 Delphinidae) · 강돌고래과(江—科 Platanistidae) · 스테니다이과(Stenidae)에 속하는 수생 포유동물들.

포유동물인 돌고래는 몸이 작고 유선형이며, 대개 부리처럼 생긴 윤곽이 뚜렷한 주둥이를 지니고 있다. 영어로 흔히 'porpoise'라고도 하지만, 이것은 일반적으로 모양은 비슷하나 부리가 없는 작은 곱등어과(Phocoenidae) 고래들을 가리키는 말이다. 돌고래는 단아하고 영리하며, 장난을 잘 치고 사람과 친숙한 것으로 알려져 있다. 가장 널리 알려진 종(種)은 참돌고래(Delphinus delphis)와 병코돌고래(Tursiops truncatus)로 둘 다 참돌고래과에 속하며, 전 세계에 걸쳐 열대·온대 해역에 분포하고 있다. 아리스토텔레스·이솝·헤로도토스·대(大)플리니우스·소(小)플리니우스 등의 옛 작가들에 의해 아이들을 태운다거나 바다에 빠진 사람들을 구출하는 것으로 흔히 묘사된 돌고래는 아마도 바로 이 2종이었을 것이다.

참돌고래과는 14속(屬) 32여 종이 5대양에 걸쳐 분포하고 있다. 대부분 등은 회색·검은색·갈색이고 배는 그보다 엷으며, 몸길이는 1~4m가량이다. 큰코돌고래(Grampus griseus)는 전 세계의 열대·온대 바다에서 살며, 회색빛을 띠고 부리는 없다. 또 위턱에는 보통 이빨이 없다. 이 과에 속하는 범고래나 글로비케팔라속(Globicephala) 돌고래들은 크기가 훨씬 커서 일반적으로 돌고래로 간주되지 않는다.

참돌고래과 동물들 대부분은 주로 어류를 잡아먹고, 군거(群居)하여 몇 마리 또는 몇백 마리가 무리를 지어 나타난다. 많은 종들이 지나가는 배에 이끌려 배를 따르거나 곁에서 뛰어오르며, 때로는 뱃머리에 일어나는 파도를 타기도 한다. 병코돌고래는 '웃음 짓는 모습'이 특징인데 이것은 입의 굴곡으로 생긴 것이다. 해양수족관 같은 곳에 가보면 병코돌고래의 낯익은 연기를 볼 수 있다. 또 병코돌고래는 지능이 높고, 소리와 초음파를 통해 서로 의사소통을 하는 능력이 있어 과학적인 연구 대상이 되고 있다. 병코돌고래는 겁이 많은 참돌고래보다 길들이기가 용이하다.

강돌고래과는 4속 4종으로, 주로 남아메리카와 아시아의 민물에 사는 작은 돌고래이다. 이들은 가늘고 긴 부리를 가지고 있으며, 눈이 퇴화되어 시력이 나쁘다. 스테니다이과는 3속 8종이 있으며 가늘고 긴 부리를 지닌, 많이 알려지지 않은 돌고래이다. 열대지역의 강과 바다에서 살며, 때로는 참돌고래과에 포함시키기도 한다.

어류(魚類)인 만새기(Coryphaena hippuras)도 영어로 흔히 'dolphin'이라 부르는데, 이것은 인기 있는 식용·낚시용 어류이다. 죽으면 몸 빛깔이 밝은 청색과 금빛으로 급격히 변화하는 것으로 알려져 있으며, 전 세계의 열대와 온대지역에 산다. 머리는 크고 무디며 몸은 유선형이고, 꼬리는 가늘고 2갈래로 갈라져 있다. 수컷이 암컷보다 상당히 커서 길이는 약 1.5m, 무게는 30kg에 이른다. 민첩한 육식성 물고기로, 단독으로 또는 무리를 지어 살며, 무척추동물이나 다른 물고기들을 잡아먹는다. 만새기와 함께, 이보다 크기는 작으나 모양이 비슷한 줄만새기(C. equiselis)는 만새기과(Coryphaenidae)의 유일한 현생종(現生種)들이다.

2) 돌고래의 특성

(1) 신체 구조적 특징

약간 가느다란 몸매를 이루며, 주둥이는 중간부터 앞으로 길게 뻗어있고, 등지느러미는 높고 약간 낫 모양을 하고 있다. 몸 색의 특징은 짙은 다색을 띤 회색의 등과 흰 복부, 그리고 황갈색 또는 황토색의 몸 옆구리의 무늬이다. 상하 턱에는 40~61개의 작고 뾰족한 이빨이 나있다. 지리적으로 많은 지역형이 보고되고 있다. 예로 주둥이가 긴 그룹과 짧은 그룹이 전재하며 최근 이 두 그룹을 별개 종으로 구분하려는 움직임도 있다.

갓 태어난 새끼의 전체 길이는 80~85cm, 성체 암컷은 2.3m, 수컷은 2.6m에 이른다. 체중은 135kg까지 기록이 있다. 지역에 따른 차이가 크다.

(2) 돌고래의 습성

큰 무리를 이뤄 소란스럽게 고속으로 대양을 질주하고 수면 위에 물거품을 내는 광경을 자주 관찰할 수 있다. 무리의 크기는 수십 마리에서 10,000마리를 넘는 경우도 있다. 다른 해양포유동물과 함께 헤엄친다. 활발하고 약동적으로 행동하며, 저위도 해역에서 항해하는 배에게는 가장 친숙한 돌고래이다. 출산기의 절정은 봄과 가을 혹은 여름으로 보고된 계통이 있다. 먹이 사냥에서는 무리가 공동으로 채식행동을 하는 일도 있다. 해역에 따라 대개 야간에 채식하고, 어두워지면 수면 가까이 이동하여 오는 심부확산층 생물을 먹는다.

세계의 다양한 어업활동에 의해 포획되고 있다. 이전에는 터키와 러시아의 어부들에 의해 대량 포획된 적도 있으나 그 수가 격감하여 현재는 포획하지 않는다. 높은 사망률이 일본과 지중해에서 보도되어 있다. 수족관에서 전시를 위해 생포하는 경우도 있지만, 사육이 쉽지 않다. 서아프리카 근해에서도 포획이 이뤄지고 있다.

비록 많은 사람들이 돌고래와의 작업 기회를 가지지는 못하지만 돌고래는 독특한 AAT를 경험할 수 있다. 그들의 지적 수준과 물의 스트레스 감소 능력, 돌고래는 대부분의 다른 동물들보다 그들의 다양한 학습방식과 지적 능력이 인간에 더 가깝다. 물은 많은 영역에서 유용한 도구로 알려져 왔기 때문에 돌고래는 전통적인 치료와 신선한 대안을 제공하고 동기, 주의집중 기간, 대근육과 소근육 운동 기술, 그리고 말하기와 언어 등의 증가를 보였다. 단기 돌고래 매개 치료는 심한 장애가 있는 어린이가 단기간에 기능을 한 단계 올라가도록 돕는데 사용된다. 이러한 향상은 전통적인 말하기 또는 물리치료 단독과 비교할 만하고 비용 절감 효과와 유리한 결과를 낳는다.

3) 치료도우미동물로서의 장단점 분석 및 SWOT 분석

표 2-13. 치료도우미동물로서의 장단점

장점	• 물의 스트레스 감소 • 동기 증가 • 주의집중 증가 • 대, 소근육 운동력 증가 • 언어능력 증가
단점	• 치료센터의 설립과 관리의 고 유지비용 • 동물보호단체의 반대

표 2-14. 치료도우미동물로서의 SWOT 분석

강점(Strength)	약점(Weakness)
• 운동성 • 수중 운동	• 비용 • 시설
기회(Opportunity)	**위협**(Threat)
• 프로그램 확대	• 동물보호단체

4) 돌고래의 사육관리

(1) 사육방법

돌고래 매개치료의 가장 어려운 부분이 돌고래를 도입 관리함에 있어 비용의 문제가 가장 크다. 건강한 돌고래의 바다 속 환경을 유지시켜주기 위해서 공간의 확보와 바닷물 수질유지이다. 이를 위해서는 수조와 정수시설 등의 기반 시설을 완벽히 갖추어야 한다.

(2) 위생관리

수질 등의 기본 환경이 위생적으로 관리 유지가 되면 돌고래의 면역력과 치유력은 뛰어나다. 아래 사진들은 남방큰돌고래의 회복과정이다. 약 길이 30cm, 4cm 깊이로 생긴 상처로 아마 상어한테 공격되었을 거라고 추정되는 상처였다. 조지타운 대학교 의학박사 Zasloff.의 연구결과 상처가 생기고 첫날 돌고래의 지방이 상처로 이동하여 "상처드레싱"을 한다.

둘째 날부터 핑크빛 살이 차오르기 시작하여 결국 감염이나 흉터 없이 완쾌된다.

돌고래의 체지방에는 이소길초산이 많이 들어있어 항균효과를 보인다고 한다.

깊은 곳으로 잠수할 때 산소 소비를 줄이는 반사행동이 상처가 났을 때도 비슷한 반사작용이 나타나서 상처부위로 혈액공급을 차단하고 고통도 차단되는 것으로 보인다고 한다. 하지만, 아직도 그 엄청난 치유력의 미스터리는 연구 중이라고 한다.

5) 프로그램 적용 예시

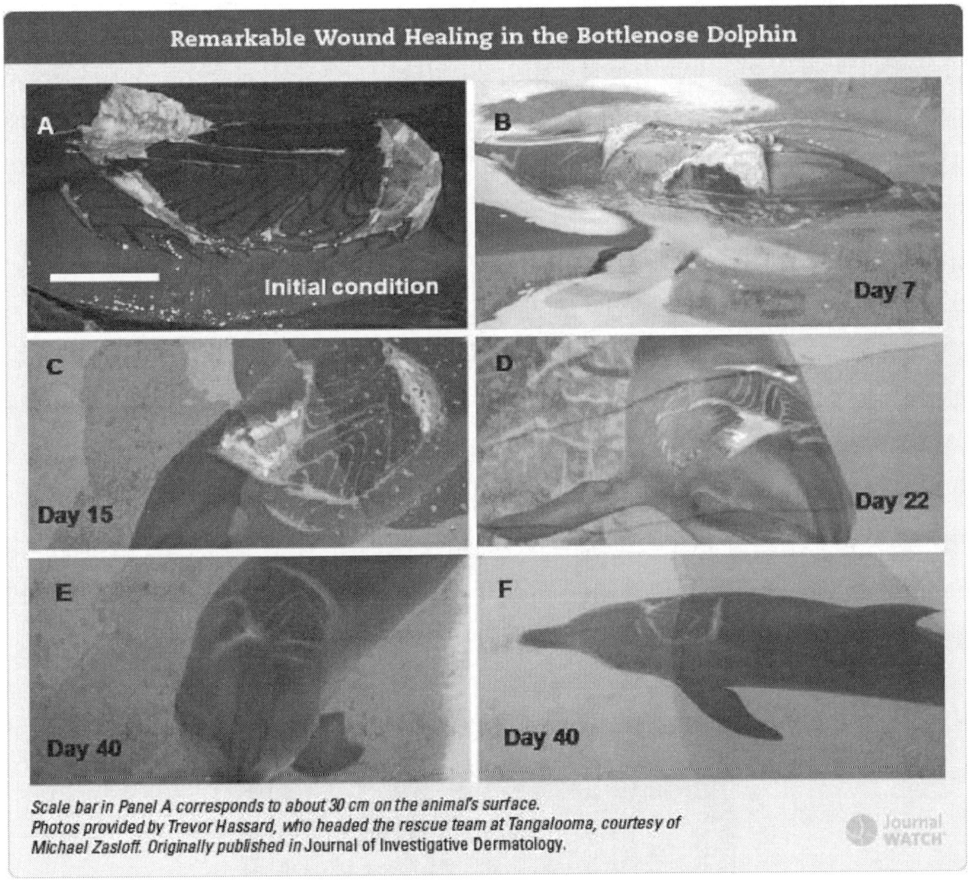

그림 2-6. 미국에서 동물매개치료사 되기 블로그

6) 사례 조사 보고

그림 2-7. 마린파크

해당 프로그램에서는 돌고래와 수영하기, 만져보기, 뽀뽀하기 등의 프로그램을 진행하고 있다.

미국에서는 〈그림 2-8〉 사진처럼 마치 바다 속처럼 안락하게 꾸며 놓고 돌핀 테라피를 경험하는 곳이 있다. 이들과 수영도 하고 돌고래 사운드도 들으며 물에 대한 두려움도 줄이며 혼자 하는 수영에 대한 공포감도 줄여준다고 한다. 장애아들은 혼자서 뭘 할 수 있는 일이 많이 없다는 것을 어리지만 본능적으로 알 수 있다. 그 수치심을 줄이는 것에도 돌고래와 수영은 장애아들에게 엄청난 용기와 자신감을 준다고 한다. 어른들이 자신도 모르게 그들을 바라볼 때 안타까운 표정인 것을 그 어린 아이들이 알기 때문에 그 표정으로 이미 아이들은 자신감을 잃어간다고 한다.

페루에서는 돌고래 소리를 뱃속의 아이에게 들려주면 태아를 자극해 성장을 촉진시키고 머리가 좋아진다는 믿음이 있다. 실제로 제주도에도 돌고래 동물매개치료 팀이 있으나 장애아들보다 임산부 고객들이 태중의 아기들에게 돌고래 소리를 들려주려고 오시는 분이 더 많다고 한다. 정작 장애아들은 스케줄을 잡기도 더 힘들다고 한다. 돌고래가 내는 8Hz의 주파는 사람의 두뇌를 편안하게 해줘서 각종 스트레스를 줄여주며 몸의 균형을 유지시키는 뇌의 영역을 자극을 주며 아주 편안함을 느끼게 해준다.

아래의 사진처럼 마치 바닷속인 것 같은 편안한 방에 누워 큰 화면으로 바다를 느끼고 헤드폰으로 돌고래 소리를 들으면 자는 심신의 피로를 달래러 오는 사람도 있고 자폐아들의 동물매개치료의 현장이 되고 있다고 한다.

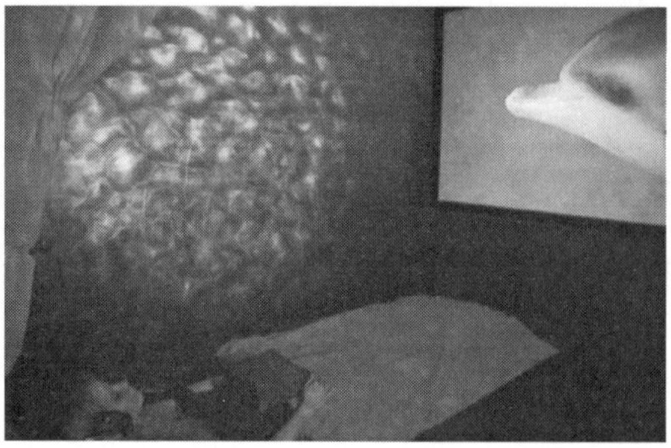

그림 2-8. 미국에서 동물매개치료사 되기 블로그

7) 동물매개치료의 결론

돌고래의 경우, 동물매개심리치료의 탁월한 효과를 가지고 있지만, 돌고래를 사육하기 위한 시설, 동물보호단체의 반론제기 등의 현실적인 문제를 가지고 있으므로 과학적이고 체계적인 준비를 통해 시행되어야 할 것이다.

6. 유기동물

1) 유기동물이란?

유기동물(遺棄動物)은 길을 잃어버렸거나, 내버려진 애완동물을 뜻한다. 좁은 의미로는 유기견을 의미하지만, 그 종류가 다양해서 고양이, 앵무새, 페럿 등 애완동물에서 야생동물들까지 포함한다.

2002년 1만 5,278건이었던 유기동물 발생 건수는 2009년 8만 2,658건, 2010년 10만 899건으로 6배 가까이 늘어났다. 특히 휴가철인 7~8월에는 유기 건수가 급격하게 늘어나는데 서울시에서 3년간 동물보호소에 들어온 유기견 중 22%인 3만 3,351마리는 휴가철에 버려졌다.

2) 유기동물의 사육관리

(1) 유기동물 신고

공공장소를 떠돌거나 버려진 동물을 발견한 경우 관할 시・군・구청과 해당 유기동물보호시설에 신고해야 한다. 유기동물을 주인 없는 동물이라 여겨 마음대로 잡아서 팔거나 죽이면 500만 원 이하의 벌금을 내게 된다.

시장・군수・구청장은 관내에서 발견된 유기동물이 보호받을 수 있도록 필요한 조치를 해야 하며, 주인을 찾을 수 있도록 그 사실을 7일 이상 공고해야 한다. 공고 후 10일이 지나도 주인을 찾지 못한 경우, 해당 시・군・구 등이 동물의 소유권을 갖게 되어 개인에게 기증하거나 분양할 수 있다.

(2) 유기동물 입양

① 개, 고양이는 10~15년 이상 삽니다. 결혼, 임신, 유학, 이사 등으로 가정환경이 바뀌어도 한 번 인연을 맺은 동물은 끝까지 책임지고 보살피겠다는 결심이 섰는가?
② 모든 가족과의 합의는 되어 있는가?
③ 반려동물을 기른 경험은? 내 동물을 위해 공부할 각오가 되어 있는가?
④ 아플 때 적절한 치료를 해주고, 중성화수술(불임수술)을 실천할 생각인가?
⑤ 입양으로 인한 경제적 부담을 짊어질 의사와 능력이 있는가?
⑥ 우리 집에서 키우는 다른 동물과 잘 어울릴 수 있는가?

시·군·구청에서 보호하고 있는 유기동물 중 보호시설을 공고한 지 10일이 지나도 주인이 나타나지 않는 경우 일반인에게 분양할 수 있다.

- 입양 보호시설에 미리 전화로 문의하고, 담당자의 안내에 따라 방문 일시 등을 예약한다.
- 입양 시 신분증 복사본 2장과 개집, 개줄, 목걸이 등 필요한 물품을 준비하고 보호시설을 방문해 입양계약서를 작성해야 한다.
- 입양 보호시설에는 신청자 본인이 직접 방문해야 한다.
- 미성년자에게는 반려동물을 분양하지 않는다. 분양을 원하는 미성년자는 부모님의 허락을 얻어 반드시 부모님과 함께 방문해야 한다.

(3) 유기동물의 실태

해마다 많은 수의 유기동물이 발생하고 있다. 국립수의과학검역원에 따르면, 2008년 한 해 동안 발생한 유기동물은 7만7,877마리였다. 개가 5만1,188마리로 전체의 65.7%를 차지했다. 고양이는 2만6,284마리(33.8%)로 집계됐다.

유기동물 가운데 30.9%인 2만4,025마리는 안락사 됐으며, 15.9%인 1만2,395마리는 자연사했다. 결국 버려진 동물 2마리 중 1마리는 목숨을 잃은 셈이다. 반면, 주인에게 인도된 동물은 3,811마리로 4.9%에 불과했다.

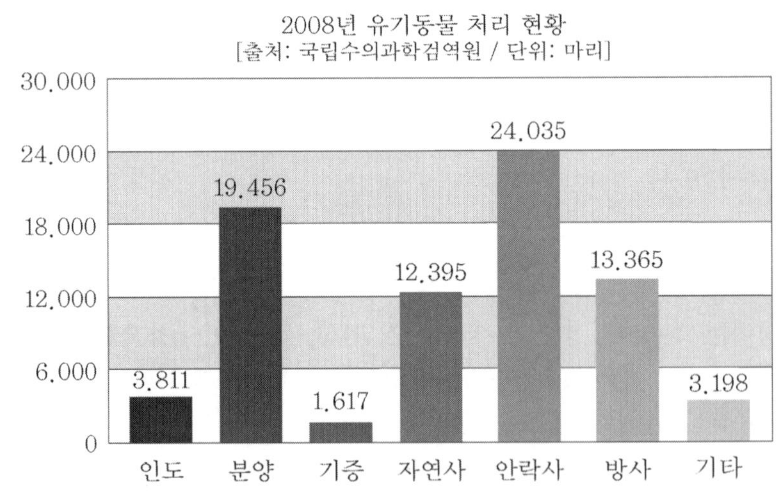

그림 2-9. 동물보호관리시스템

3) 치료도우미동물로서의 장단점 분석 및 SWOT 분석

표 2-15. 치료도우미동물로서의 SWOT 분석

강점(Strength)	**약점**(Weakness)
• 무료입양이므로 초기비용이 적게 든다. • 개와 고양이가 대부분으로 의사소통, 감정소통이 가능하다. • 활동성이 좋아 에너지 넘치는 아이들에게 적합하다.	• 어떠한 공격성이 내재되어 있는지 파악이 어렵다. • 질병에 취약한 개체일 가능성이 높다. • 사람에 대한 상처로 인해, 사람을 경계한다. • 훈련을 시키기에 어려움이 있다. • 관리비용이 많이 발생한다.
기회(Opportunity)	**위협**(Threat)
• 유기동물에 대한 문제가 야기됨으로 정부의 지원이 증가하고 있다. • 유기동물에 대한 관심이 늘고 있다. • 동물복지 차원에서 긍정적 평가를 받고 있다. • '유기동물'이라는 사회적 문제를 치료도우미 개라로 활용한다는 점이 좋은 평가를 받고 있다.	• 동물보호단체의 반발이 예상된다. • 추측일 뿐 실행단계가 아니기에 예상치 못한 문제점이 발생할 수 있다.

7. 곤충

1) 곤충의 특성

곤충은 머리·가슴·배의 세 부분으로 구분되며, 기관호흡을 한다. 머리에는 한 쌍의 더듬이와 입이 있고, 가슴은 세 마디로 되어 있는데 각각에 한 쌍의 다리가 있다. 배 부분은 보통 11마디로 되어 있으며 제8~10마디째에 생식기가 있다. 분화가 극히 발달하여 많은 종으로 진화하였고 그 형태가 극히 다양하다.

특히, 그 복잡한 습성에 따라 입 모양이 변화가 심하여 메뚜기와 같이 씹는 형, 나비와 같이 말려 있는 긴 관을 뻗어 빠는 형, 빈대와 노린재같이 주사침형의 찔러 빠는 형, 파리와 같이 핥는 형, 그 중간형과 복합형 등, 실로 교묘한 구조로 여러 가지 식물을 섭취할 수 있게 적응되어 있다. 또한, 뛰어난 적응력을 가지고 있으므로 동물 중 유일하게 지구 전역에 분포하여 영하 50℃ 이하의 북극지역에서 60℃ 이상의 사막지역에 이르기까지 분포하고 있다.

알에서 부화되어 성충이 되기까지 성장기와 변화기를 거치는데, 곤충의 체벽(體壁)은 자라지 않으므로 성장하기 위하여 낡은 껍질을 벗어야 한다. 이를 탈피라고 하는데, 이와 같이 유충에서 성충으로 변하는 과정은 나비 · 벌 · 파리 등과 같은 완전변태와 메뚜기 · 노린재 · 바퀴 등과 같은 불완전변태로 나눌 수 있다.

대다수의 곤충은 단독생활을 하지만, 흰개미 · 개미 · 꿀벌 등과 같이 고도의 사회생활을 영위하는 곤충도 있다. 먹이는 종류가 다양한 만큼 다양하게 먹는다. 즉, 죽은 유기물질을 섭취하는 것(부식성 곤충), 균류를 비롯한 녹색식물을 섭취하는 것(초식성 곤충), 산 동물을 먹는 것(육식성 곤충), 기생하는 것 등이 있다.

곤충은 인간과의 이해관계에 따라 익충과 해충 등으로 나눌 수 있다. 인간이 이용하는 익충에는 꿀벌의 꿀과 같이 식용으로 이용하는 것, 굼벵이를 한방에서 신장염 또는 간경화증의 치료에 이용하는 것과 같이 약용으로 이용하는 것, 누에의 고치와 같이 직물로 이용하는 것 등이 있다.

이 밖에 벌 · 나비와 같이 꽃가루받이를 하는 곤충, 쇠똥구리 · 송장벌레 · 강도래와 날도래 유충 등 유기물을 분해하여 청소부의 구실을 하는 곤충 등도 익충이라 할 수 있다. 인간에게 해를 주는 곤충은 농작물에 피해를 주는 농작물 해충과 각종 질병을 옮기는 위생학적 해충으로 크게 나눌 수 있다.

2) 곤충의 사육관리

(1) 장수풍뎅이

장수풍뎅이란(학명: Allomyrina dichotoma (linn'e)) 딱정벌레목(Coleoptera) – 풍뎅이상과(Superfamily Scarabaeoidea) – 장수풍뎅이과(Family Dynastidae)에 속하는 갑충류이다.

우리나라에서 살고 있는 제일 크고 힘센 곤충이며, 몸에 광택이 나며 짙은 갈색 또는 검은색을 띠고 있다. 요즘은 안타깝게도 환경오염 등으로 인해 자연에서는 극히 일부 지역인 남부지방에만 살고 있는 희귀 곤충이 되었다.

① 몸길이

- 수컷 : 35mm~55mm, 뿔포함(45mm~80mm)
- 암컷 : 25mm~50mm

② 수명

수명은 일반적으로 3~4개월로 알려져 있다. 하지만 어떻게 관리하느냐에 따라 4개월 이상 살 수도 있고 아니면 그리 오래 살지 못할 수 있다. 보다 오래 살기 위해서는 신선한 먹이(바나나, 곤충젤리, 사과 등)를 주며 지나치게 만지면 일찍 죽는다.

③ 생김새

윗면에서 본 모습(수컷)	장수풍뎅이(암컷)

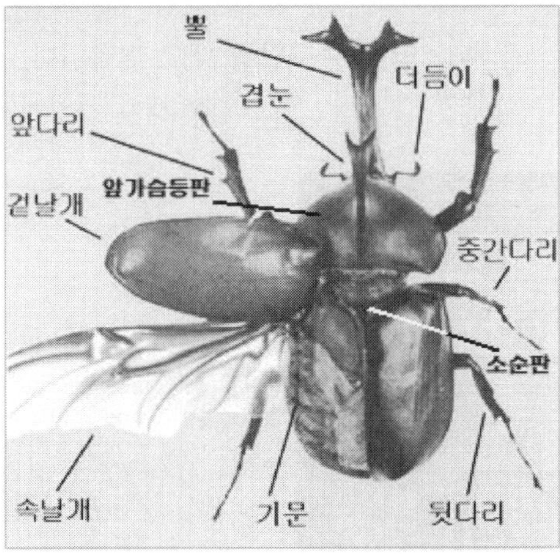

그림 2-10. 장수풍뎅이 부위

- 각 부위별 역할
  - 후각기관 : 머리의 1쌍의 더듬이, 멀리 있는 먹이의 냄새를 맡는다.
  - 시각기관 : 겹눈은 매우 근시로 가까이에 접근한 물체여야 볼 수 있다.
  - 호흡기관 : 기문이라는 작은 구멍이 보이는데 이곳이 그들의 숨 쉬는 기관이다. 총 9쌍(18개)이며 몸 좌우에 위치한다.
  - 미각기관 : 잎 주위에 작은 더듬이(수염) 한 쌍과 솜털 같은 부드러운 혀에서 느낀다.
  - 청각기관 : 장수풍뎅이(유충포함)에게는 청각기관이 없다. 일반 곤충의 대부분은 청각기관이 없으나 울음소리를 내어 암컷을 부르는 매미, 베짱이, 귀뚜라미 등은 각 기관이 있다. 그러나 진동으로 상대를 알아차린다.
  - 참고 : 일반적으로 곤충의 날개는 앞날개와 뒷날개로 나뉘어져 있다. 그러나 장수풍뎅이는 앞날개가 딱딱하게 경화되어 편의상 겉날개로 하였으며 주로 날아다닐 때 사용하는 뒷날개는 속 날개로 칭하였다.

④ 사는 위치

주로 따뜻한 남쪽 지방에 분포하고 있다. 덕유산, 변산반도, 강원도 산골 등에 극히 일부 분포하며 특히 변산반도 국립공원에 조금 서식하고 있다.

⑤ **성충 기르기**

준비물 사육 상자 大-1개, 활동나무2개, 먹이접시 1구~2구, 발효톱밥 2봉, 수컷 1마리에 암컷 1~2마리가 적당.

주 의 사육 통은 종이나 라면박스류 등은 안 됩니다. 암컷은 구멍을 내고 탈출한다.

사육 통 꾸미기

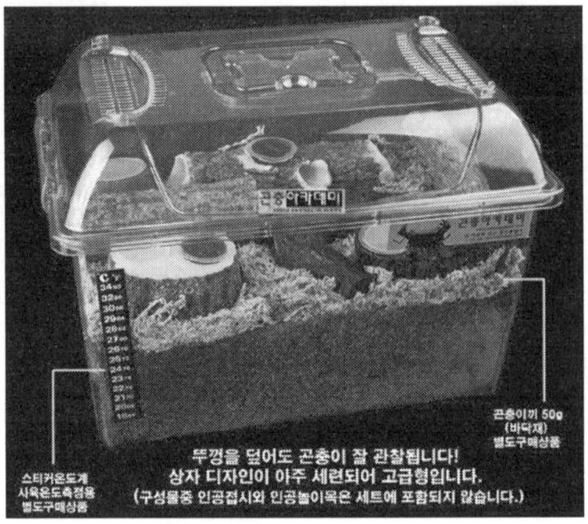

그림 2-11. 사육 통

a. 발효톱밥을 10cm 이상(2봉) 정도 깔아준다.
b. 길이 15cm 정도의 활동나무를 2~3개 정도 넣어 주어 장수풍뎅이가 뒤집혀도 일어날 수 있게 해야 한다.
c. 먹이접시를 적당하게 설치하여 대식가인 장수풍뎅이를 배고프지 않게 해주어야 한다.
d. 곤충젤리나 과일을 먹이접시에 꽂아서 넣어준다.
e. 발효톱밥 위 부분이 마르지 않도록 분무기로 하루에 2~3회 정도 뿌려주어야 한다. 영양 발효톱밥은 습도 조절뿐만 아니라 장수풍뎅이가 낮에 숨는 장소가 된다. 영양발효톱밥은 알을 낳는 매트로 사용되며 알이 부화해서 애벌레먹이로 사용된다. 음식이 부족하지 않도록 주의하고 톱밥이 너무 건조하면 분무기로 뿌려 적절한 습도를 유지시켜 주어야 한다.

⑥ **짝짓기**

알을 낳게 하기 위해서는 며칠 같이 두면 짝짓기를 한다. 충분히 먹이를 먹인 암컷을 수컷과 일주일 정도 같이 두면 된다. 같은 사육 상자에서 암수를 계속해서 같이 키워도 된다. 짝짓기(교미)는 주로 밤에 음식 주위에서 이루어지며 짝짓기를 끝낸 암컷은 다른 수컷과는 절대 짝짓기를 하지 않는다. 짝짓기시간은 30~40분 정도이다.

단, 수컷은 여러 번 짝짓기가 가능하다. 수컷과 암컷이 음식을 먹기 시작하면 짝짓기를 할 수 있는 시기가 된 것이다. 짝짓기는 주로 밤에 음식(참나무수액) 주위에서 이루어진다. 다른 수컷이나 적을 물리친 수컷은 자신의 먹이장소로 날아온 암컷에게 짝짓기를 한다. 수컷은 음식을 먹는 암컷의 냄새(성페로몬)를 맡고 접근하여 암컷에게 구애행동을 한다.

짝짓기는 약 30분~60분의 시간이 걸리며 암컷은 평생 한번만 짝짓기를 한다.

⑦ 알 낳기

암컷은 짝짓기가 끝난 후 며칠이 지나면 부엽토 속으로 들어가 알을 한 개씩 여기저기에 놓는다. 이때 수십일 동안 걸쳐서 알을 낳으므로 이때 암컷에게 고단백질의 먹이를 주면 더욱 알을 많이 낳는다. 개체에 따라 알의 수는 틀리며 통상적으로 15~80개 정도의 알을 낳는다.

알의 부화를 자세히 관찰하고 싶은 사람들은 신문지에 얇게 펴서 알을 채취해도 무방하다. 알을 채취했을 경우 톱밥에 조그마한 구멍을 내고 그 속에 알을 넣어 수분이 마르지 않게(랩이나 비닐을 덮고 구멍을 뚫어준다.) 조절을 해주면 별 문제 없이 애벌레의 부화를 볼 수 있다.

⑧ 주의사항

- 담배연기, 살충제, 모기향 등은 장수풍뎅이에게 매우 해로우며 죽는 경우가 될 수 있다.
- 사육 통은 직사광선이 내리 쬐이는 창가나 등은 가급적 피하며 시원한 그늘에 둔다. 자연상태의 조건을 생각하여 적절한 습도유지는 필수(단, 지나친 습도는 곰팡이를 번식시키는 원인이 되므로 주의)
- 온도는 여름에는 별 무리가 없지만 겨울에 사육 시에는 5도 이하로 내려가면 죽을 수 있으므로 20~30도 사이를 유지시켜 주어야 한다.

(2) 사슴벌레

사슴벌레란 딱정벌레목(Coleoptera)의 풍뎅이 상과(Superfamily Scarabaeoidea) – 사슴벌레과(FamilyLucanidae)에 속하고 있으며 장수풍뎅이와는 전혀 다른 종이다.

이들 사슴벌레들은 전 세계적으로 약 900여 종이 살고 있으며 그 대부분이 열대지방인 동남아시아에 분포하고 있다. 우리나라에서도 몇몇 종이 살아가고 있으나 요즘 도시개발이나 환경파괴로 인하여 사슴벌레의 수가 급격히 감소하고 있는 추세여서 우리를 안타깝게 하고 있다.

① 사슴벌레 생애 주기

	1월	2월	3월	4월	5월	6월	7월	8월	9월	10월	11월	12월
1년째												1령
2년째	1령	1령	1령		2령		3령	3령	3령			성충
3년째	성충 (동면)	성충 (동면)	성충	성충			활동시작	성충	교미	알낳기		

그림 2-12. 자연상태 주기

	1월	2월	3월	4월	5월	6월
1년째						
	알	1령기간 (약 한달)	2령기간 (약 한달)	3령초기	3령중기	3령말기
	7월	8월	9월	10월	11월	12월
	번데기	우화	미성숙 먹이안먹음	미성숙	성숙 먹이먹기 시작	짝짓기 (알낳기)

그림 2-13. 실내사육 주기

② 생김새

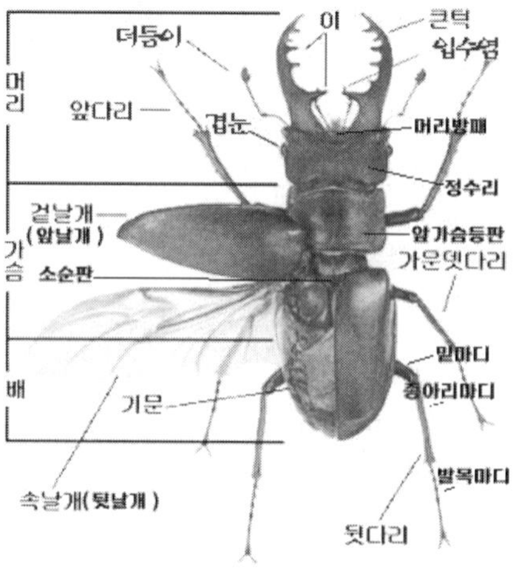

그림 2-13. 사슴벌레 부위

• 각 부위별 역할

– 시각기관 : 여러 개의 겹눈이 그 역할을 한다. 밝은 빛에 매우 민감한 편이다.

– 미각기관 : 입 주위에 있는 입수염(턱수염) 끝쪽과 혀로 느낀다.

– 후각기관 : 멀리 떨어져 있는 수액의 냄새를 맡는 기관으로는 더듬이가 그 역할을 한다. 더듬이는 여러 갈래로 갈라져 안테나 역할을 담당한다.

– 청각기관 : 일반적인 곤충은 따로 귀라는 것이 없다. 그러나 소리를 내는 귀뚜라미나 방울벌레 등은 배 부분에 귀가 존재한다. 사슴벌레는 진동으로 상대를 알아차린다.

– 호흡기관 : 기문이라는 작은 숨구멍으로 숨을 쉰다. 기문은 열고 닫히는데 눈으로는 확인하기 어렵다.

– 참고 : 날개는 앞날개와 뒷날개로 나뉘는데

③ 특성

a. 땅에 떨어져 죽은척하는 사슴벌레

사슴벌레는 몸에 느껴지는 흔들림에 대단히 민감하다. 위험하다고 생각되는 흔들림이 느껴지면 발톱을 오므리고 나무 밑으로 떨어져 죽은 척하는 버릇이 있다. 그리고 주위가 안전하다고 생각되면 재빨리 나뭇잎 속으로 숨어 버린다.

b. 소식가인 사슴벌레

사슴벌레는 애벌레 때 많은 음식을 섭취하므로 성충이 되어서는 음식에 크게 욕심이 없다. 그렇지만 넓적사슴벌레 수컷은 음식을 자신의 영역으로 삼아 암컷을 기다린다. 톱사슴벌레는 수액보다는 이슬을 먹고 살아가는 종이다. 먹이를 많이 필요하지 않은 사슴벌레에 비해 장수풍뎅이는 먹이를 엄청 많이 필요하기 때문에 가끔 과수원에 모여온다고 한다.

c. 잘 만들어진 번데기 방

자연상태에서의 번데기 방은 밑으로 물이 잘 빠지게 비스듬히 되어있으며 우화 시에도 잘 빠져나갈 수 있도록 껍데기 부근에 만들기도 한다. 톱사슴벌레는 땅속에서 번데기 방을 만들며, 넓적사슴벌레는 우화 후 쉽게 나올 수 있도록 나무 껍데기 근처에서 만든다.

④ 성충 기르기

주로 따뜻한 남쪽지방에 분포하고 있다. 덕유산, 변산반도, 강원도 산골 등에 극히 일부 분포하며 특히 변산반도 국립공원에 조금 서식하고 있다.

⑤ **성충 기르기**

준비물 사육 상자 특大- 1개, 산란목 - 1개, 활동나무(놀이목) 1개, 발효톱밥 - 2봉 + 먹이접시 + 곤충젤리(먹이), 성충 1:1(수컷:암컷)의 비율 또는 1:2의 비율

내용 준비물 먹이접시 1구 + 산란목 + 참나무 활동나무 + 발효톱밥 2봉지

사육 통 꾸미기 사육 통 꾸미기는 자연상태와 비슷한 조건을 마련하는 것이 좋다.

a. 산란목의 껍질을 벗기고 매끈하게 다듬은 뒤 분무기로 촉촉하게 뿌려준다.

b. 산란목을 사육 통 안에 조심스럽게 세워 넣는다.

c. 빈공간이 없도록 발효톱밥을 채워 넣는다.

d. 먹이접시를 한쪽 구석에 둔다.

e. 남아있는 빈 공간에 놀이목을 넣고(세우던지 눕히던지) 먹이를 넣어주면 된다.

⑥ **먹이**

- 먹이는 사슴벌레나 장수풍뎅이 둘 다 단 성분을 좋아한다.
  예) 곤충젤리 / 바나나 / 사과 / 오이 / 메론 / 수박/ 등의 단 즙을 먹는다.

⑦ **건강하게 돌보기**

- 먹이를 자주(2~3일) 교체하여 상하지 않도록 해주어야 한다.
- 산란목이나 먹이접시에 곰팡이가 피지 않도록 물을 너무 자주(하루 3회 이상) 뿌리지 않는다.
- 수컷1마리에 암컷 1~2마리를 넣어주면 알을 더 많이 낳는다(수컷 1마리에 암컷 1~2마리).
- 수컷은 사육 통에 2마리 이상을 넣으면 서로 싸워 상처를 입어 오래 살지 못한다.
- 사육 상자를 어둡게 종이로 가려주면 오래 살 수 있다(사슴벌레는 특히 빛에 매우 민감합니다).
- 오랫동안(2시간 이상) 뒤집어져 있게 되면 스트레스로 인해 죽을 수 있다. 잘 일어날 수 있도록 활동나무를 적당히 설치해준다.

⑧ **주의사항**

- 담배연기, 살충제, 모기향 등은 사슴벌레나 장수풍뎅이에게 매우 해로우며 죽을 수 있다.
- 사육 통은 직사광선이 내리 쬐이는 창가 등은 가급적 피하며 시원한 그늘에 둔다.
- 자연상태의 조건을 생각하여 적절한 습도유지는 필수(하루에 2~3회 분무기로 뿌려준다).
- 온도는 여름에는 별 문제가 없지만 겨울에 애벌레 사육 시에는 5도 이하로 내려가면 죽을 수 있으므로 15~25도 사이를 유지시켜 주어야 한다.

3) 치료도우미동물로서의 장단점 분석 및 SWOT 분석

표 2-15. 치료도우미동물로서의 SWOT 분석

강점(Strength)	**약점**(Weakness)
• 사육의 난이도가 낮다. • 성장 속도가 빠르다. • 가격이 저렴하다. • 초기비용이 적다. • 단체사육이 가능 • 좁은 주거환경에서 사육이 적합하다. • 생명체의 신비를 체험할 수 있다. • 자연학습에 도움이 될 수 있어 학생들의 꿈을 키울 수 있다. • 조용하고 깨끗하게 실내에서 키울 수 있다. • 다른 애완동물보다 가격이 저렴하다.	• 개체의 수명이 너무 짧다. • 내담자와 의사소통이 불가능하다. • 생명력이 약해 관리를 소홀히 하면 쉽게 죽을 수 있다. • 통제가 불가능하다.
기회(Opportunity)	**위협**(Threat)
• 곤충의 다양한 분야가 발전되고 있는 추세이다. • 곤충을 활용한 사업이나 문화가 확산되고 있는 추세이다.	• 공격성이 있는 개체로 인해 사건, 사고가 일어난다. • 무분별한 사업으로 인해 생명의 존엄성을 떨어트린다는 지적을 받고 있다. • 곤충은 모두 '해충'이라고 여기는 사람들의 내재되어있는 인식

4) 사례 조사 보고

사 례　농촌진흥청의 곤충체험학습

살아있는 곤충을 직접 관찰하고 만져보면서 경험할 수 있는 곤충 체험학습 프로그램이 개발됐다.

농촌진흥청은 곤충을 이용해 곤충농장이나 박물관, 과학관 등의 현장에서 유치원생부터 초·중·고등학생을 대상으로 활용 가능한 다양한 체험학습 프로그램을 개발했다고 밝혔다.

이번에 개발한 체험학습 프로그램은 학생들의 관심과 흥미를 끌 수 있는 장수풍뎅이, 배추나비, 호랑나비, 왕귀뚜라미, 방울벌레 등 비교적 친근한 애완학습 곤충을 중심으로 만들어졌다.

체험학습 프로그램은 교육 현장의 환경에 따라 적용할 수 있도록 곤충이 적은 환경을 위한 이론 위주의 '학습형 프로그램', 곤충과 관찰도구가 갖춰진 경우 '관찰형 프로그램', 곤충채집 등의 야외활동이 가능한 환경에서의 '체험형 프로그램'으로 구성되어 있다.

학습형 프로그램은 곤충 전반에 대한 기초 생태교육 곤충 관련 동화, 만화영화 관람, 계절곤충·멸종위기 곤충 등 곤충의 종류 분류, 학습 내용을 바탕으로 한 곤충 관련 퀴즈게임으로 이뤄져 있다.

관찰형 프로그램은 곤충 표본 관찰, 돋보기와 현미경을 이용한 곤충 관찰, 곤충이 내는 소리 듣고 소리 마인드맵(생각을 지도 그리듯 그리는 두뇌개발 기법) 그리기로 짜여 있다.

체험형 프로그램은 곤충 채집, 곤충모형 만들기, 만화·캐리커처 등 곤충 그림 그리기, 곤충이 먹는 식물을 이용한 요리 교실, 나만의 곤충 책 만들기로 구성되어 있다.

농촌진흥청은 이번에 개발한 프로그램에 대해 지난 5월과 6월 현장실증 시험을 거쳤으며, 매뉴얼로 제작해 올해 10월 중에 도 농업기술원 및 시군 농업기술센터, 곤충농장 등에 배포할 계획이다.

농촌진흥청 곤충산업과 김남정 연구사는 "곤충은 주변에서 쉽게 볼 수 있고, 일생이 짧아 삶 전반을 관찰할 수 있기 때문에 교육적 효과가 높다"며 "곤충과 다양한 분야를 접목해 만든 체험학습 프로그램을 통해 어린이와 청소년의 창의성 증진, 학습효과 향상 등에 도움이 될 것으로 기대한다."고 말했다.

8. 파충류

1) 파충류의 특성

척추동물아문의 1강(綱). 피부는 일반적으로 딱딱하고 깃털을 가지고 있지 않으며 표피가 변형된 각질비늘로 덮여 있고 어떤 종에서는 그 밑에 피골성의 외골격이 존재한다. 골격형성이 양서류보다도 현저하고 일반적으로 길이가 긴 두골을 가지며 두정골보다 후방의 뼈는 크게는 발달하지 않는다. 후두과(後頭顆)는 통례적으로 대후두공의 복측에 1개 존재하고 아래턱은 그 관절골과 위턱의 방형골을 개입하여 두개와 관절한다. 일반적으로 2차 구개는 발달하지 않고 이는 일반적으로 동형 다생치성이며 또한 중이의 이소골은 1개이다. 아가미는 유체에도 없고 평생 폐호흡을 한다. 심장은 현생종에서는 2심방 2심실이지만 심실간 중격은 다소 불완전하다. 대동맥궁은 좌우 모두 존재한다. 성체의 배출기는 후신이며 일반적으로 요산을 배출, 일반적으로 난생이지만 난태생의 것도 적지 않고 진짜 태생에 가까운 것도 있다. 총배설강이 있다. 알에는 양막, 요막이 발생하고 또한 난각은 두꺼우며 대형의 다황란이고 반할한다. 발육과정에서 변태를 하지 않는다. 석탄기후기에 양서류 중의 미치류의 일부에서 진화되었다고 추정되고 특히 중생대 전반에 걸쳐 육상, 수중, 공중 전부에 현저히 적응방산하여 번영, 여러 가지 생태적 지위를 차지하였지만 중생대 말에 급격히 쇠퇴하여 현재는 4목이 잔존하고 있는 것에 지나지 않는다. 파충류는 안와의 후방에 있는 측두창이라고 하는 구멍과 후안와골, 인상골의 2골과의 관계에서 이하의 5아강으로 분류하는 것이 보통이다.

적외선 열 감지 기관 파충류는 기본적으로 포유류와 비슷한 감각 기관을 갖고 있지만, 시각과 청각 능력은 제각기 다르다. 킹코브라처럼 특별히 시력이 좋거나 악어처럼 눈에 반사판이 있어 밤에도 잘 볼 수 있는 동물도 있고, 눈이 없어져 흔적만 남은 동물이나 뱀처럼 청각이 나빠 소리를 듣지 못하는 동물도 있다. 이러한 동물들은 또 다른 감각 기관을 통해 다양한 정보를 얻으며 살아간다.

방울뱀과 살모사, 비단뱀, 보아뱀 등에게는 적외선 열을 감지할 수 있는 구멍이 있다. 주변의 열을 감지하여 0.035초 안에 주위보다 온도가 높은 곳에 먹잇감이나 적이 있다는 것을 알아챌 수 있는데, 여기에 눈으로도 볼 수 있는 상황이면 더욱 정확하게 먹이를 찾아낼 수 있다.

냄새 감지 기관 파충류는 잘 보지 못하거나 듣지 못하는 파충류들은 땅에 붙어 소리의 진동을 느끼고 냄새를 맡는다. 길고 갈라진 혀를 이용해 혀를 날름거리면서 공기 중에 흩어져 있는 작은 입자를 모아, 입 위쪽의 작은 구멍(야콥슨 기관)으로 보낸다. 이곳에 후각 신경이 모여 있기 때문에, 여기로 모은 주변 정보를 통해 먹이나 짝짓기 상대가 남긴 냄새 등을 파악할 수 있다.

2) 파충류의 사육관리

(1) 이구아나

- 생물명 : 그린 이구아나
- 서식지 : 중앙아메리카, 남아메리카
- 성체크기 : 1.5m~1.8m
- 수명 : 15년~20년
- 특징 : 전체적으로 초록색 색상이나 중간 중간에 무늬나 빨간색이 섞여 있기도 하다.
- 습성 : 주행성이며 나무타기를 즐기며 쉴 때는 돌이나 나무 위 같은 높은 곳에서 쉬는 습성이 있다
- 사육 온도 : 주간 : 더운 곳(28℃~31℃), 시원한 곳(24℃~27℃)
  야간 : 전체적으로 22℃~24℃
- 습도 : 50~70%

① 사육 시 필요한 용품 및 사육 방법

- 사육장 : 가로 : 2m, 세로 : 50cm, 높이 : 50cm(성체)~60cm 리빙 or 2자 수조(베이비)
- 바닥재 : 바크, 파충류 전용 카펫
- 은신처 : 유목
- 장식재 : 유목, 괴석
- 먹이 : 애호박, 상추 같은 녹색 채소, 이구아나 사료, 귀뚜라미(소량)
  ※ 비타민, 칼슘 공급: uvb를 틀어주시거나 D3포함된 칼슘제 사용하면 된다.
- 물 공급 : 야채를 많이 섭취하기 때문에 많이는 필요 없으나 고인 물을 잘 먹지 않으므로 물방울을 떨어 뜨려준다.
- 온도관리 : 주간 – 스팟램프 / 야간 – 야간 등(추울 때만)

(2) 비어디 드래곤

- 생 물 명 : 비어디 드래곤
- 서 식 지 : 호주
- 성체크기 : 43cm~45cm

• 수명 : 5년~10년
• 특징 : 턱 아래쪽에 가시가 턱수염처럼 나있다. 성격은 순한 편이다.
(하지만 핸들링은 자주 해주지 않으면 난폭해질 수 있음)

① 사육 특성

• 매일 사육장 안을 살피어 더러운 것을 제거해주어야 한다.
• 매일 핸들링을 통해 사람과 친해지게 한다.
• 물은 하루에 한 번씩 깨끗한 물로 교체해주어야 한다.
• 매일 먹이는 곤충에게 피딩을 하며, 신선한 먹이를 먹인 곤충을 먹이로 주어야 한다. 그리고 사육장 안에 죽은 곤충은 바로치워주어야 한다.
• 먹이로 준 귀뚜라미가 비어디 드래곤을 다치게 하지 않기 위해 먹지 않아 사육장 안에 돌아다니는 귀뚜라미는 바로 빼주어야 한다.
• 매주 10분 동안 온욕을 시켜주어야 한다.
• 일주일에 한번 비어디 몸의 전체에 분무질을 통해 몸을 적셔 준다.
• 항상 사육장은 깨끗하게 정리되어야 하며, 바닥재역시 청소되어야 한다.

② 행동 특성

• Arm Waving : 암컷이 수컷이 있을 때 복종적인 제스처로 팔을 돌리는 행동을 한다.
(작은 베이비일 때는 자주 이런 행동을 보이나 성체가 되어서는 잘 볼 수 없다.)
• Head Bobbing : 머리를 위아래로 움직이는 것은 복종적이거나 권위 있는 행동일 수 있다.(수컷들에게 보이는 행동으로 이런 행동을 할 때 암컷이 그런 모습을 보고 팔을 돌리는 모습을 볼 수 있다.)
• Gaping : 멍하니 바라보는 것이 그들의 체온을 조절하기 위해서이다.
• Beard Display : 수염을 검게 하여 부풀리는 것은 공격적인 행동이며, 구애의 모습으로 볼 수 있다.
• Bulging Eye : 가장 별난 행동으로 때때로 비어디의 눈이 개구리처럼 돌출하는 것을 볼 수 있는데 그 이유는 아직까지 알려지지 않았다. 걱정할 것은 없으며, 단지 별난 행동으로 생각하시면 됩니다.

③ 사육 시 필요한 용품

• 사육장(성체 기준):2자 수조, 리빙 박스
• 장식재 : 유목, 돌(유목이나 돌을 두면 스팟을 틀었을 때 비어디가 유목에 올라가서 스팟을 쬔다.)
• 바닥재 : 샌드, 파충류카펫, 신문지(간혹 먹성 좋은 비어디는 신문지를 뜯어 먹기도 한다, 그래도 별 이상은 없다고 한다), 키친 타올

• 먹이 : 비어디는 육식과 채식을 같이 하는 잡식성이다(육식80%, 채식20%).
• 야생 먹이 : 곤충과 작은 척추동물과 과일과 꽃, 부드러운 잎과 새싹
• uvb 사용 여부 : 일일 3~4시간 권장한다. uvb 주사거리는 50cm 이상 넘지 않게 설치한다.
• 물 공급 : 야채나 과일로 수분을 섭취하나 부족할 때는 따로 물그릇을 설치한다.

(3) 레오파드게코

• 생물명 : 비어디 드래곤
• 서식지 : 인도, 파키스탄, 이란, 이라크, 아프가니스탄
• 성체크기 : 약(18cm~25cm)
• 수명 : 20년~25년
• 특징 : 베이비일 때 인형같이 귀여워 많은 매니아들이 좋아하는 게코류이다. 전문적인 브리더들이 많은 모프들을 만들어 내어 현재는 대략 100여 종의 모프가 있으며, 계속 늘어나고 있다. 베이비일 때는 사람을 조금 경계하지만 점점 커갈수록 사람을 경계하지 않으며 매우 온순한 생물이다. 암수를 같이 사육 시 쉽게 메이팅이 되어 누구나 쉽게 알을 볼 수 있다.
• 습성 : 레오파드게코는 낮에는 항상 은신처 등에 숨어 있기를 좋아한다. 물을 좋아하며 항상 깨끗한 물을 공급해야 한다. 주로 밤에 사냥을 하지만, 낮에도 먹이를 주면 사냥하기도 한다. 먹이는 자신의 양만큼 먹으며 그 이상은 먹지 않는다.

① 스트레스 주의사항

• 사육장을 하루에 한 번 이상 건들이면 좋지 않다.
• 레게를 보기 위해서 은신처를 들추는 것을 자주 하면 매우 좋지 않다.
• 레게가 충분히 숨을 수 없는 은신처를 사용할 경우 스트레스를 받는다.
• 먹이를 너무 많이 넣어 둘 경우 먹이가 레게의 휴식을 방해해서 스트레스를 받는다.
• 먹이를 직접적으로 손이나 핀셋으로 잡아 레게 입주위에 가져다가 주거나 입을 건드리는 행동은 절대 해서는 안 된다(거식 등으로 문제가 있을 경우 제외).
• 레오파드게코는 베이비일 때 많은 스트레스를 받기 때문에 웬만해서는 핸들링은 자제하고 어느 정도 커졌을 때 핸들링을 한다.

② 사육 시 필요한 용품

• 사육장 : 1.5자 유리사육장, 40cm~50cm 리빙 박스, 채집 통[왕특대]
• 은신처 : 습식 은신처, 코코넛 은신처,
• 장식품 : 유목, 괴석(유목과 인테리어하면 좋다)

- 바닥재 : 신문지, 키친 타올, 파충류전용 카펫, 샌드
- 먹이 : 베이비: 밀웜(소), 귀뚜라미(소)
- 아성체 : 밀웜(대), 귀뚜라미(소)
- 준성체, 성체 : 슈퍼밀웜(담백질이 많다), 귀뚜라미(대)
- 물 공급 : 매일 신선한 물로 갈아준다. 레오파드게코가 물그릇에 똥을 쌌을 때 즉시 갈아준다.
- 칼슘공급 : 레오파드게코 전용 칼슘제를 밀웜 또는 귀뚜라미에 묻혀서 급여해준다.
- 온도관리 : 전기방석
- 온도 : 따뜻한 곳 = 29도~30도, 시원한 곳 = 21도~26도

3) 치료도우미동물로서의 장단점 분석 및 SWOT 분석

표 2-16. 치료도우미동물로서의 SWOT 분석

강점(Strength)	**약점**(Weakness)
• 실내에서 사육하기 좋다. • 소음문제가 없으므로 조용한 상태에서 치료가 가능하다. • 종류가 다양하여 내담자의 기호에 맞출 수 있다. • 무늬나 크기가 다양해서 내담자의 기호에 맞출 수 있다.	• 위생의 문제가 있을 수 있다(피부와 배설물에 있는 살모넬라균). • 공격성이 높아 내담자에게 피해를 입힐 수 있다. • 내담자와 의사소통이 불가능하다. • 운동성이 낮다. • 사육 난이도가 매우 높다. • 사육 비용이 많이 든다.
기회(Opportunity)	**위협**(Threat)
• 애완 파충류 시장이 커지고 있다. • 언론과 각종 매체들을 통해 꾸준히 알려져 사람들의 인식이 변화하고 있다.	• 공격성이 있는 개체로 인해 사건, 사고가 일어난다.

4) 결론

사람에게 버려져 상처받은 동물들로 상처받은 다른 이들의 마음을 치유한다는 것은 매우 아름다운 일이고, 주변에서 흔히 볼 수 없는 희귀한 곤충과 파충류로 사람들의 마음을 사로잡는 것 또한 매우 매력적인 일이다. 그런데 과연 현실에 잘 활용될 수 있는가는 여전히 미지수다.

유기동물은 초기비용이 들지 않고, 인간과 의사소통이 가능한 개, 고양이가 주로 해당되기 때문에 활용가치가 높지만 아직 실질적은 사례가 부족하고, 유기동물이라는 특성으로 인한 잠재된 문제점들이 있을 가능성이 높고, 유기동물의 위생 상태나 심리상태를 체크하고 치료도우미동물의 자질을 갖추기 위한 훈련단계에 있어 많은 비용이 예상된다.

곤충은 적은 비용으로, 그 곤충의 생애를 볼 수 있다는 장점이 있다. 알에서 태어나고 성장하고 번식하고 죽음에 이르기까지의 시간이 매우 짧아, 단기간에 생명의 진행과정을 지켜볼 수 있으며, 그로 인해 아이들이 얻게 되는 것은 매우 많을 것이다. 그러나 곤충과 내담자 간의 의사소통이 불가능하고, 쌍방의 소통이 아니라 결국 일방적인 소통이 될 수밖에 없기에 개, 고양이보다 효과가 높다고 보기에는 어려움이 있다.

파충류는 그 다양성과 화려함으로 눈길을 끌기에는 적합하다. 그러나 파충류 피부와 배설물에 존재하는 살모넬라균으로 인한 위생적인 문제가 있고, 사육의 난이도가 매우 높고, 관리비용이 많이 듦으로 치료도우미동물로는 가장 어렵지 않나 사료된다.

이 동물들이 분명한 장점이 있지만, 그 장점들보다 단점이 더 명확하기 때문에 이 단점들을 보완할 만한 대책이 필요하다고 생각된다. 지금 현재 상황에서 보았을 때에는 유기동물, 곤충, 파충류 모두 치료도우미동물로 활용하기에는 어려움이 많다.

좋은 해결방안을 모색해보고, 이 동물들 또한 동물매개심리치료에 활용할 수 있기를 바란다.

9. 축산동물

표 2-17. 치료도우미동물로서의 SWOT 분석

	강점	약점	기회	위협
닭	• 비교적 작고 다루기 쉬우며 사육장 설치가 간편	• 울음소리가 시끄러움 • 관리하는 데 어려움	• 프로그램으로 접근하기가 쉬움	• 조류 관련하여 질병이 매년 발생
미니돼지	• 사람과의 소통성이 좋음	• 관리의 어려움	• 다양한 동물체험 프로그램이 가능	• 여름에 활동을 하는 데 어려움
사슴	• 봄철에 사람을 잘 따름	• 넓은 사육 공간 필요 • 도시공해에 약함 • 번식기에 사나워짐	• 다른 동물에 비해 봄철에 온순해짐	• 염소에 비해 넓은 사육장이 필요함
염소	• 사육 시 많은 면적을 차지하지 않음 • 사람과 유대관계 형성 가능	• 도시 사육 시 번거로움이 큼 • 인수공통전염병 위험성이 높음	• 넓은 사육장을 필요로 하지 않음 • 감정 소통성이 좋고, 사람의 운동성도 활발하게 해줌	• 사육관리의 어려움

	강점	약점	기회	위협
오리	• 오리는 면역력이 강함 • 환경적응력이 뛰어남 • 성질이 온순함	• 조류인플루엔자 감염될 위험성 • 소음, 악취문제	• 염소와 사슴, 닭에 비해 주변 환경 적응이 빠름 • 닭에 비해 주인을 구분할 수 있음	• 염소에 비해 상호 접촉성과 감정 소통성이 떨어짐
유산양	• 성격이 온순함 • 기후나 풍토에 대한 적응성이 뛰어남	• 소화기 질병이나 호흡기질병을 유발하기 쉬움 • 인수공통전염병 감염 우려	• 환경 적응성이 뛰어남 • 겨울에도 잘 적응함	• 여름철에 약함 • 닭에 비해 사육 시 번거로움
조랑말	• 냄새도 몸에서 직접적으로 나지 않음 • 인내심이 강함 • 신체적으로 직접적인 치료 효과를 기대 가능	• 발정기 때 시끄러운 소리를 냄 • 다른 동물들에 비해 털이 많이 날려 관리하기가 힘듦 • 낙상 사고의 위험성이 있음	• 닭, 오리에 비해 소음이 거의 없음 • 다른 동물에 비해 신체적으로 직접적인 치료 효과 기대 가능	• 닭, 오리에 비해 운동량이 많이 필요함 • 사육 공간이 많이 필요함
토끼	• 소음이 없음 • 소형 동물이고 오순해서 신체적 접촉이 용이함	• 주인이 제대로 관리하지 못하면 악취가 남 • 털이 많이 빠짐	• 닭, 오리, 염소, 유산양, 사슴에 비해 훈련이 가능함 • 신체적 접촉이 용이함	• 다른 농장 동물에 비해 영역 의식이 강해 사람을 경계할 우려가 있음

1) 닭

(1) 치료도우미동물로서의 장단점

표 2-18. 치료도우미동물로서의 장단점

장점	• 수탉 울음소리는 75~80dB, 개 짖는 소리는 80~90dB인 것과 비교할 때 애완동물로 키우는 데 문제없다. • 비교적 작고 다루기 쉬우며 사육장 설치도 간편하다. • 비교적 적은 비용으로 사육이 가능하다. • 사람에게 친근한 농장동물 중 하나이다. • 해충을 잡아준다. • 정서를 순화시켜 준다. • 우수한 활동성을 가지고 있다
단점	• 공격성이 있을 수 있어 부리로 쪼거나 날아 올라 발갈퀴로 할키는 위험을 주의하여야 한다. • 조류인플루엔자와 같은 전염병의 발생에 취약하다. • 분변 냄새와 털빠짐이 문제가 될 수 있다. • 수닭의 경우에 새벽 울음 소리가 주택가 민원 발생의 원인이 될 수 있다.

(2) 특징

닭은 야맹증을 가진 주행성이다. 머리에 붉은 볏이 있고, 부리 아래에는 육수(肉須)라고 하는 붉은색 피부가 늘어져 있다. 날개는 퇴화하여 한 번에 몇 미터 정도밖에 날 수 없는데, 주로 적을 피하거나 잠을 자러 횃대에 오를 때 날아오른다.

몸은 깃털로 덮여 있으며, 다리와 발은 비늘에 싸여 있다. 깃털들은 추운 날씨에도 체온을 따뜻하게 유지시킨다.

발에는 발톱이 있으며, 수컷은 각 발에 며느리발톱이라고 하는 뼈로 된 구조물이 있다. 닭은 발톱과 부리로 적에게 대항하고, 흙을 파서 곤충과 식물의 씨 그리고 도마뱀과 작은 쥐까지도 찾아먹는다. 시각과 청각이 예민하지만, 후각은 사람보다 무디다.

닭의 수명은 25~30년 정도이다. 잡식성이라 곡식, 벌레, 잎사귀 등을 먹이로 주면 된다. 먹이를 먹으면 모이주머니에 저장했다가 천천히 위로 내려 보낸다. 소화액과 섞인 먹이는 모래주머니로 들어간다. 모래주머니는 위의 근육질 부분으로 닭이 삼킨 모래나 돌멩이가 들어 있다. 이러한 알갱이와 모래주머니의 벽이 움직여서 먹이를 갈아서 잘게 만든다.

(3) 사육방법

외부 환경으로부터 닭을 보호하며 온도, 습도, 환기 등 관리를 통해 좋은 환경을 만들어 줘야 하며, 외부 포식자의 피해를 막기 위해 울타리(펜스)를 설치한다.

닭장은 비 가림 시설이나 왕겨로 건조하게 유지한다. 특히 왕겨를 깔아주면 냄새를 줄이는 데 도움이 된다.

큰 닭은 사료를 급여할 경우 하루에 3회 주는데, 아침에 35%, 점심에 20%, 저녁에 45%를 주며 자동 급이기를 사용할 경우는 가루모이로 준다.

사료를 바꾸려 할 때에는 갑자기 바꾸지 말고 1~2주간에 걸쳐 서서히 바꾼다. 병아리는 온도조절 능력이 약하기 때문에 처음 1주일 동안은 31~33℃ 정도를 유지하다가, 1주일 간격으로 2~4℃씩 낮춰, 평상시에는 12~18℃ 정도로 유지해 준다.

(4) 사육 시 주의사항

가장 중요한 사양관리 방법은 오염되지 않은 신선한 사료와 깨끗한 물을 먹이는 것이다. 닭은 여러 가지 질병 발생의 위험이 있기 때문에 반드시 백신 접종을 한다.

닭장이나 닭이 활동하는 공간은 1주일에 1회 이상 정기적으로 소독을 실시한다. 병아리는 1~3주 사이에 폐사율이 높으므로 이 기간 동안 관리를 철저히 해야 한다.

3~4주령에는 밤에만 불을 피워 주고 5주에 폐온한다. 70일령이 되면 홰를 만들어 홰에 오르도록 하고, 초산은 체중이 1.5kg에서 시작할 수 있도록 한다.

조류의 어버이 새가 새끼 새를 돌보며 기르는 것도 육추라고 하며 병아리를 어미닭에게 딸려 기르는 것을 모계육추라 한다. 육추기의 온도는 첫 주에는 37.8℃로 하고 매주 2.8℃씩 내리다가 5주째부터는 자연온도에서 기른다.

습도는 상대습도 60%가 적당하며 병아리가 된 지 10일령까지는 건조해지기 쉬우므로 습도를 높여주고, 10일령 이후에는 물그릇의 물기와 닭똥에서 나오는 수분 때문에 습도가 높아지므로 습도를 낮춘다.

환기를 충분히 해야 하고, 특히 7~10일령부터는 일광욕을 시켜 준다.

(5) 질병관리

① **단열과 환기** : 겨울철에 특히 질병이 많이 발생하는데 이를 예방하기 위해서는 사육시설의 단열과 환기가 중요하다. 단열을 잘 해서 온도 편차가 심하게 나지 않게 하고 환기를 통해 공기를 자주 바꿔줘야 한다.

② **위생처리** : 위생은 닭 관리의 한 부분이다. 위생이란 주어진 환경하에서 질병 발생의 여건을 거의 없는 수준으로 제거 또는 감소시키기 위하여 위생적 청결법을 사용함으로써 닭의 건강을 촉진시키는 것을 말한다. 위생관리에서는 무엇보다도 세척이 가장 중요하며 깨끗한 물로 많이 씻는 것도 여러 가지 병원체를 제거시키는 한 가지 방법이 된다.

③ **격리** : 질병관리에 있어서 격리는 가장 중요하다고 볼 수 있다. 사육장 주의에 울타리를 쳐서 개나 고양이 같은 애완동물과의 접촉을 막아야 하고, 다른 사육장의 방문을 금지해야 한다. 또한 설치류도 보균자와 전파자가 될 수 있으므로 방서 및 구서프로그램에 의해서 쥐를 없애야 한다.

④ **백신 및 예방관리** : 질병관리에 있어서 가장 중요한 것은 예방접종이다. 철저하고 균일한 예방 접종이 이루어져야 한다. 또한 우리가 질병을 예방하기 위하여 유념해야 할 것이 차한방역이다. 좀 더 적극적이고 치밀한 차단방법들을 강구하여 실효성 있는 질병방역 시스템을 운영해야 한다

⑤ **닭의 질병** : 닭의 질병에는 바이러스·세균 등의 병원체에 의한 전염병과 비타민 결핍이나 스트레스 등에 의한 비전염성 질병이 있다. 따라서 철저한 예방과 위생적인 환경관리가 매우 중요하다. 닭의 질병에는 조류 인플루엔자, 뉴캐슬병, 추백리, 계두, 닭 전염성 기관지염, 가금티푸스, 닭 뇌 척수염, 괴사성 장염, 괴저성 피부염 등이 있다.

2) 미니돼지

(1) 치료도우미동물로서의 장단점

표 2-19. 치료도우미동물로서의 장단점

장점	• 자주 목소리를 들려주면 의사소통을 할 수 있다. • 사람과 잘 어울린다. • 개와 고양이와는 달리 털이 잘 날리지 않는다. • 자주 목소리를 들려주면 의사소통을 할 수 있다. • 사람과 잘 어울린다. • 개와 고양이와는 달리 털이 잘 날리지 않는다.
단점	• 민감한 동물이라 스트레스, 온도 등 세심한 관리가 필요하다. • 겁이 많은 성격을 가지고 있다. • 음식에 대한 집착이 강하다. • 배변의 냄새가 일반 돼지의 배변 냄새와 동일하기 때문에 악취가 매우 많이 난다. • 집의 온도를 19~22도 정도 최적의 온도를 유지해주어야 한다. • 특히 땀샘이 없기 때문에 더운 날씨에는 적응을 하지 못한다. • 동절기, 환절기 때 환기불량과 습도의 불균형으로 인해 생체기능이 떨어져 질병저항력이 감소된다. • 미니돼지라고 해도 오래 키우다 보면 비만과 관계없이 크기가 엄청 커질 수 있다. • 굴토성이란 땅을 파는 성질을 말하는데 돼지는 굴토성이 강하여 헤집어 놓는 습성을 가지고 있다. • 장난 기질이 많은 동물이라 집 내부에서 기를 경우 벽지와 바닥 훼손이 심하다. • 목욕 후에는 돼지의 털이 매우 뻣뻣하여 건조한 편이기 때문에 바디로션이나 바디미스트를 뿌려줘야 하는 번거로움이 있다.

(2) 특징

짝짓기 시기가 되면 다소 예민해지고 사나워지며 암컷은 보통 1년에 한 번 정도 새끼를 낳는다.

임신 기간은 100~140일 정도이며 한번에 2~14마리 정도의 새끼들을 낳는다.

어미는 새끼들에게 2~3달가량 젖을 물려주고 약 1년 정도 품 안에서 보살핀다.

(3) 사육방법

어린 돼지 열 환경에 많은 영향을 받기 때문에 기온이 급격히 떨어지는 겨울철에는 세심한 관리가 필요하다.

특히 면역능력과 체력이 낮은 어린 가축들은 환경(온도, 바람, 습도 등) 의 변화에 의한 대사불균형으로 인한 스트레스를 받기 때문에 질병발생 예방을 위한 각별한 관리를 통해 생산성 저하를 막아야 한다.

사육적온은 어린 돼지는 25~30℃ 정도이지만 바람이 불면 체감온도는 급격히 떨어지는 만큼 혹한기에는 축사 내 적정 온도가 유지될 수 있도록 보온대책 마련에 각별한 주의가 요구된다.

겨울철에는 분만사의 실내온도를 20~22℃ 정도로 유지하고, 실내온도의 편차를 최대한 줄여야 한다.

이유자돈(태어난 지 3주 이상 6주 이내의 어린 돼지)들이 어린 돼지우리로 이동했을 때 따뜻함을 느낄 수 있도록 이유자돈 입식 전 새방의 실내온도는 30℃ 이상으로 유지한다.

(4) 사육 시 주의사항

미니돼지한테 위협 등을 가하게되면 거친 소리를 내고 물릴 수 있으므로 위협을 주면 안 된다.

송곳니를 견치하지 않으면 날카롭게 자라기 때문에 위험하다. 그러므로 송곳니는 견치를 해주어야 한다.

미니돼지도 이갈이를 하므로 잘 때 시끄러울 수 있다.

환기를 충분히 해야 하고, 특히 7~10일령부터는 일광욕을 시켜 준다.

(5) 질병관리

절뚝거림은 미니돼지에서 나타날 수 있으며, 그들의 보호자와 함께 규칙적으로 산책하는 동물에서 특히 두드러진다. 중요한 문제는 발의 농양, 관절염, 골관절염이다.

모든 사례에서 돌보는 것은 절뚝거리는 돼지에서 고통 때문에 허락되지 않는다. 골연골증, 활액낭염, 발바닥 부식과 같은 질병은 집안에서 길러지는 돼지에게는 드물지만, 다음에 이어지는 두 가지 경우가 딱딱한 표면에 묶여있는 동물에서 발생할 수 있다.

이를 예방하기 위해서는 발굽을 정기적으로 관리해주어야 한다. 또한 일반적인 면역력 증가를 위한 종합백신 접종과 구충을 정기적으로 해주면 충분하다. 다만 돼지인 만큼 구제역 백신이 중요하다.

3) 사슴

(1) 치료도우미동물로서의 장단점

표 2-20. 치료도우미동물로서의 장단점

장점	봄이 되면 사람들을 잘 따르고 먹이도 주면 아주 좋아한다.
단점	• 넓은 사육 공간이 필요하고, 그 둘레를 높이 3m 정도의 철망 울타리를 필수적으로 설치하여야 한다. • 놀라기를 잘하고 도시공해에 약하다. • 사슴은 가을철 번식계절이 되면 사나워진다.

(2) 특징

사슴은 소와 같이 반추 동물이므로 조사료를 잘 소화시킨다. 새끼를 한 마리씩 낳는 단태(單胎)동물로서 임신 기간은 5~8개월이나 1~3마리의 새끼를 낳는다. 치아는 32~34개이며 위쪽의 앞니는 없다. 대체적으로 수명은 10~20년이다.

사향사슴을 제외하고는 담낭(쓸개)이 없는 것이 특징이며 또한 순록을 제외하고는 수컷만이 뿔을 가지고 있다.

(3) 사육방법

넓은 사육 공간이 필요하고, 그 둘레를 높이 3m 정도의 철망 울타리를 필수적으로 설치하여야 한다. 사슴은 개나 염소처럼 목걸이를 해서 묶어 놓고 사육하지 못하기 때문이다.

봄철, 암사슴은 3월이 되면 임신중기로 태아의 발육은 미진한 상태가 된다. 일반적으로 암사슴의 사양관리는 조사료 위주 사양이 바람직하며 겨울동안 군사에 의해 일부 사슴들은 과비가 되고 또한 사회적 서열에서 밀린 힘이 약한 사슴들은 허약한 상태가 되므로 세심한 주의가 필요하다.

겨울 동안 암사슴이 너무 필요 이상의 영양을 섭취하여 과비가 되면 분만 시 조산 또는 난산 등 분만 장애율이 증가할 수 있으므로 겨울동안 과비된 사슴은 격리하여 농후사료의 양을 줄여 주는 것이 바람직하다. 허약한 사슴 또한 분만 시 새끼사슴의 생시체중이 작아지고 허약 또는 유산이 되는 것을 예방하기 위하여 격리하여 관리하는 것이 바람직하다.

사슴의 임신 기간은 꽃사슴, 레드디어, 엘크가 각각 225±2, 231±2 및 252±4일 정도로 교미를 관찰한 개체는 분만 예정일을 추정할 수가 있다. 분만 2주 전부터는 농후사료의 급여량을 제한하여 급여하고 분만 후부터 서서히 농후사료의 급여량을 늘려 나가는 것이 바람직하다. 분만 시에는 세심한 관찰을 하며 난산 시에는 몰이통로로 몰아 분만을 보조해 줄 수도 있겠다. 간혹 어미사슴 중에는 사슴의 손이 닿은 새끼에게 포유를 기피하는 사슴이 있으므로 세심한 주의를 요하며 분만한 사슴은 모성애로 인하여 사납게 되므로 주의를 요하며 혹시 사고로 인하여 어미가 죽은 사슴은 인공포유를 한다.

수사슴은 이시기가 되면 첫 뿔이 올라와 육경이 완성되는 시기가 되며 성록의 경우 엘크와 레드디어는 뿔 성장의 초기가 되고 꽃사슴의 경우는 4월 말부터 낙각이 시작되는 시기가 된다. 수사슴의 경우는 체중의 계절적인 변화가 심하여 이시기가 되면 사료의 섭취량과 동시에 체중의 증가가 시작되므로 영양소의 요구량이 많아지는 시기가 된다.

여름철, 초여름이 되면 수컷의 경우 뿔을 자르는 시기인데 기온이 올라가고 햇볕이 내리쬐는 대낮에는 위험하므로 서늘한 새벽에 뿔을 자르는 것이 좋다. 암컷의 경우는 분만이 시작되는데 미리 분만기를 대비하여 안정된 분위기를 조성해 주는 것이 필요하며, 사육장 내를 깨끗이 청소하여 오염된 곳에 새끼를 분만하지 않도록 청결하게 해주어야 한다.

가을철, 가을철이 되면 암사슴은 포유기가 되고 또 번식계절이 되어 발정이 오고 교배를 하게 된다. 이 시기는 수사슴의 녹용성장기보다도 더 많은 영양소 요구량이 필요한 시기라 하겠다. 이시기의 사양관리 수준이 암사슴 사육농가의 경영성과를 좌우한다.

겨울철, 사슴은 추운 겨울에도 잘 견디는 내한성 동물이지만 영하 10℃ 이하로 떨어지는 강추위가 계속되면 모든 체내기능이 위축되어 정상적인 기능을 발휘하지 못하게 된다.

수사슴은 겨울철 동안 많은 정력을 소모하므로 농후사료를 늘려주어 체력을 보강시켜주어야 한다. 암사슴의 경우도 임신초기이므로 영양 보충이 필요하다. 그리고 겨울철에는 비타민과 광물질이 함유된 사료첨가제를 사료에 섞어 주어 효과적인 영양관리를 하는 한편 소화촉진 효소제나 위기능 강화제 등을 투여해서 질병의 발생을 사전에 예방하여야 한다.

(4) 사육 시 주의사항

사슴의 서열 경쟁에서 수사슴들은 발정기가 되면 암사슴들을 차지하기 위하여 굉장히 사나워진다. 때문에 자연상태가 아닌 울타리가 있는 목장 내에서 발정기에 암사슴들 우리에 수사슴을 여러 마리 넣는다면 수사슴 중 힘이 없는 놈은 싸움에서 크게 상처를 입기도 하고 심지어는 죽기도 한다.

사슴의 발굽 깎기는 소나 다른 가축처럼 쉽지는 않다. 사슴의 보정을 위해서는 사슴 보정틀이나 마취를 실시해야 한다. 그러나 절각 시나 피하주사용 구충약을 투여 시 등 사슴의 마취 시에는 반드시 발굽을 관찰해 손질해줌으로써 발굽 질환으로부터 손실을 최소화해야 하겠다.

(5) 질병관리

사슴의 질병은 비뇨기, 대사성, 생식기, 소화기, 순환기, 피부, 호흡기 질병이 있으며, 아래 대표적인 질병은 아래와 같다.

① 신장염(腎臟炎)

급성전염성 질병에 걸린 후 발생하거나 창상성 위염의 경우 급격한 발작에 의해 요중(尿中)에 혈괴(血塊)가 나타나며 절각 시 갑작스러운 충격이나 타박에 의해 발생되기도 한다. 나이가 많은 사슴과 비대한 사슴에서 많이 발병되며 운동을 시키면 호흡곤란이 빨리오며 심음(心音)이 불규칙함을 볼 수 있다. 청결, 보온에 유의하고 안정을 시키며 항생제를 사용하는 것이 좋다.

② 영양대사 장애

위나 소화기장기(臟器)의 장애에 의한 영양 손실, 기생충 감염, 광물질 영양소의 결핍 등이 주원인이며 겨울철에 급격히 발생해 털갈이 시기인 봄철에 현저하게 나타난다. 식욕이 감소하고 마르며 허리가 굽는다. 탈모 현상이 나타나거나 털갈이를 늦게 하며 피모가 거칠어진다.

원인 제거를 해 영양의 손실을 막고 영양대사 촉진제를 장기적으로 투여하며 소화가 잘되고 영양가 높은 사료를 급여한다.

③ 요네병(John's disease)

소와 사슴 등 반추가축에 파라결핵균이 감염되어 극히 만성적이고 지속적인 설사와 심한 수척, 장점막의 비후, 추벽 형성 등을 보이는 만성 전염병이다.

본 질병의 특징은 잠복기가 길고 병이 진행되면서 병원체가 분변으로 배출되기 때문에 요네병균으로 한 번 오염되면 동거 사슴에도 대부분 감염되어 근절하기가 어렵다. 국내에서도 소와 사슴 등에서 요네병의 발생 사례가 있다.

④ 빈혈(貧血)

특히 절각 시 지혈(止血)을 잘못해 모세혈관의 계속적인 출혈과 외상(外傷)으로 인한 동맥출혈은 수 시간 내에서 2~3일 이내에 폐사시키는 경우가 많다.

포유 중인 새끼사슴에게 빈혈은 치명적인 질병이다. 모유를 통한 양분에 철과 동, 염소 등의 광물질이 부족했을 때 나타나며 모체 태반을 통한 기생충 감염 시 문제가 된다.

⑤ 파스튜렐라병(Pasteurellosis)

파스튜렐라병은 파스튜렐라균의 감염에 의한 여러 동물의 감염병으로 소에서는 섬유소성 폐렴이나 출혈성 패혈증을 일으키며 돼지에서는 위축성 비염과 기관지 폐렴, 토끼에서는 패혈증이나 스너플스를 일으킨다.

사슴에서는 급성 패혈증이나 만성 폐렴의 원인균이 된다. 임상 증상을 관찰한 즉시 환축은 격리시키고 효과적인 항생제를 12시간 간격으로 3일간 투여해 발열과 호흡곤란 및 균혈증을 감소시킨다. 건강한 사슴들도 예방 목적으로 항생제를 투여하면 효과적이다. 심할 경우에는 5~7일 이상 항생제를 투여해야 할 경우도 있다.

4) 염소

(1) 치료도우미동물로서의 장단점

표 2-21. 치료도우미동물로서의 장단점

장점	• 많은 면적을 차지하지 않는다. • 머리가 좋으며 사람과 유대관계를 형성 할 수 있다. • 온순하여 안전하고 사람의 운동성도 활발하게 해주며 감정의 소통성도 좋은 편이다. • 상호 접촉성이 좋다.
단점	• 도시 사육 시 번거로움이 크다. • 체험 및 치유 프로그램을 진행할 때 인수공통전염병이 옮을 위험성이 있다. • 염소는 예민한 동물로 스트레스를 받기 쉬운 동물이다.

(2) 특징

온몸의 털은 단단하고 거칠며 털 기름이 적다. 염소는 성질이 매우 활발하고 행동이 민첩하며, 높은 곳에 올라가기를 좋아한다. 공격적인 성향을 가지고 있어 자기 먹이뿐 아니라 다른 가축의 먹이도 빼앗는다.

염소의 번식기는 가을이며, 생후 반년이 지난 암컷은 21일 주기로 발정하는데, 일반적으로 12개월 이상 되었을 때 짝짓기를 많이 한다. 임신 기간은 145~160일이며, 초봄에 분만한다.

한 배에 1~2마리의 새끼를 낳는다. 태어난 새끼는 곧바로 일어서서 어미의 젖을 빤다. 생후 약 1주일 동안 나오는 젖인 초유는 새끼 염소에게 면역항체를 공급하고 태변을 배출시키는 작용을 한다.

갓 태어난 새끼는 털이 있고 눈을 떴으며, 생후 며칠이 지나면 걸을 수 있다. 생후 3~4개월이면 번식이 가능하다. 수명은 평균적으로 10~14년이다.

또한 염소는 특수한 이와 소화기관을 지니고 있다. 위턱의 앞부분에는 이 대신 딱딱한 판이 있다. 아래턱에는 8개의 앞니가 있는데 이판과 맞닿아 먹이를 물고 자른다.

(3) 사육방법

그룹별 분리 사육은 염소 사양관리에서 제일 중요한 관리로 생각된다. 염소는 같은 무리에서 한번 위축되거나 발육이 부진하게 되면 그 개체는 그 무리에서 계속 위축되고 발육이 부진하여 결국은 폐사하게 된다.

성장단계별 분리 사육을 하면 균형 잡힌 영양분 섭취가 가능하여 성장을 촉진할 수 있다.

발육위축으로 인한 폐사를 줄일 수 있다. 근친번식을 막을 수 있다. 개체별 관리가 가능하여 환축, 분만축 발견이 용이하여 조기에 대처할 수 있어 생산성을 높일 수 있다.

(4) 사육 시 주의사항

새끼염소는 일반적으로 이유하기 전까지의 어린 염소를 말한다. 그리고 생후 30~40일령에 기생충구제를 실시해야 한다. 근친 번식은 질병발생률이 높고 새끼염소의 체중이 작고 발육이 잘되지 않게 하는 주원인이다.

염소는 깨끗한 것을 좋아하기 때문에 배설물로 인해 악취나 오염이 되지 않도록 배설물 처리에 신경 써야 하고 사육장이 청결하도록 유지해야 하며 햇빛이 들어와야 한다. 염소를 방목하여 사육할 경우에 이나 옴, 진드기에 옮을 수 있으므로 주의해야 한다.

또한 염소에게 충분한 먹이를 주지 않고 방목을 하게 되면 나무껍질과 나무뿌리를 다 먹기 때문에 주변 환경을 고려해야 한다. 그리고 염소가 독초를 먹고 죽는 경우가 종종 발생하므로 방목하는 주변에 독초가 있는지 항시 확인해야 한다.

5) 질병관리

염소는 병에 걸려도 잘 나타내려고 하지 않으므로 발견이 어렵고 위독해져야만 비로소 발견되기 때문에 치료에 의한 회복이 어려우므로 항상 주의해서 살펴보아 일찍 발견해서 치료해 주어야 건강을 회복할 수 있다.

그러나 더 중요한 것은 평소에 질병에 걸리지 않도록 잘 먹이고 예방에 만전을 기해야 한다. 염소에도 여러 가지 질병이 있으며 그중에서도 소화기 질병이 33.3%, 호흡기가 26.1%, 눈병이 18.4%, 요마비 10.9%, 기타 11.3%이다.

5) 오리

(1) 치료도우미동물로서의 장단점

표 2-22. 치료도우미동물로서의 장단점

장점	• 오리는 면역력이 강해서 걸릴 수 있는 질병을 손에 꼽을 수 있을 정도이기에 사육 시 질병관리에 대해 다른 동물보다 용이하다. 환경적응력도 뛰어나 기르기 쉬운 편이다. 오리는 한 배에 약 10개의 알을 낳으며 알을 품는 기간은 약 26일에 불과하고, 태어난 오리는 한 달 반의 시간을 거치면 성장이 끝나기 때문에 회전율이 좋다는 점이 있다. • 오리를 이용한 체험을 통한다면 동물과의 교감으로 생명의 귀중함과 자연의 소중함을 배울 수 있는 것뿐 아니라 자연생태 학습의 효과도 기대할 수 있다. • 오리는 무리의 우두머리가 정해져 있지 않아도 질서를 지켜 활동하는데, 이러한 생활습성을 활용한다면 질서와 예절 학습 효과도 기대할 수 있다. 또한 성질이 온순하고 귀여운 외모와 재미있는 습성뿐 아니라 주인을 잘 알아보기 때문에 애완용으로도 적합한 가금이다.
단점	• 한 농가에서 많은 수의 오리를 한 축사에서 다년간 사육하다 보면 각종 질병이 발생될 수밖에 없고, 올바른 사양관리가 이뤄지지 못하면 다량의 폐사로 이어져 농장의 생산성이 떨어지는 주요인이 된다.

- 규모가 큰 오리사육장이 신축되면 마을 앞으로 흐르는 하천이 오염되고 바람이 불면 심한 악취와 오리털이 날아다녀 많은 피해가 우려된다. 조류인플루엔자 발생 시 순식간에 전파될 위험성이 있다. 도시에서 오리를 사육할 경우 울음소리나 물똥으로 인해 소음, 악취문제가 발생할 수 있다.
- 가금콜레라 같은 가금류가 걸리는 인수공통전염병을 주의해야 한다.
- 오리를 체험 및 치유활동에 활용할 경우에 운반성, 감정 소통성, 인간의 운동성, 동물 자신의 즐거움에서는 좋지 않은 점수를 줄 수 있다.

(2) 특징

오리의 수명은 20년이다. 오리의 형태와 몸의 구조는 포유동물과는 다른 특징을 가지고 있는데, 그 주요 특징을 보면 몸이 깃털로 덮여 있으며, 이빨이 없는 대신 근위(Gizzard)를 가지고 있다.

뼈에는 기실(Air chamber)이 있고, 몸속에 기낭(AirSac)이 있으며, 머리가 작고 앞다리는 없는 대신 날개를 가졌다.

방광이 없고 항문은 총배설강(Cloaca)으로 되어 있으며, 고환이 복강 내에 있다. 피부에 땀샘이 없고 항문에 지방분비선(Oil gland)을 가지고 있다.

성장부화한 새끼는 온몸이 솜털로 덮여 있고 36시간 안에 달리고, 헤엄치고, 스스로 먹이를 찾을 수 있다.

어미는 포식자로부터 새끼를 보호하기 위해 새끼를 한데 모아 놓는다.

새끼 오리의 천적은 맹금류 · 왜가리 · 큰 물고기 · 거북 등이다. 새끼는 빠르게 자라서 대략 한 달 안에 깃털이 거의 자란다. 또한 5-8주 뒤에 나는 것을 배운다.

(3) 사육방법

오리의 상태에 따라 온도관리를 철저히 하며, 폐온 시 적온은 15~20℃ 정도 전후이다. 겨울철에는 너무 건조하지 않도록 하며, 여름철에는 습도가 높으므로 주의해야 한다.

여름철에는 최대한 환기를 시켜야 하며, 겨울철에는 기온이 매우 낮은 새벽 환기는 피하도록 한다. 사료 통의 숫자를 충분히 늘려주고 여름철에는 전날 먹다 남은 사료가 없도록 하며, 사료 통에 말라붙은 부패한 사료는 주기적으로 제거한다. 신선한 물을 항상 충분히 먹을 수 있도록 하고 물통 청소를 자주 한다. 너무 밀집된 관리가 되지 않도록 하며 단위면적당 적정수수를 수용해야 한다. 성공적인 육추를 위해서는 좋은 깔짚 상태가 필수적이다.

(4) 사육 시 주의사항

차단방역, 오리의 질병을 예방하는 첫 단계는 외부로부터 병원체가 유입될 수 있는 요인을 차단하는 것이다.

농장 관리 원칙, 생산단계별 동시입출하 체계(All-in All-out)를 준수해야 한다. 각 생산은 일회성을 준수해야 하며 단일 오리종 사육을 원칙으로 해야 한다. 그럼에도 불구하고 생산자의 욕심은 시장상황과 효율적인 경영상의 이유로 여러 오리군을 사육하는 경우가 있다. 이때는 오리군 단위의 단일화, 동일 종오리군에서 공급된 단일 오리군, 동일 종오리군에서 공급된 두 오리군의 사육원칙을 지켜야 한다.

농장 입구 관리, 농장건물은 울타리 안에 위치해야 하며 출입구는 사람과 자동차를 동시에 통제할 수 있는 통합방식으로 운영하고 가능하면 차량소독 세척실과 잠금장치가 있어야 한다.

소독, 오리사와 그 주변 부속건물들의 청소와 소독은 질병예방과 수익성 그리고 좋은 품질의 축산물을 생산하는 데 기본이 된다.

(5) 질병관리

우리나라를 포함한 전 세계 대부분의 국가들이 동물에서는 감염될 경우 치료하지 않고 살처분·매몰하는 정책을 사용하고 있다.

또한 예방접종의 경우도 질병이 만연된 중국, 동남아 등 일부 제한된 국가에서만 사용하고 있는 상황이다. 따라서 고병원성 조류인플루엔자의 경우 사전에 질병유입을 차단할 수 있도록 차단방역을 강화하고 만약 발생할 경우에는 조기신고로 신속히 살처분한다.

또한 발생지역을 중심으로 한 위험지역 및 경계지역의 설정(Zoning) 및 오염 위험요인에 대한 강력한 이동통제, 대상물질 및 농장에 대한 집중적인 소독, 발생농장을 신속히 검색하기 위한 능동예찰(Active Surveillance), 의심 증상 발생 시 신속한 신고를 유도하기 위한 충분한 보상정책 등을 통해 질병의 확산을 초기에 막는 데에 중점을 두어야 한다.

6) 유산양

(1) 치료도우미동물로서의 장단점

표 2-23. 치료도우미동물로서의 장단점

장점	• 온순한 성격을 가지고 있어 기르는 데 큰 소음이 없다. • 유산양의 분(糞)은 수분함량이 적고 콩알 모양으로 뭉쳐 있어 처리하기가 용이하며, 분뇨 취를 많이 발생시키지 않는다. 또한 다른 축종의 분뇨에 비하여 농후하여 발효가 잘되며, 시비의 효과가 빠르고 뚜렷하여 채소 재배용 유기질 비료로 사용하면 효과가 좋다. 1두의 산양이 연간 약 750kg 정도를 배설한다. • 체질이 강건하고, 비교적 발병률이 낮으며 특히 결핵균에 강하다. 또한 기후나 풍토에 대한 적응성이 뛰어나 세계적으로 분포범위가 매우 넓으며 새로운 환경에 빨리 적응한다. • 유즙을 주로 생산하는 유용종 산양이어서 유산양으로 도심 속에서 치즈 만들기와 요구르트 만들기 등 여러 체험활동을 할 수 있다. • 실제 관리에 참여함으로써 자신감이 향상된다.

	• 상호작용으로 인한 사회성과 감정 표현 능력이 향상되고 돌보는 것을 도와줌으로써 자아 존중감이 형성된다. • 사육 관련 과제를 수행하며 신체 운동 및 조정과 성과에 대해 격려 받을 수 있고 체험활동을 함으로써 문제 정리 능력과 발표력이 향상된다.
단점	• 도시에서 사육하기에 산양은 악취가 심하고 야생성이 있어 도시처럼 좁은 공간에서 사육하기 힘들다. • 추위에는 비교적 강한 반면, 고온 다습한 환경에는 약하여 소화기 질병이나 호흡기질병을 유발하기 쉽다. • 유산양을 발로 차는 등 거칠게 다루면 성질이 사나워져 나쁜 버릇이 생길 수 있으므로 주의해야 한다. • 유산양은 특히 깨끗한 것을 좋아하는 가축이다. 사료 통이 더럽거나 물기가 있으면 사료를 잘 먹지 않는다. 상한 것은 물론이고 바닥에 떨어진 사료는 먹지 않기 때문에 축사 및 사료 통의 청결한 관리가 필요하다. • 청결한 만큼 까다로워서 쉽게 분양을 택하는 것은 좋지 않다. 또한 오랜 기간 같은 풀을 먹지 않는 등 많은 관심이 필요하다. 또한 풀을 뜯어 먹는 가축이라 모기와 진드기를 주의해야 한다. 진드기는 풀 속에 있다가 유산양의 몸에 붙어 자신의 몸이 콩알만 해질 때까지 피를 빨아먹고 모기는 요마비라는 병을 옮긴다. • 성질이 매우 국소적이어서 한 번 선택한 지역에서 영구히 살며 이동하는 성질이 없다. • 유산양에서 염소, 양뿐만 아니라 사람에게도 감염되는 인수공통전염병인 '선회병'을 가지고 있다.

(2) 특징

사료작물(옥수수, 알팔파, 호밀 등)을 재배하여 베어 먹이거나 농가의 부산물(콩비지, 왕겨, 콩깻묵 등) 을 먹인다. 하지만, 도시 근교에서는 자연 사료를 구할 수 없으므로 건초를 구입하여 먹이거나 가축용 배합사료(펠릿, 가루사료 등)를 사서 급여한다.

산양의 먹이는 초지를 조성하여 풀을 먹을 수 있게 방목하면 이상적이겠지만 우리나라와 같이 자연 초지가 없거나 특히 도시의 근교지역과 같이 초지를 조성할 땅이 없는 경우에는 불가능하다.

유산양 개체의 나이는 치아의 개수와 상태를 검사함으로써 감별할 수 있다. 나이는 20~30년인데 사육하는 경우는 10~15년이라고 한다. 그리고 4~6년이 비유 능력이 가장 좋다고 한다. 교배효율이 좋고, 수태기간이 짧아 번식이 용이하다. 체중대비 산유량이 많아 경제가치가 높다.

농업생명공학 산업에 응용하고자 할 때 특허분쟁에서 유리하다.

정기가 되면 수컷은 넓은 지역에 영역표시를 하고 다닌다. 이른 아침이나 늦은 저녁에 활동한다. 일 년 내내 이동이 별로 없고 이른 아침이나 늦은 저녁에 가장 활동적이다.

(3) 사육방법

축사 조건으로 높은 산악지대를 좋아하는 습성으로 배수가 잘되고, 경사지고 건조한 곳, 햇볕이 잘 들고 남향이나 동남향으로 겨울철 북풍을 막아주는 장벽이 있는 곳이 좋으며, 분뇨를 잘 가리지 못하므로 환기시설과 통풍이 잘 되며, 축사 내 온도를 10~15℃ 유지해야 한다. 바닥은 물청소가 용이하도록 하며, 겨울철은 톱밥이나 깔짚을 깔아준다. 축사 자재는 여러 가지가 사용되겠으나 상해 입지 않도록 날카로운 돌출부가 없어야 하고, 전선 사용 시 접촉되지 않도록 주의하여야 한다. 축사 내, 외부는 봄, 가을로 정기 소독하여 기생충이나 병원균을 예방한다.

축사 면적은 마리당 3.3m^2이나 집단 사육 시 마리당 1/3씩 줄여주는 것이 좋다. 5마리 이상 집단 사육 시 개체 간의 다툼으로 상해 우려되어 뿔 유무와 체구에 따라 분리하여 사육한다. 운동장은 활용 용도에 따라 다르겠으나 축사의 3~4배는 되어야 한다. 우리와 문의 높이는 1.5m 정도가 바람직하다.

축사 내부 시설로 급식을 위한 사료 통, 풀시렁, 식염대, 물통이 구비되어야 하고, 건초와 사료를 보관해 둘 수 있는 공간이 있어야 한다. 습기와 더러워진 사료를 싫어하므로 풀시렁 높이를 머리높이로 설치한다. 외부시설 우천 시를 제외한 실외에서 자유롭게 활동할 수 있도록 외부에 풀시렁과 급수시설을 설치해 주어야 한다. 착유장은 청결하고 위생적이어야 하므로 통풍과 배수가 잘되어야 하고, 축사와는 구분되어야 한다. 방충망과 조명시설이 갖추어져야 하고, 채광이 가능하여야 한다. 착유장 소독 시 소독약 냄새가 젖에 흡착되지 않도록 주의하여야 한다. 분만실 폐사 방지와 분뇨로부터 청결을 유지하기 위하여 넓이(가로X세로 : 1.6X1.8m)와 지상으로부터 약 0.5m 높이로 설치하여야 한다.

모든 식물을 잘 먹으나 깨끗한 사료를 좋아하므로 깨끗한 사료를 모두 먹을 수 있을 양만큼만 주고, 특히 조사료를 50% 이상 공급으로 소화대사 작용을 촉진시켜준다. 편식을 싫어하지만 사료를 바꿀 시 새로운 사료를 서서히 늘려 거부감이 없도록 한다.

새끼는 가능한 분리해서 사육하고, 생후 3개월 이후부터는 암컷과 수컷을 분리하여 사육 발육상태를 돕는다. 체질 특성상 방목이 이상적이며, 두당 방목면적이 약 900m^2이다. 정수수를 수용해야 한다. 성공적인 육추를 위해서는 좋은 깔짚 상태가 필수적이다.

(4) 사육 시 주의사항

공격성이 없는 온순한 동물이므로 야생 육식동물에 주의하여야 한다. 모든 식물을 잘 먹으므로 밭작물 침범에 주의하여야 한다.

(5) 질병관리

체내의 항상성으로 인한 저항력으로 어떠한 자극도 이겨내며 대사가 정상적으로 이뤄져야 하나 항상성 저하로 저항력이 약하면 체 내외의 자극을 쉽게 이겨내지 못하게 되어 건강하지 못하고, 질병에 걸리게 된다.

a. 요마비병 : 모기 생육이 왕성한 여름철(8~9월)에 발생하며, 젖소로부터 유충을 모기가 매개하여 전염시키는 병으로 중추신경조직을 손상시키는 병이다.
b. 일사병과 열사병 : 여름철 직사광선과 고온다습에 의해 발생하는 병이다.
c. 고창증 : 제2위에 가스가 충만한 상태로 변질사료의 과식으로 인한 병이다.
d. 기생충과 진드기 : 구충제 연 1회 종류를 바꿔가며 투약하고, 진드기에 물리지 않도록 관리를 철저하게 한다.
e. 구제역 : 2000년에 처음 발생한 바이러스 전염병으로 거품 섞인 침을 흘리거나 잘 일어서지 못하고 통증을 수반하며 수포가 생기면서 앓다가 죽게 된다.
f. 유방염 : 비유가축인 젖소나 유산양에서 발생하는 병으로 유질저하 및 유량감소 등으로 이어지며, 육안, 촉감진단과 체세포검사로 진단된다.
g. 관절염 뇌염 : 바이러스성 질병으로 감염되어도 증상이 쉽게 나타나지 않는 것이 특징이다. 따라서 전체가 감염되지 않으려면 정기적인 검사가 필요하다.
h. 콕시듐병 : 주로 생후 4~6개월 된 어린양이 방목에서 갑자기 축사내로 밀집 사육시킨 2~3주 후에 황록색 설사를 장기간(약 2주) 하는 병이다.

7) 조랑말

(1) 치료도우미동물로서의 장단점

표 2-24. 치료도우미동물로서의 장단점

장점	• 도시에서 사육되는 경우에도 조랑말은 다른 종류의 말에 비해 소음이 거의 없으며 냄새도 몸에서 직접적으로 나지 않는다. • 식력이 좋고 각 지역의 풍토에 잘 적응하여 거친 먹이를 가리지 않고 잘 먹어서 사육에 편리하고 생산 관리비가 저렴하다. • 갈증을 참는 데 강하여 보통 사사(舍飼) 기간과 계목(繫牧)일 때는 저녁 1회 정도 물만 먹여도 된다. 또한 성격이 온순하여 무는 버릇, 차는 버릇 등 나쁜 버릇이 거의 없어 인내심이 강하기 때문에 도시에서도 키우기 적합하다. • 뛰어놀 수 있는 넓은 들판과 안전하게 잘 수 있는 은신처만 있으면 스트레스를 받지 않고 잘 생활할 수 있다. • 성격이 지극히 온순하여 인내심과 영리함으로 인해 사람 말을 잘 따르며 명령에도 잘 순종하기 때문에 치유활동을 하는 데 어려움이 없다. • 신체적으로는 전신운동과 같은 운동효과를 기대할 수 있으며, 심폐기능과 근력 강화 등의 효과가 나타날 수 있다. 또한 폐활량을 높여주고 유연성과 신체 리듬감을 길러 관절염과 빈혈 예방을 할 수 있고 골반이 튼튼해지고 장 기능이 강화되어 올바른 신체발달을 도와준다. • 살아있는 말과 같이 한다는 점에서 대담성과 건전한 사고력을 길러주는 정신운동이며 동물애호정신 함양으로 인한 인간애를 가져다주는 운동이라 할 수 있다.

단점	• 조랑말은 발정기나 보통 때 시끄러운 소리를 내서 도시 내에서 조랑말을 사육하기에는 다른 동물에 비해서 소음이 심하다. • 영역 표시방법으로 경계지역에 배설하는 습관이 있어 악취가 심하다. • 조랑말은 대소변을 가릴 수 없어 이곳저곳에 대소변을 보는 바람에 소와 같이 변 냄새가 심해 도심 속에서 기르기에는 많은 악취로 인해 불편이 크다. • 조랑말은 다른 동물들에 비해 털이 많이 날려 관리하기가 힘들고 비용이 많이 든다. 운동량이 많은 동물이라 자주 운동을 시켜주어야 하는데 농촌이 아닌 도시에선 넓은 초원을 찾기 힘들 수 있다. • 조랑말은 다른 가축보다 사양관리가 까다로운 편이며 순치 및 조련에 사람의 손이 많이 가는 동물이다. 말은 종마다 조금씩의 차이가 있지만 다른 치유동물들에 비해 몸집이 커 사육공간이 많이 필요하다. • 조랑말을 사육하기 위해선 넓은 들판과 은신처가 필요한데 도심에서 넓은 들판을 찾기는 힘들고 찾더라도 주변 소음으로 인해 조랑말들이 스트레스를 받아 도심에서는 사육 편리성이 낮다. • 체험 및 치유활동에 활용하는 부분에서는 조랑말은 보통 성격이 온순하여 체험 및 치유활동이 편리하지만 사람 손에 길들여지지 않은 조랑말은 체험 및 치유활동이 거의 불가능하다고 본다.

(2) 특징

말의 보통 수명은 25세~30세, 말의 나이를 사람의 나이와 비교한다면, 일반적으로 말 나이 1세~6세는 5.5배를 곱하고 7세부터는 5배를 곱하면 사람의 나이에 해당한다고 보면 된다.

말은 태어나는 해에 구미에서는 0세, 일본에서는 1세로 계산하는데 그 후 1월 1일(남반구에서는 7월 1일, 호주・뉴질랜드・남아공 등에서는 8월 1일)을 기준으로 한 살씩 더한다. 치아는 암컷은 36개(송곳니가 없음), 수컷은 40개이다. 타액에 효소가 없어 사료가 내부 뺨의 점액막을 기계적으로 자극하여 타액의 분비를 촉진한다. 입술, 특히 윗입술이 잘 발달하여 사료를 선택 채식할 수 있다. 위가 작아서 사료를 소량씩 여러 번 급여한다.

다른 동물처럼 위의 광범위한 근육운동이 없어 섭취물이 층으로 배열된다. 따라서 위에서 소화 장애가 일어나기 쉽다. 대장 내 발효에서 생성된 VFA는 흡수되어 에너지원이 된다.

(3) 사육방법

먹이는 농후사료, 건초 등이며 당근이나 무 같은 것도 좋아한다. 사료의 종류로는 야건초, 목건초, 대맥, 연맥, 골분, 밀기울 등이 있다.

조사료는 충분한 양을 급여하여 마방 내 체류 시 무료하지 않도록 해주고, 농후사료는 조사료와 함께 급여하여 단시간 내에 채식을 하지 않도록 해주는 것이 좋다.

말의 위는 체구에 비해 작으므로 소량씩 여러 번 나누어 주는 것이 좋다. 말은 태어나서 방목을 중심으로 하여 육성기를 보내는데, 말에게 있어서 방목지는 여러 가지 의미를 가지고 있다. 그중 중요한 것은 청초의 섭취 장소이지만 자발적인 운동에 의한 근육이나 심폐기능의 단련, 놀이 및 무리 사회에서 교육의 장소이기도 하다. 어린 말의 방목은 생후 1주일 전후에서 시작하는데, 처음에는 작은 패독에서 어미 말과 함께 일광욕을 시키는 것에서부터 시작한다. 초지의 관리는 배수, 비배관리, 장애물 및 유독(잡)초 제거 등 세심한 배려가 필요하다. 초종의 구성에 있어 고려되어야 할 사항으로 기호성, 수량, 영양가, 내제상성, 내병성, 초지의 유지 등을 고려한다.

방목지일 경우 토양검사를 한다. 그리고 변질되거나 곰팡이 등에 의하여 오염된 초지는 방목 또는 채초를 하지 않도록 유의한다.

(4) 사육 시 주의사항

조랑말은 피부손질과 발톱관리에 주의해야 한다. 발톱관리는 삭제는 기본적으로 한 달에 한 번 정도씩 해 주면 발톱모양도 바르게 되며 몸의 자세도 바르게 된다. 그리고 피부손질은 말의 외모뿐만 아니라 관리자와의 친근감을 갖기 위해 솔 등으로 피부를 잘 쓸어주고 물로 세척을 해준다.

승마용 말은 1일 1~2시간 정도씩 승마훈련을 실시하며 운동 후에는 안장을 떼고 10~15분간 체온을 식힌 다음 피부손질을 해 준다. 말은 잘 놀라고, 앞발로 바닥을 긁고 차거나 무는 등 나쁜 버릇이 있어 훈련을 통하여 교정해주어야 한다. 말은 산통이 자주 발생한다.

(5) 질병관리

위 확장, 원발성 위 확장은 드물며 십이지장의 폐색에 의한 액체의 저류에 의해 보다 흔히 발생한다. 그리고 원발성 위 확장의 가장 흔한 원인은 농후사료의 과식이다. 심한 통증을 보이며 심박 수가 대개 분당 80회를 초과하고 장운동은 감소한다. 쇼크 증상이 있어 모세혈관 재충전 시간(CRT)이 지연된다. 때때로 비공을 통해 위 내용물의 역류현상이 나타난다. 진단 및 치료로써 위관의 삽입으로 진단이 가능하며 이때 10-15L 정도 액체가 빠져나오기도 한다. 치료의 가장 중요한 첫 단계는 팽창을 완화시키는 것이며 그 이후 원인을 파악하는 것이다. 만약 폐색으로 인해 속발성으로 발생하였다면 수술이 필요하며, 쇼크 증상이 명백하면 다량의 수액(20~30L)을 정맥내로 주입하여야 한다.

소장 폐색(Small intestinal obstruction) 증상으로는 강력한 복부의 통증을 나타내며 질병의 초기 단계에서 장운동 항진이 나타나기도 한다. 수 시간 후에 장은 이완되고 아무런 복부음이 들리지 않게 된다. 모든 기본 증상이 항진되며 초기 단계에서 심박 수는 60~90회 정도이며 수 시간 이상 폐색이 지속되면 분당 100회 이상이 된다. 위관의 삽입으로 장관의 폐색이 심한지를 알 수 있으며 천자를 하여 장의 괴사에 대해 어떻게 처리할 것인가를 정할 수 있다.

분당 100회 이상의 심박 수와 지연된 모세혈관 재충만 시간과 약한 맥박은 예후가 나쁘다는 것을 나타낸다.

진단 및 치료로 일단 소장의 폐색이 진단되었다면 폐색의 위치를 알아내고 교정하기 위한 개복술(Laparotomy)이 유일한 해결 방법이다. 통증을 완화시키기 위해서는 플우닉신(Flunixin)이 좋으며 이것을 정맥 내로 1mg/kg의 용량으로 주사한다.

답창(Foot abscesses), 급성의 심한 파행을 나타내고 그와 더불어 손상을 입은 다리 쪽에 체중을 싣지 않으려고 보행 시 머리를 반대쪽으로 향한다. 감염 초기에는 손상된 발굽과 제관(Coronet)에 열감(Heat)이 증가하고 24~48시간이 경과한 뒤에는 발목(Pastern)과 구절(Fetlock joint) 부위까지 부종이 나타나기도 한다. 치료를 하지 않았을 경우 감염이 제벽(Hoof wall) 내측 전 범위에 확장되어 제관으로 삼출액이 나오는 동(Sinus)을 형성할 수도 있으며 발굽 검사기를 이용하면 감염 부위를 세부적으로 확인할 수 있다. 치료 방법으로는 배액시킨 후 따뜻하거나 뜨거운 물이 담긴 청결한 양동이 혹은 고무로 된 먹이통에 적절한 살균 소독제를 첨가하여 발굽 전체를 10분 정도 흠뻑 적신 다음 애니멀린텍스 폴틱스(Animalintex poultice)를 감아 주면 된다. 이러한 처치를 감염된 부위의 정도에 따라서 반드시 3~5일 동안 매일 반복해 주어야 한다.

8) 토끼

(1) 기원

정서 동물로 사육하게 될 토끼는 집토끼이다. 집토끼는 굴토끼를 말하며 산에서 살고 있는 멧토끼와 구분된다. 멧토끼는 "헤어(Hare)"라고 부르며, 굴토끼인 집토끼는 "라빗트(Rabbit)"라고 부른다.

중국과 몽골에서 발견된 토끼의 조상 격으로 보이는 가장 오래된 화석은 신생대 에오세 시대로 약 5,000만 년 전의 것으로 추정하고 있다. 현재의 집토끼는 지중해 연안에 야생으로 살고 있던 굴토끼를 11~12세기경 집토끼로 개량되었다고 한다. 중세기 초 이베리아 지방에서 로마인들이 야생의 굴토끼를 잡아와 울타리 안에서 사육하면서 번식이 시작되었고, 그 후 점차 증가해 15~16세기경에 유럽에 전파되어 모피와 고기를 얻기 위해 사육되어 현재에 이르게 되었다.

정서 동물로서의 토끼는 영국에서 애완용 위주로 개량되어 토끼를 사육하였다고 한다. 우리나라의 경우 삼국시대에 나타난 토끼는 집토끼가 아닌 야생의 멧토끼로 고려토끼(Lepus Coreanus Thomas)라 부르며, 현재 집토끼로 사육하고 있는 토끼는 1900년 초 일본에서 토끼를 수입해왔다고 하며, 일본은 이보다 300년이나 앞서 1600년대에 유럽에서 다양한 품종의 토끼를 수입해왔다고 한다.

(2) 치료도우미동물로서의 장단점

표 2-25. 치료도우미동물로서의 장단점

장점	• 애완 토끼의 장점은 소음이 없어 가정에서 키우기 적합하며, 목욕을 시키지 않아도 냄새가 거의 나지 않고 깨끗하다. • 훈련을 통해 강아지보다 더 귀엽게 행동할 수도 있으며, 많이 크지 않아 안아주기도 편하다는 점이 있다.
단점	• 소변 냄새가 독하다. • 토끼하고는 친해지기가 어렵다. • 토끼는 하루 종일 먹고 싼다. • 토끼는 세력권이 강한 동물이기에 타 동물들에 비해 친해지는 데 비교적 더 많은 시간이 걸리며, 주인이 제대로 관리하지 못하면 악취가 날 수 있다. • 털이 많이 빠지기 때문에 털이 많이 날릴 수 있고, 주변 물건을 갉아 먹을 수 있기 때문에 조심하여야 한다. • 토끼도 다른 동물과 같이 광견병에 걸릴 수 있기 때문에 바깥에 자주 돌아다니는 편이라면 약간의 주의가 필요하다.

(3) 특징

토끼는 척추를 가지고 있는 초식동물이며, 새끼를 낳아 젖을 먹여 기르는 포유동물로 두 쌍의 앞니가 계속 자라나는 특징을 갖는다.

계(Kingdom) : 동물계(Animalia)

문(Phylum) : 척색동물문(Chordata)

강(Class) : 포유류강(Mammalia)

목(Order) : 토끼목(Lagomorpha)

과(Family) : 토끼과(Leporidae)
Fischer de Waldheim, 1817

그림 2-15. 분류(Scientific classification)

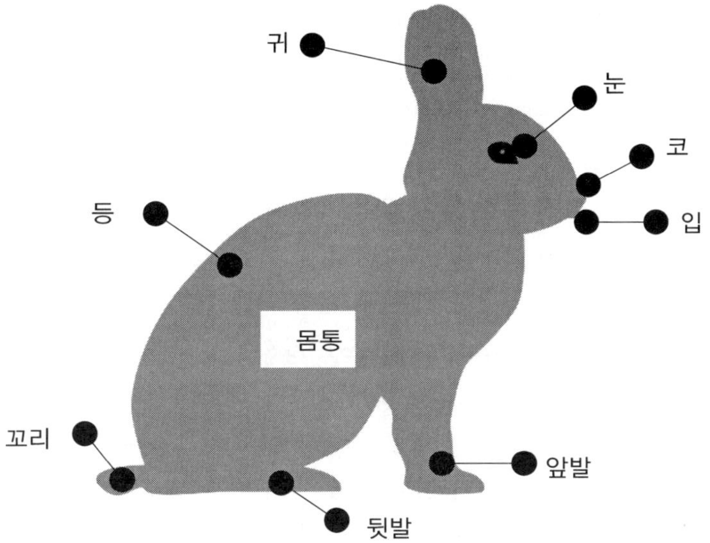

그림 2-16. 토끼 부위 명칭

(4) 사육방법

토끼는 초식동물이므로 풀, 야채, 건초, 토끼 전용 펠릿 배합사료를 주어야 한다. 토끼는 토끼전용 펠릿형 배합사료와 건초만으로도 잘 키울 수 있으며, 그렇게 하는 것이 질병으로부터 매우 안전하다. 토끼에게 주는 간식으로 야채와 과일, 클로버 같은 생풀이 있으나, 이들은 농약, 제초제로부터 안전하지 않아, 약물중독을 일으키거나 설사를 유발시키고 기생충에 감염시킬 수 있어 특별히 권장하지 않는다.

토끼 전용 펠릿 사료(배합사료)는 초식성인 토끼에 맞게 이상적으로 배합한 사료로서 물과 이것만으로도 토끼의 사육이 가능하며, 외부에서부터 들어오는 질병관리에 매우 안전한 사료이다. 또한 딱딱하게 압축되어 성형된 펠릿 사료는 토끼의 계속 자라나는 앞니를 달아 없어지게 해주는데 매우 적합하다. 앞니를 보다 효율적으로 관리시키기 위해 나무토막을 넣어주면 더욱 좋다. 펠릿 사료는 사료 통에 담아 하루에 일정량을 주며, 그 일정량을 정하는 방법으로 처음에는 무제한 급이해 3일 동안 먹는 평균량을 계산해 나누어 준다. 그렇게 해야 사료의 낭비를 줄일 수 있으며, 남은 사료의 부패를 막아 질병을 예방할 수 있다. 사료량은 성장에 따라 점차 늘려주거나 줄여준다.

다 성장한 토끼는 티모시와 같은 건초만으로도 기를 수 있으며, 운동장이 없는 토끼사육에서는 배합사료 양을 줄여 비만이 되지 않게 해야 한다.

건초는 사계절 토끼를 건강하게 기르는 주 먹이원이다. 토끼의 소화관은 매우 길어 열량이 낮은 건초를 많이 먹어도 비만이 되지 않으며 자라나는 앞니관리에도 매우 효과적이고, 소화기관을 튼튼하게 해준다. 건초의 종류는 다양하나 어린토끼는 알파파, 중토끼는 알파파와 티모시, 어른토끼는 티모시 위주의 건초를 준다.

토끼가 좋아하는 생풀은 클로버와 민들레 등이 있지만, 갑자기 생풀을 많이 주면, 설사를 유발하고 고창증에 걸리기 쉬우며, 기생충에 감염되고, 농약, 제초제 등의 약물중독이 발생할 수 있으며, 같이 섞여 오는 독풀들로 하여금 토끼를 위험에 빠트릴 수 있어 주의가 필요하다. 독초를 구분할 수 없다면 주지 않는 것이 더욱 효과적이다. 야채와 과일은 토끼가 간식으로도 매우 좋아하는 것이다. 그러나 야채와 과일껍질에 농약이 묻어있는 경우가 흔하기 때문에 약물중독을 초래할 수 있다. 잘 씻은 후 말려서 물기를 제거하고 주어야 한다. 야채와 과일을 먹지 않아도 건초와 배합사료만으로도 토끼를 잘 기를 수 있다.

토끼의 성장별 먹이원이 다르다. 성장기 때에는 콩과 식물인 알파파를 주어야 하며, 성장 후에는 티모시와 같은 나란히 잎맥의 건초를 주어야 한다. 알파파는 단백질이 매우 풍부해 성장에 도움을 준다. 상대적으로 장의 길이가 짧은 어린 토끼에게 배합사료와 함께 주며, 30주까지 성장하는 동안 알파파의 양보다 티모시의 양을 늘려가야 된다. 성장하면서 장의 길이가 길어지게 되면 열량이 낮고, 섬유질이 많은 티모시와 같은 건초가 소화기관을 튼튼하게 해준다. 성장 후에도 알파파를 주게 되면 길어진 장을 다 통과하기 전에 가스가 만들어지게 되며 그로 인하여 고창증을 유발하게 된다. 31주 이상, 다 자라나서 번식이 가능한 토끼에게는 배합사료의 양을 줄이면서 티모시 건초를 무제한 공급하면 소화기 질병 없이 건강하게 사육할 수 있다.

물은 토끼에게 매우 중요하다. 흔히 토끼가 물을 먹으면 죽는다는 이야기는 물에 젖은 풀(오전에 이슬 또는 비 맞은 풀)에 콕시듐 원충이 살아있기 때문에 그것을 먹고 감염되어 죽는 것을 보고 오해한 것이다. 토끼에 있어 물은 체중에 비해 5배 정도의 물을 필요로 하므로 생풀보다 펠릿 사료, 건초를 주식으로 할 때 신선한 물은 항상 준비되어 있어야 한다.

실내에서의 케이지 사육 시 니플이 달린 급수 통을 이용하여 급수하는 방법이며, 분변으로부터 오염되지 않은 물을 공급받을 수 있다. 수돗물을 사용한다. 실외에서 뛰어다닐 수 있는 방사장을 가지고 있는 경우 양계용 급수 통을 이용하여 급수하며 가급적 수돗물을 이용한다. 빗물, 지하수, 개천수보다 수돗물을 사용해야 질병으로부터 안전한 물을 공급할 수 있다. 급수 아침, 저녁으로 하루 두 차례 남아있는 물을 모두 버리고 급수 통을 소독제로 소독한 후 수돗물을 공급해 준다.

토끼는 배변훈련을 하지 않아도 선천적으로 배설장소를 기억한다. 사육장 안에 배변 장소를 한쪽에 만들어 주면 그곳을 찾아가 배설을 하므로 배설물관리가 비교적 쉽다. 배변 통 또는 배변 틀을 만드는 방법은 오줌이 잘 스며들도록 압축된 건톱밥을 사용하거나 먹고 남은 건초를 이용해 만들어 주면 오줌을 빠르게 흡수해 파리가 생겨나는 것을 미연에 방지하기도 한다. 배변 통을 갈아주는 주기는 매일 갈아주는 것이 원칙이나 지린내가 나거나 오줌이 더 이상 흡수되지 않을 때 갈아준다. 토끼의 똥은 묽지 않고 마치 검은콩처럼 생긴 염소

똥과 같다. 똥 자체에서 냄새도 심하지 않으며, 섬유질로 이루어진 똥은 실외에서의 사육 시 분해되어 없어진다. 다만 실내에서 좁은 장소에서의 사육 시 일주일 두 번 청소해주면 매우 깨끗하게 관리할 수 있다. 배설관리에 있어서 가장 문제가 되는 것이 오줌이다. 토끼의 오줌 양은 많지 않으나, 이것을 장시간 치우지 않았을 경우 지린내가 심하게 배게 된다. 집에서 애완으로 사육되던 토끼들의 대다수가 파양되는 이유가 관리하지 않은 오줌에 있다. 오줌을 흡수할 수 있는 압축톱밥, 고양이 배설용 모래, 먹다 남은 건초의 이용으로 일주일에 두 번 청소해 주면 깨끗하게 관리할 수 있다. 똥과 오줌은 같은 장소에 배설하게 되므로 일주일에 두 번 관리하는 것으로 두 가지 모두를 위생적으로 관리할 수 있다. 또한 실외에서 넓은 방사장(운동장)을 가지고 있는 경우 똥과 오줌은 따로 관리할 필요가 없다. 예를 들어 $65m^2$(약20평)의 경우 한 쌍을 사육하게 되면 새끼를 낳아 분양할 때까지 똥과 오줌에 대한 관리는 필요 없으며, 냄새 또한 나지 않는다.

(5) 질병관리

토끼는 위생적으로 관리되지 않으면 질병에 매우 취약한 동물이다. 영양이 충분하지 않고, 온도, 습도관리, 환기, 배설물관리, 급수도구, 사육장 등 주변이 불결하면 질병에 걸리게 될 수 있는 확률이 높아진다. 그러나 먹이를 급이할 때 손과 도구들을 깨끗이 씻고 주는 위생적 습관을 가지면 대다수의 질병을 예방할 수 있다.

주요 토끼의 질병과 예방은 다음과 같다.

① 장 콕시듐(Coccidiosis)

장 콕시듐은 원충성 질병으로 장내부에 기생하며 토끼를 죽음에 이르게 하는 질병이다. 특히 생후 4개월 미만의 토끼에게 매우 치명적인 병이다.

- 주요 증상 : 혈흔이 섞인 붉은색 똥과 점액이 섞인 설사를 한다.
- 치 료 : 항원충성 항생제를 투여한다.
- 예 방 : 콕시듐은 열에 약하기 때문에 60℃ 이상의 뜨거운 물로 식기 도구를 닦아주고, 바닥 깔집을 교체해주며 바닥을 뜨거운 물 또는 소독제로 소독해 준다.

② 스나플병(Snuffles)

세균에 의한 질병으로 식욕이 떨어지고, 누런색의 콧물과 함께 기침, 재채기 및 호흡곤란 증상을 동반하기도 하며, 다른 토끼에게 전파한다. 또한 2차 감염으로 폐렴, 폐혈증에 걸려 폐사에 이르는 질병으로 딱 맞는 치료약은 없으나 설파제 또는 항생제 투여로 어느 정도 치료효과를 볼 수는 있으나, 무엇보다 위생적인 청결한 사육으로 예방에 앞서야 한다.

- 주요 증상 : 누런색의 콧물, 기침, 재채기, 심한 경우 호흡곤란

• 치 료 : 설파제 또는 항생제를 투여한다.

• 예 방 : 깔집을 정기적으로 갈아주고 식기구는 60℃ 이상의 뜨거운 물로 씻어주며, 소독제를 이용해 정기적으로 소독해 준다.

③ 토끼 바이러스성 출혈열

바이러스에 의해 전염되는 전염병으로 치료약은 없으며, 예방접종으로 예방할 수 있다. 증상으로는 식욕이 왕성했던 토끼가 갑자기 폐사하게 되는 심급성형과 식욕이 떨어지고 체온상승 후 24시간 안에 폐사하게 되는 급성형과 만성형으로는 폐사되지는 않지만 회복된 토끼는 탈모 증상이 생기며, 임신한 토끼는 유산할 수 있고, 또 다른 토끼에게 전염시킬 수 있는 보균토끼로 남게 된다.

• 주요 증상 : 심급성형 – 증상 없이 갑자기 폐사.
급성형 – 식욕이 떨어지고 체온이 상승했다가 24시간 안에 폐사.
만성형 – 1~2주 후 폐사하거나 회복되면, 보균토끼로 남게 됨.

• 치 료 : 치료약은 없음.

• 예 방 : 2~3개월령의 토끼에게 예방접종, 매년 9월에 보강 접종하면 완전한 면역을 할 수 있다.

Chapter 03

반려동물 개와 고양이 특성

Ⅰ. 개의 특성

Ⅱ. 고양이의 특성

I

개의 기원 및 종류

학습목표
1. 품종 및 특성을 알 수 있다.
2. 해부생리 특성을 알 수 있다.
3. 사육관리 주의점을 알 수 있다.

1. 개의 기원

1) 선사시대

1. 구석기시대 후반기부터 동반자로 추정(12,000~20,000년 전)
2. 맹수의 접근 감시 / 집 지키기
3. 동반 사냥 등 상부상조
4. 가축화한 지역 : 덴마크 발틱해 연안

2) 현대시대

1. 친구로서의 애견(Pet → Companion)
2. 가족의 일원(가축의 범주에서 벗어남)
3. 복잡한 사회생활에서 오는 압박감이나 스트레스 해소
4. 생명의 신비, 사랑의 마음, 생명의 존엄성 느끼게 해줌
5. 치료견, 맹인견, 경찰견, 구조견 등 우리 생활에서 중요한 역할을 함

2. 개의 진화과정

1. 약 3만 5백만 년 전 Miscis(마이아키스)
2. 약 2천 5백만 년 전 곰 – Cynodictis(사이노딕티스) – 고양이, 살쾡이
3. 약 1천 5백만 년 전 Cynodesmus(사이데스머스)
4. 약 1천 만 년 전 여우 – tomarctus(토마크터스) – 너구리
5. 약 1천 년 전 코요테, 자칼 – Canis(캐니스) – 늑대
6. 현대 개

3. 개의 분류 및 종류

※ 개의 분류 및 품종의 특징

- 목 양 견
- 파 수 견
- 호 위 견
- 사 역 견
- 엽 견
- 애 완 견
- 한 국 견

1) 독일 세퍼드 (German Shepherd Dog)

- 원산지 : 독일
- 목양견과 늑대 교잡종
- 이용 측면 : 군용견, 경찰견, 맹도견, 조난 구조견, 사역견 등 이용
- 장/단모 (2종)
- 감각이 예민, 충성심이 있어 훈련이 용이하다.

• 체고: ♂60~65, ♀55~60cm
• 체중: ♂33~38, ♀26~31kg
• 눈 : 암색의 아몬드 모양
• 귀 : 직립되어 있고 끝이 뾰족하다.
• 꼬리 : 늘어져 있고 끝이 약간 굽었음.
• 털 : 색은 회색 담황갈색, 등은 검거나 밝은 밤색

2) 비어드 콜리 (Bearded collie)

• 원산지 : 스코틀랜드
• 턱수염이 특징적
• 추위에 강하고 사교적임
• 털 손질에 주의
• 체고 : ♂53~56, ♀51~53cm
• 체중 : 25~30kg
• 눈 : 모색과 동일 색
• 귀 : 크지 않고 굽었음
• 꼬리 : 중간 정도의 길이
• 털 : 거칠고 강함. 색은 회색, 밝은 황갈색, 엷은 차색 등

3) 콜 리 (Collie)

• 원산지 : 스코틀랜드
　　　영국왕실 → 미국

• 장/ 단모 (2종)
• 경계심이 강함
• 교외 사육이 적합하다.
• 주둥이가 길며, 다리 골절이 많은 편이다.
• 체고 : ♂61~66, ♀56~61cm
• 체중 : ♂27~34, ♀23~29kg
• 눈 : 아몬드 모형
• 귀 : 반 직립, 끝은 약간 굽음.
• 꼬리 : 늘어졌다.
• 털 : 거칠고 양이 많다. 색은 흑색, 황갈색, 흰색 등

4) 코 만 도 (Komandor)

- 원산지 : 헝가리
- 피모 – 특징적(꼬인 끈 모양)
- 피모 – 방패 역할, 방수, 방한
- 털 길이는 20~27cm, 대개 백색
- 이용 측면 : (헝가리) 경찰견
- 복종 훈련 필요
- 체고 : ♂80, ♀55~70cm
- 체중 : ♂50~59, ♀36~50kg
- 눈 : 암다색

5) 셔틀랜드 쉽독 (Shetland Sheepdog)

- 원산지 : 셔틀랜드 셔틀랜드 섬
- 콜리와 흡사한 외모, 두부가 짧다.
- 충실한 면이 있는가 하면 모르는 사람은 경계하며 짖는다.
- 행동이 재빠르고, 훈련용이
- 체고 : 33~41cm
- 체중 : ♂9~12, ♀8~11kg
- 눈 : 아몬드 형태의 암색
- 귀 : 반직립
- 꼬리 : 비절까지 늘어져 있다.
- 털 : 상모, 하모 모두 풍부함. 색은 흑색, 황갈색, 백색의 3종

6) 올드 잉글리쉬 쉽독 (Old English Sheepdog)

- 원산지 : 영국
- 동작 느림, 훈련 어려움.
- 백내장, 호흡기, 피부병 호발
- 체고 : 56 cm 전후
- 체중 : 25~40kg
- 눈 : 암색이 좋다.
- 귀 : 늘어졌다.

• 털 : 모량이 풍부함, 회색 또는 암청색

7) 그레이트 덴 (Great dane)

• 원산지 : 독일
• 단이(귀를 잘라줌)
• 주인에 순종
• 규칙적 운동 필요
• 복종 훈련 필요. 훈련이 되지 않는 대형견은 타인에게 위험하다.
• 체고 : ♂80 이상, ♀72cm 이상
• 체중 : ♂54 이상, ♀45kg 이상
• 눈 : 둥근 암색이 좋다.
• 귀 : 중간 정도로 늘어짐(단이 하면 일어선다)
• 꼬리 : 늘어졌으나 흥분하면 세워서 구부린다.
• 털 : 짧고, 색은 단색, 호모, 얼룩점 등

8) 복 서 (Boxer)

• 원산지 : 독일
• Bulldog 및 Great dane과 혈연관계가 있다.
• 이용 측면 : 군용견, 경찰견, 변견, 가정견 등 사용
• 앞발을 들고 싸우는 모습이 권투선수와 닮았다고 하여 복서란 이름이 붙여졌다.
• 복종 훈련 필요, 비만 주의.
• 체고 : ♂57~64, ♀54~60cm
• 체중 : ♂30 전후, ♀28 kg 전후.
• 귀 : 늘어진 귀, 유럽에서는 단이하여 직립시킴.
• 꼬리 : 높게 부착, 단미함
• 털 : 매끄럽고 광택 있음. 색은 담황갈색, 황적색

9) 도 벨 만 (Doberman)

- 원산지 : 독일
- 주인에게 충실, 타인경계, 훈련용이
- 이용 측면 : 군용견, 경찰견, 변견
- 공격적임.
- 체고 : 최대 68~70cm
- 체중 : 30~40kg
- 눈 : 짙은 암색
- 귀 : 서 있는 것이 좋다.
- 털 : 짧고 부드럽다. 색은 검정, 적색, 청색 등 여러 종류.

10) 마 스 티 프 (Mastiff)

- 원산지 : 고대 로마
- 이용 측면 : 예전(투견) 현재 (변견, 호신견, 군용견)으로 발달함.
- 맹수와 싸우는 광폭성을 가지고 있지만, 주인에게는 헌신적인 충실함을 가지고 있다.
- 복종 훈련 필요
- 체고 : ♂75 이상, ♀65cm 이상
- 체중 : 75~90 kg.
- 눈 : 작고 어두운 다색
- 귀 : 작고 머리에 밀착되어 늘어졌다.
- 꼬리 : 흥분하면 약간 들려서 굽는다.
- 털 : 짧고, 색은 담황갈색, 은 갈색 등

11) 도 사 견 (Tosa)

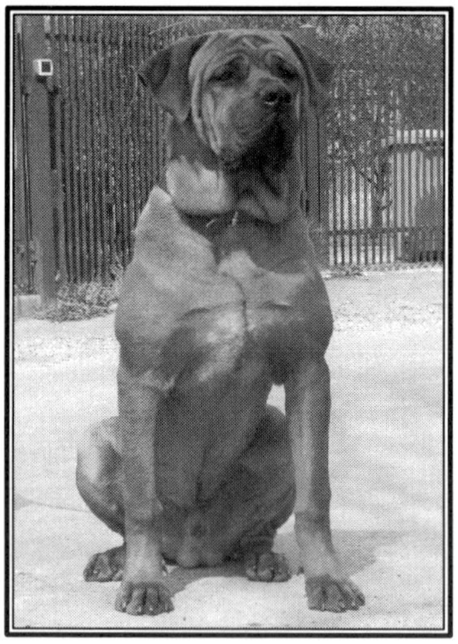

- 원산지 : 일본 도사지방(일본 재래종)
- 일본 재래종 + 마스티프 + 불독 + 그레이트 덴
- 타인 경계
- 철저한 훈련 필요
- 체고 : ♂60 이상, ♀55cm 이상
- 체중 : ♂67, ♀60kg.
- 눈 : 암색이지만 밝은 표정
- 귀 : 얇고 머리에 밀착되어 늘어졌다.
- 털 : 짧은 털이 발생, 색은 붉은색, 갈색 등

12) 세인트 버나드 (Saint bernard)

- 원산지 : 스위스 (세인트버나드 사원 번식)
- 이용 측면 : 조난 구조견, 산악지대 우유, 버터 운반견
- 경계심이 강하여 침입자를 보고 잘 짖지만, 공격하지는 않는다.
- 복종 훈련 필요
- 체고 : ♂70 이상, ♀65cm 이상
- 체중 : ♂64~91, ♀54~77kg.
- 귀 : 삼각형으로 늘어짐.
- 꼬리 : 굵고 끝이 뾰족함.
- 털 : 장모와 단모의 두 종류
- 색 : 백색에 적색 무늬, 적색에 백색 무늬 등

13) 불 독 (Bulldog)

- 원산지 : 영국
- 황소와 싸움 시키려고 개량한 투견이다.
- 아랫입술이 튀어 나온 것이 특징적이다.
- 강한 턱을 가지고 있으며, 머리가 클수록 좋다.
- 공격성 억제 훈련 필요
- 출산에 어려움이 많다.

- 체고 : 33~41cm
- 체중 : ♂25 전후, ♀23kg 전후
- 눈 : 눈 사이가 넓게 벌어져 있음.
- 귀 : 로즈 귀
- 꼬리 : 항상 늘어져 있음.
- 털 : 짧고 밀생. 색은 흑색과 황갈색이 조합된 이외의 어떤 색도 좋다.

14) 로트와일러 (Rottweiler)

- 원산지 : 로마 →독일 로트와일러 지방
- 힘이 강하여 가축유도 용이, 짐차 견인용이
  (20세기 이후 사역 금지. 급격히 감소)
- 이용 측면 : 경찰견, 변견으로 사육
- 끈기, 활력, 지구력 겸비
- 체고 : ♂ 63~68, ♀ 58~63cm
- 체중 : 45~55kg
- 귀 : 늘어짐(단이하지 않음)
- 꼬리 : 단미한다.
- 털 : 짧고 밀생. 색은 검정색에 황갈색 무늬

15) 시베리안 허스키 (Siberian Husky)

- 원산지 : 미국
- 털 색 : 회색, 검정색, 붉은색 등
- 알래스카 유래, 추운지방 출신, 썰매 끌고, 순록을 지킴.
- 체고 : 53~60cm
- 체중 : 16~27kg

16) 스므스 폭스 테리어 (Smooth fox terrier)

- 원산지 : 영국(굴속 사냥, 여우사냥)
- 이용 측면 : 가정견, 서커스 견.
- 단미, 충실, 훈련용이, 짖지 않게 교육 필요
- 체고 : ♂ 39cm, ♀ 수컷보다 약간 작음.
- 체중 : 7~8kg
- 눈 : 둥글고 생기 있음.
- 귀 : V자형으로 앞으로 굽음.
- 꼬리 : 높이 붙었고 말리지 않음.
- 털 : 짧고 부드럽게 밀생. 색은 흰색이 많은 면적을 차지함.

17) 불 테리어 (Bull terrier)

- 원산지 : 영국(화이트 잉글리쉬 테리어와 불독을 교배시켜 만들었다.)

- 소싸움→가정견
- 근육질이며, 견고함
- 광폭한 견종→애정 있는 견종
- 끈기 있는 훈련 필요
- 체고 : 50cm 정도
- 체중 : 20~28kg
- 눈 : 아몬드 형
- 귀 : 작고 서 있다.
- 꼬리 : 중간 정도 길이로, 뒤쪽으로 뻗침.
- 털 : 짧고 억세다. 색은 백색, 백과 담황갈색, 호모 등

18) 에어데일 테리어 (Airedale terrier)

- 테리어 주에서 가장 크기가 크다(세퍼드 크기만 하다).
- 수영 능숙 - 수달, 수금류를 능숙하게 사냥

- 이용 측면 : 경찰견, 호신견, 변견, 애완견
- 끈기 있는 훈련 필요
- 체고 : ♂ 58~61cm, ♀ 수컷보다 약간 작다.
- 체중 : 21~27kg
- 눈 : 암색으로 작다.
- 꼬리 : 단미한다. 높게 직립하고 늘어지지 않음.
- 털 : 바늘처럼 딱딱, 손질이 필요
- 색은 검거나 회색 바탕에 암갈색이나 황갈색의 무늬
- 머리와 다리는 밝은 동색

19) 비 글 (Beagle)

- 원산지 : 영국(인기 있는 엽견으로 토끼사냥에 주로 이용)
- 목소리 울림
- 훈련 필요
- 집중력 떨어짐.
- 식욕 왕성, 비만주의
- 체고 : 33~38cm
- 체중 : 7~12kg
- 눈 : 밤색으로 온화한 표정
- 귀 : 길게 늘어진 귀
- 꼬리 : 높게 들여 있다.
- 털 : 매끄럽고 두껍다. 색은 청흑반점, 백, 흑, 오렌지, 황갈색 반점 등.

20) 바셋트 하운드 (Basset hound)

- 원산지 : 프랑스
- 후각 발달, 사냥 능숙, 훈련 어려움
- 비만, 변비, 고창증 호발
- 큰 귀(상처 호발), 피부질환 호발

- 다산 칼슘부족, 골격이상, 산욕열 호발
- 체고 : ♂ 약 36, ♀ 약 34cm
- 체중 : ♂ 약 28, ♀ 약 26kg.
- 눈 : 움푹 들어갔음.
- 귀 : 길어서 머리 아래 부위까지 늘어짐.
- 꼬리 : 위로 굽음.
- 털 : 윤기가 있고 짧은 털 색은 검정과 갈색, 흰색의 삼색

21) 그레이하운드 (Greyhound)

- 원산지 : 고대 그리스와 이집트에서 사육했던 역사가 오래된 견종이다.
- 엽견 → 경주견, 가정견.
- 시각 발달, 훈련 어려움.
- 비만, 다산 - 칼슘부족, 골격이상, 산욕열 호발

- 체고: ♂ 71~77, ♀ 69~72cm
- 체중 : ♂ 29~32, ♀ 27~29kg
- 눈 : 밝고 생기 있다.
- 귀 : 작고 부드러운 로즈 귀
- 꼬리 : 가늘고 늘어져 있다.
- 털 : 짧고 촉감이 좋다. 색은 어느 것이나 인정받는다.
  보통은 백색, 그레이 색.

22) 블러드하운드 (Bloodhound)

- 원산지 : 고대 그리스나 로마에서 도주하는 노예의 색출에 사용하였던 개의 후손.
- 훈련 어려움.
- 규칙적 운동 필요
- 다산
- 체고 : ♂64~69, ♀ 58~63cm

- 체중 : ♂ 41~50, ♀ 37~45kg.
- 눈 : 황색에서 다색까지 모색을 닮는다.
- 귀 : 길고 늘어졌다.
- 꼬리 : 낮게 늘어졌고 약간 구부러졌다.
- 털 : 짧고 조강하며, 색은 검고 황갈색에 붉은 무늬

23) 포 인 터 (Pointer)

- 중세 유럽 프랑스, 독일 등 여러 나라에서 유행적으로 사육.
- 폭스 하운드, 불 테리어, 그레이하운드, 불독 여러 품종 혼합 교배
- 이용측면 : 엽견, 경주용, 가정견.
- 철저한 훈련 필요
- 규칙적 운동 필요
- 체고 : ♂ 63~69, ♀ 61~66cm
- 체중 : ♂ 22~25, ♀ 20~22kg.
- 눈 : 밤색으로 선량한 표정
- 귀 : 머리에 밀착되어 늘어짐.
- 꼬리 : 동체에 수평으로 들려 있음.
- 털 : 짧고 아름답다. 색은 레몬과 백색, 오렌지와 백색, 흑과 백, 적갈색과 백색 등.

24) 닥스훈트 (Dachshund)

- 독일 원산의 엽견
- 짧은 다리, 긴 허리 특징. 훈련 어려움.
- 척추손상 호발, 비만 주의
- 피모 : smooth, long, wire의 3종류
- 체고 : 표준형 35, 소형종 20cm

• 체중 : 표준형 7~12, 소형종 4kg 미만.
• 눈 : 난형으로 중간 크기
• 귀 : 머리에 밀착되어 늘어졌다.
• 꼬리 : 등에서 곡선으로 뻗어 있다.
• 털 : 짧고 광택이 있다. 색은 황갈색, 초콜릿색에 황갈색, 적갈색 반점.

25) 잉글리쉬 세터 (English setter)

• 원산지 : 영국(조렵견으로 활동)
• 방향지시, 지구력, 민첩성 우수. 후각발달, 충직, 온순, 민첩.
• 털이 늘어지는 품종, 피부가 약하므로 관리가 필요함.
• 체고 : ♂ 64~68, ♀ 61~65cm
• 체중 : ♂ 약 32, ♀ 약 29kg.
• 눈 : 검은 밤색
• 귀 : 부드러운 피모로 늘어짐.
• 꼬리 : 약간 굽음.
• 털 : 길고 견사의 촉감. 색은 흑백, 오렌지와 백, 적갈색과 백색 등

26) 잉글리쉬 코커 스파니엘 (English cocker spaniel)

• 원산지 : 영국
• 이용 측면 : 조렵견, 가정견.
• 특징 : 귀가 크다(주의 : 먹이 먹을 경우, 귀 청소 잘하기).
• 체고 : ♂ 39~41, ♀ 38~39cm
• 체중 : ♂ 11~15, ♀ 11~15kg.
• 눈 : 크고 다색
• 귀 : 낮게 부착, 길고 늘어짐.

• 꼬리 : 단미해준다.
• 털 : 견사처럼 부드럽다.
• 색 : 적갈색, 오렌지색, 황색, 검정색 등

27) 라브라도 리트리버 (Labrador retriever)

• 원산지 : 캐나다(19세기 영국으로 건너감.)
• 이용 측면 : 조립견, 맹도견, 경찰견, 마약 탐지견, 사역견 등 만능견의 역할 담당
• 충분한 공간 사육, 수영 즐김, 규칙적 운동 필요
• 체고 : ♂ 56~62, ♀ 54~58cm
• 체중 : ♂ 27~34, ♀ 25~32kg.
• 눈 : 밤색으로 표정이 풍부
• 귀 : 머리에 부착되어 늘어짐.
• 꼬리 : 굵고 끝이 가늘게 되어 있음.
• 털 : 짧고 밀생되었음. 모색은 흑색이나 황색의 단색 또는 황색과 혼색.

28) 핀 셔 (Pinscher)

• 19세기 말 독일
• 체고 : 45~48cm
• 체중 : 8~10kg
• 눈 : 난형으로 암색
• 귀 : 직립한 것이 좋다.
• 꼬리 : 3미추에서 단미
• 털 : 짧고, 조강하며 밀착
• 색은 흑에 황갈색 무늬, 초콜릿색, 밤색에서 다갈색 등

29) 요크셔 테리어 (Yorkshire terrier)

- 19세기 중엽 스코틀랜드로부터 요크셔 지방
- 혼합교잡종
- 쥐 사냥용
- 상류사회 애완용
- 체고 : 15~18cm
- 체중 : 1.5~3.0kg
- 눈 : 암색으로 빛난다.
- 귀 : V자 형으로 서 있다.
- 꼬리 : 보통 단미한다.
- 털 : 견사처럼 촉감이 좋다.
  색은 어두운 청색으로 가슴, 머리, 다리에는 황갈색의 무늬를 가지고 있다.

30) 일본 스피츠 (Japanese spitz)

- 캐나다 사모이드→수입하여 소형화
- 체고 : 30~38cm
- 체중 : ♂ 7~10, ♀ 6~9kg
- 눈 : 아몬드 형
- 귀 : 작은 삼각형으로 직립
- 꼬리 : 등에 부착
- 털 : 순백색으로 상모와 하모가 있다.
- 예민, 영리, 밝은 성격, 아름다운 자세
- 피모 손질은 환모기에 신경 써서 사모를 제거해주고, 운동은 산책 정도만 시키고, 야외에서 기를 때는 따로 시킬 필요가 없다.

31) 토이 맨체스터 테리어 (Toy Manchester Terrier)

- 19세기에 맨체스터 테리어를 선발 교배시켜서 소형화한 품종
- 체력, 추위 약한 편
- 토이 테리어와 미니어처 핀셔와도 깊은 혈연관계를 가지고 있다.
- 체고 : 25~30cm
- 체중 : 2~4kg
- 눈 : 암색으로 돌출되어 있다.
- 귀 : 끝이 뾰족하고 직립
- 꼬리 : 단미한다.
- 털 : 매끄럽고, 광택이 있다. 색은 흑색이거나 흑에 황갈색무늬

32) 오스트렐리안 실키 테리어 (Australian silky terrier)

- 오스트렐리안 테리어와 요크셔테리어를 교배시켜 만든 품종
- 요크셔테리어와 닮았으며, 체구가 약간 크고 피모가 짧은 것이 다름.
- 쥐 사냥 의식이 강하게 유전

- 쥐를 보면 본능적으로 흥분
- 체고 : 23~25cm
- 체중 : 3.5~4.5kg
- 귀 : 작고 암색으로 생기 있는 표정
- 꼬리 : 단미한다.
- 털 : 견사 같은 부드러운 촉감, 장모종, 색은 청에 은회색 다리와 주둥이는 황갈색

33) 퍼 그 (Pug)

- 중국에서 기원, 티베트의 승원에서 사육
- 주둥이가 나올수록 잡종임.

- 성격 : 완고하고 게으른 점도 있다.
- 주인에게는 가지고 있는 애정을 모두 줄 정도로 우호적
- 호기심 왕성 → 훈련용이
- 체고 : 25cm 전후 이상
- 체중 : 3~6kg
- 눈 : 동공은 암색으로 빛난다.
- 귀 : 작은 검정색으로 융단 모양의 버튼 귀
- 꼬리 : 전형적으로 말린 꼬리
- 털 : 짧고 부드럽다. 색은 황갈색, 은색, 흑색 등
- 주름이 많아 추한 것처럼 보이지만 이것은 결점이 되지 않고 오히려 보기가 좋은 모습을 하고 있다.

34) 멕시칸 헤어레스 (Mexican hairless)

- 원산지 : 멕시코
- 2가지 설 : 인디언들이 식용으로 사용하던 것이 남아메리카로 다시 세계 각지로 퍼지게 되었다는 설, 아프리카 원산의 개를 17세기에 스페인 사람들이 멕시코로 가지고 갔다는 설
- 체온 : 40도
- 무모종은 돌연변이 종이라는 주장도 있다.
- 사이가 좋으며, 원기가 넘침, 감수성이 풍부함.
- 높은 체온 유지 노력 → 항상 가볍게 떨고 있다.
- 무모로 피모의 손질 필요 없음.
- 체고 : ♂ 25~30, ♀ 22~28cm
- 체중 : ♂ 5 정도, ♀ 4kg 정도

35) 친 (Chin)

- 시츄, 페키니즈와 흡사
- 신라에서 일본으로 건너갔다.
- 활기 넘치는 경쾌한 걸음걸이, 우아한 태도
- 애완견으로써 자신의 집과 주인에게 애착, 하지만 타인경계
- 체고 : 23cm 정도
- 체중 : 2~3kg
- 눈 : 아몬드 형으로 돌출되었음.
- 귀 : 우모상의 털로 텁수룩하게 늘어진 귀
- 꼬리 : 말린 꼬리
- 털 : 견사처럼 촉감이 부드러운 긴 직모 색은 백색에 검정이나 붉은 반점
- 고온다습에 약하므로 외출이나 운동할 때, 시간을 선택하여 실시할 것.

36) 킹 찰스 스파니엘 (King charles spaniel)

- 원산지 : 영국
- 체고 : (30~33cm) / 체중 : (4.5~8.2kg)
- 털 색 : 흑갈색, 적색, 적색에 흰색
- 왕족과 대통령의 개
- 사교적이고 매력적인 작은 개
- 잉글리시 토이 스파니엘과 자주 혼동
- 귀족적인 품격이 넘친다.
- 우아한 가운데 활기와 강인함이 숨은 외유내강형의 개다.

37) 미니어처 슈나우저 (Miniature schnauzer)

- 원산지 : 독일
- 독특한 눈썹과 턱수염이 특징
- 애정이 깊고 주인과 같이 생활하기를 즐김.

- 타인 경계, 하지만 투쟁심은 없다.
- 체고 : 30~35cm
- 체중 : 5~7kg
- 눈 : 암색으로 난형, 돌출되지 않음.
- 귀 : 높게 부착, 반직립(유럽에서는 단이시켜서 세운다.)
- 꼬리 : 제3미추에서 단미한다.
- 털 : 길고 뾰족한 눈썹 털과 굵고 억센 수염색은 검정이나 검정에 은색 등의 혼색

38) 빠 삐 용 (Papillon)

- 원산지 : 프랑스
- '빠삐용'이라는 이름은 얼굴과 양쪽 귀의 무늬가 마치 나비가 날개를 펼친 것처럼 보여서 붙여졌다.
- 애정 필요, 노년에 적합.
- 밝고 쾌활한 성격
- 주위 물건에 호기심
- 체고 : 20~28cm
- 체중 : 3.5~4.5kg
- 눈 : 아몬드형으로 표정이 풍부
- 꼬리 : 우상 장식모로 등위에 말려 있다.
- 털 : 모량이 풍부, 광택은 있으나 촉감은 적다.
- 색은 백, 적, 황, 흑색 중의 2색 또는 3색.

39) 푸 들 (Poodle)

- 원산지 : 원래는 독일이나 러시아가 발생지로 추정
- 오랫동안 프랑스와 대표적인 국견으로 인정
- 수금류 사냥에 이용(헤엄치는 것에 용이)
- 잦은 손질 필요

- 체고 : standard 45~55, miniature 25~35, toy 25cm 이하
- 체중 : standard 22, miniature 12, toy 3~7kg 이하
- 눈 : 검정이나 호박색으로 표정이 풍부
- 귀 : 뺨에 늘어진 귀
- 꼬리 : 보통 1/3 길이에서 단미한다.
- 털 : curl 또는 줄을 꼰 것처럼 치장. 색은 흑, 백, 밤색, 회색 등.

40) 말 티 즈 (Maltese)

- 역사가 오래된 견종
- 지중해 말타섬.
- 중세 유럽 상위신분
- 잦은 손질 필요
- 추위, 더위 주의
- 흰털의 강아지는 눈물이 착색, 관리주의
- 대형견에 비해 소형견은 약하므로 관심이 필요하다.
- 체고 : 21~25cm
- 체중 : 2~3kg.
- 눈 : 크고 생기 있음.
- 귀 : 삼각형으로 늘어졌음.
- 꼬리 : 방모가 있고 등에 굽어 있음.
- 털 : 모량이 많고, 장모, 광택이 있으며 견사와 같은 촉감

41) 시 바 (Shiba)

- 중국 → 일본 유래설
- 소동물 엽견, 변견, 애완견
- 일본 천연기념물
- 산악지방 혹독한 환경에 적응
- 체고 : ♂ 36~42, ♀ 36~39cm
- 체중 : ♂ 6~10, ♀ 7~8kg.
- 눈 : 작은 암색으로 삼각형
- 귀 : 작은 삼각형으로 직립
- 꼬리 : 등 위로 말렸는데 낫 모양
- 털 : 빳빳한 직모, 색은 적, 흑, 백, 호모색 등

42) 치 와 와 (Chihuahua)

- 멕시코 유래설
- 멕시코 치와와 지방
- 최소형견
- 체력 약함, 추위 주의, 난산 위험, 급식 어려움.
- 단모종이 털이 더 잘 빠짐.
- 체격이 작은 편이라 눈이 커 보인다.
- 체고 : 13cm 내외
- 체중 : 0.9~2kg 정도
- 눈 : 흑, 청, 밤색으로 또렷
- 귀 : 폭이 넓고 45도로 부착
- 꼬리 : 길고 굽어 있다.
- 털 : 장단이 있고 모색의 지정은 없다.

43) 달마티안 (Dalmatian)

- 원산지 : 유고슬라비아 달마치 지방
- 사냥 추적견, 애완견, 호신 견번견, 서커스 견 등
- 정규 운동 필요
- 청각 장애. 피부질환 다발
- 훈련 필요, 잘 짖는 대형견은 주의
- 체고 : ♂ 58~61, ♀ 56~58cm
- 체중 : ♂ 22~29, ♀ 22~25kg.
- 눈 : 둥글고 흑색, 밤색
- 귀 : 넓고 머리에 달라붙은 늘어진 귀
- 털 : 짧고 억세다. 색은 순백에 검정이나 적갈색의 무늬.

44) 페키니스 (Pekingese)

- 고대 중국 왕실
- 짧은 주둥이 특징
- 난산 다발, 백내장, 녹내장 다발
- 비강협소 다발
- 품종 중 흰색견이 더 약함
- 체고 : 20cm 전후
- 체중 : 3~7kg 정도
- 눈 : 크고 돌출됨.
- 귀 : 하트형으로 머리에 부착되어 늘어짐.
- 꼬리 : 등에 굽어 있음.
- 털 : 길고 직립. 색은 백색 및 적갈색 이외는 관계없음.

45) 보르조이 (Borzoi)

- 원산지 : 러시아(교잡종)
- 감각 예민, 신경 섬세, 성격 온화, 익살과 재롱을 잘 부림.
- 특별한 소질은 필요 없으나 피모의 광택을 유지하기 위하여 매일 손질해 주어야 함.
- 체고 : ♂ 71~86, ♀ 66cm
- 체중 : ♂ 34~48, ♀ 27~39kg
- 눈 : 타원형으로 암색
- 귀 : 늘어졌다.
- 꼬리 : 겸상미로 늘어져 있다.
- 털 : 길고 곱슬곱슬함, 색은 대개 백색, 백색에 황색이나 적색의 무늬.

46) 아프간 하운드 (Afghan Hound)

- 원산지 : 아프카니스탄
- 체고 : ♂66~73, ♀63~68cm
- 체중 : ♂27kg, ♀23kg 정도
- 눈 : 삼각형으로 암색이나 금색
- 귀 : 길고 늘어졌다.
- 털 : 길며 견사와 같은 촉감
- 색 : 색은 지정되어 있지 않다.
- 시각 우수, 뛰어난 스피드, 인내력, 용기, 강한 정신력
- 이용 측면 : 사냥견

47) 시 츄 (Shih Tzu)

- 원산지 : 중국(티베트 지방), 라사압소에서 유래
- 애완견으로 인기 증가
- 체고 : 22~26cm
- 체중 : 4~7kg
- 색깔 : 모든 색 가능
- 감성이 풍부하고 애교도 많다.
- 장모종이라 매일 털 손질을 요한다.

48) 라 사 압 소 (Lhasa apso)

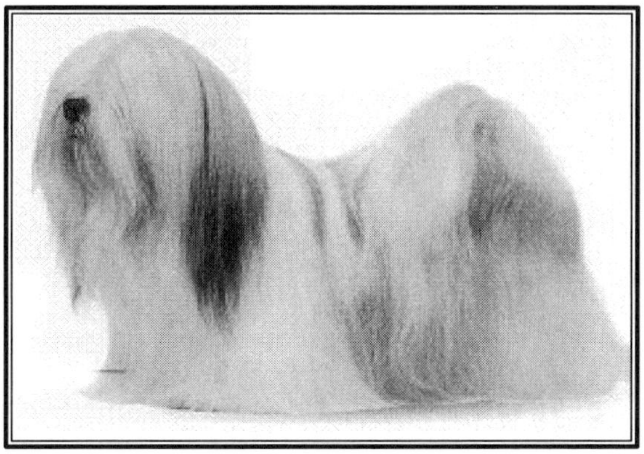

- 티베트 왕족 상징
- 호화스런 삶. 외부 접촉 없이 살아 옴.
- 체고 : 25~28cm(암컷은 더 작다.)
- 체중: 5.9~6.8kg
- 색깔 : 황금색, 모래색, 흰색, 갈색 등
- 용도 : 종교 상징

49) 포 메 라 니 언 (Pomeranian)

- 독일령이었던 발트해 연안의 포메라니아 지방에서 기원
- 털 관리 주의, 더위 주의
- 체고 : 20.3~27.9cm
- 체중 : 1.4~3.2kg

50) 아 키 다 (Akita)

- 일본 동북 지방 유래
- 1931년 천연기념물로 지정
- 일본을 대표하는 견종
- 성품은 침착, 충실, 순종하며 성격은 감각이 예민한 편
- 체고 : 60~71cm
- 체중 : 34~50kg
- 털 색 : 모든 색 가능
- 이용 측면 : 경비견
- 감각이 예민하고 민첩하다.
- 충성심이 강하다.

51) 진 돗 개 (Jindo)

- 원산지 : 한국 진도(한국 특산견)
- 이용 측면 : 변견, 수렵견
- 체고 : ♂45~58, ♀43~53cm
- 눈 : 삼각형으로 꼬리가 위로 치켜 올라감.
- 귀 : 삼각형으로 작은 편이며 약간 전방으로 숙어 있음.
- 꼬리 : 등위에 말려 있음.
- 털 : 상모는 약간 뻣뻣하고 꼬리털은 약간 김.
- 모색은 황색과 백색이 환영 받는다.
- 충견이며 귀소성이 강하다.
- 대담하고 용맹스러움.
- 특별한 훈련 없이도 뛰어난 자질을 갖춘 견이다.

52) 삽 사 리 (Sapsaree)

- 원산지 : 한국 경주(신라 왕궁유래)
- 체고 : 45.5~53.4cm
- 체중 : 15.4~21.8kg
- 털 색 : 황색, 청색
- 이용 측면 : 가정견
- 1992년도에 천연기념물 제368호 지정
- 귀 : 아래로 쳐짐
- 머리 : 수사자를 연상할 정도로 크다.
- 꼬리 : 선 꼬리, 말린 꼬리
- 경계심, 충성심이 강하다.

53) 풍 산 개 (Poongsan)

- 원산지 : 한국(북한 풍산)
- 체고 : 55~60cm
- 체중 : 20~30kg
- 털 색 : 흰색, 잿빛 섞인 색
- 이용 측면 : 사냥, 경비견
- 북한 1964년도에 천연기념물 제128호 지정
- 현재 북한의 국가적 보호 아래 사육

4. 개 행동학 (Canine behavior)

1) 개와 사람의 나이

개의 나이를 생물학적으로 사람의 나이와 비교하여 대략 환산해 보면 〈표 3-1〉과 같다.

표 3-1. 개의 나이를 생물학적으로 사람의 나이와 비교

Dog	Human	Dog	Human
2 month	14 month	7 years	49 years
6 month	5 years	8 years	56 years
8 month	9 years	9 years	63 years
12 month	14 years	10 years	65 years
18 month	20 years	11 years	71 years
2 years	24 years	12 years	75 years
3 years	30 years	13 years	80 years
4 years	36 years	14 years	84 years
5 years	40 years	15 years	87 years
6 years	42 years	16 years	89 years

2) 강아지의 언어

강아지를 이해하려면 개와 의사소통을 하는 것이 필요하다. 말을 부드럽게 걸거나 스킨십을 자주 해서 애정과 신뢰감이 형성되도록 하는 것이 필요하다. 다음 행동들은 강아지가 표현하는 의사소통 수단이다.

① 기쁠 때 : 꼬리를 흔들며 몸 전체로 기쁨을 나타낸다.
② 관심을 가져달라고 할 때 : 코 먹은 소리를 낸다.
③ 좋아한다는 표현 : 자꾸만 상대의 손이나 얼굴을 핥는다. 꼬리를 천천히 흔든다.
④ 화가 났을 때 : 이빨을 드러내고 으르렁거린다.
⑤ 슬플 때 : 꼬리를 낮게 내린다.
⑥ 따분할 때 : 크게 하품을 한다.
⑦ 항복이나 복종 : 항복의 표시로 벌렁 누워서 배를 보인다.
⑧ 개들의 인사 : 서로의 꼬리를 냄새 맡는다.

3) 개의 습성

(1) 개는 사회적 동물이다.

개의 선조인 늑대가 무리 지어 사는 습성이 있는 것처럼 개들도 집단생활을 좋아한다. 그래서 외로움을 잘 타고 사람과 같이 살아가는 것을 좋아한다. 그리고 개들은 그 무리 안에서

서열을 정하는데, 자기보다 서열이 높은 존재와 낮은 존재로 구분하여 인식한다. 그래서 사람은 개에게 주인이라는 점을 분명하게 알려주는 것이 필요하다. 때때로 개가 생각하기를 사람보다 자신이 서열이 높다고 생각하는 경우가 있고 이러한 상태는 사람을 문다거나 말을 듣지 않는 사고를 일으키기도 한다. 따라서 개를 정신적, 물리적으로 지배를 할 수 있어야 한다.

(2) 개는 놀이를 좋아한다.

개는 매우 활발하고 사교적이며 놀이를 좋아한다. 장난을 치고 어떤 것들을 물어뜯는 행위들은 이러한 놀이의 습관 중 하나이다. 이때 무턱대고 야단을 쳐서는 안 된다. 원래 개의 본능이나 습성이 그런 것 이라는 점을 이해할 필요가 있다. 야단보다는 오히려 같이 놀아주어야 한다. 강아지 때는 특히나 더욱 놀이를 좋아한다.

(3) 개는 감정에 솔직하다.

개는 자신의 감정을 그대로 솔직하게 표현한다. 좋으면 와서 좋아하는 행동을 하고 싫으면 싫은 내색을 한다. 개의 눈동자를 가만히 들여다보면 맑고 투명하게 사심과 거짓이 없다. 잘해주면 그만큼 보답을 하고 관심 없어 하면 개도 마찬가지로 가까이 다가오지 않는다. 어떤 경우에 개가 잘못해서 혼을 내려고 하면 금세 알아차리고 마치 반성하는 것 같은 표정으로 한쪽에서 웅크리거나 숨는 것을 보면 웃음이 나오지 않을 수 없는데, 이럴 때 혼내야 할 것은 단호하게 알려주어야 한다. 개의 솔직한 감정과 맑은 눈은 개의 최대 매력일 것이다.

4) 개의 몸 구조

개의 골격을 만드는 뼈는 300여 개가 넘는데, 뼈는 품종에 따라 그 길이와 생김이 아주 다르게 나타난다. 몸의 뼈는 개의 형태를 결정하는데, 머리뼈(두개골)의 경우 셰퍼드나 콜리 같은 품종은 주둥이 뼈가 아주 길고, 퍼그나 시추 같은 품종은 주둥이 뼈가 매우 짧다. 주둥이가 긴 품종은 '장두종'이라고 부르고, 주둥이가 짧은 품종은 '단두종'이라고 부르는데, 단두종은 코뼈가 매우 짧아 코가 뭉뚝하게 보인다. 사람은 갈비뼈가 12개인데, 개는 13개이고, 엉덩이 뼈인 '천주'가 사람은 4개인데, 개는 3개이다. 또한 사람은 손가락이 5개인데, 대부분 개들은 앞발의 뼈가 4개씩 있어 손가락이 4개인 것처럼 보인다. 그리고 꼬리뼈는 많은 경우 20개가 넘는 경우도 있다. '웰시코키'나 우리나라의 '댕견'과 같은 품종은 태어날 때부터 꼬리뼈가 없거나 몇 개 밖에 안 되는 특징이 있기도 하다. 그 이외의 골격은 대부분 사람과 개가 같은 모양과 이름을 가진다.

체중이 30kg이 넘는 개들은 대형견에 속하는데, 리트리버, 셰퍼드, 세인트 버나드 같은 대형견 품종은 키가 매우 빨리 자라기 때문에 골격이 자견 시기에 매우 빠른 속도로 길이 자람을 하게 되어 골격과 관절에 이상이 생기는 수가 있다. 이러한 품종들은 성장기 자견 시기에 무기질과 영양소를 충분히 공급해 주어 뼈가 이상이 생기지 않도록 주의하는 것이 좋다.

개의 몸속에는 여러 가지 장기가 있는데, 그중에 소화기와 호흡기가 대표적이다. 식도, 위, 소장, 대장, 췌장 등을 소화기라고 하는데, 사람과 거의 비슷한 모양을 하고 있다. 그런데, 개들은 사람처럼 침을 뱉어낼 수 없는 입 모양을 가지고 있어서 대신 구토를 아주 잘하게 된다. 속이 불편하거나 이상한 음식을 먹은 경우 그것을 우선 삼키고 나중에 토하게 된다. 그래서 아주 가끔 한두 번 구토를 하는 것은 정상이다. 개들은 소화기가 사람보다 약해서 위염이나 장염에 쉽게 걸리는 경우가 많다.

개의 이빨은 생후 3~4주일쯤 되면 나기 시작해서 6주 정도가 지나면 모두 모양을 갖추게 된다. 태어나서 처음 나는 이빨을 '유치'라고 부르는데, 유치는 위턱과 아래턱에 각각 14개씩 모두 28개가 있다. 그리고 생후 3~6개월쯤부터 이갈이가 시작되어 새로이 돋아나는 치아는 평생 가지고 살아가는 이빨이라 '영구치'라고 한다. 영구치는 위턱에 20개, 아래턱은 22개가 돋아나 모두 42개의 이빨을 가지게 된다. 개도 사람과 마찬가지로 영구치가 나기 시작하면 유치가 빠지는데 어떤 경우 유치가 빠지지 않고 남아 있거나 옆으로 밀려있는 경우가 있다. 이런 것을 '잔존유치'라고 한다. 잔존유치가 있으면 잘 씹을 수 없게 되는 경향이 있고 치주염을 일으킨다. 그리고 개들도 양치를 하면 건강한 치아를 가지게 되어 수명이 늘어나도 질병이 30%나 줄어들게 된다.

가슴에 있는 호흡기도 개와 사람이 비슷한 모양을 가지고 있다. 허파는 오른쪽과 왼쪽이 다른 모양을 하고 있다. 오른쪽 폐는 3개로 나누어져 있고, 왼쪽은 두 개로 나누어져 있다. 폐가 나누어 진 것을 폐엽이라고 하는데, 개도 역시 왼쪽의 폐엽이 두 개이고 오른쪽 폐엽이 세 개이다.

5) 개의 감각

(1) 시각

사람은 정면을 주로 보게 되지만, 말은 옆면을 잘 볼 수 있다. 눈이 앞쪽에 달려 있으면 앞면을 분명하게 보지만, 눈이 옆쪽에 달려 있으면 보다 넓은 시야를 갖게 된다. 그래서 육식동물은 눈이 앞쪽에 달려 있고, 초식동물을 눈이 양 옆에 달려 있다. 개는 고양이보다 눈이 옆쪽에 달려 있는 경향이 있어 주변을 보다 넓게 볼 수 있다. 이렇게 시야가 넓은 것은 사냥개에는 매우 중요한 기능이 된다. 그레이하운드, 살루키, 아프간하운드 등은 주둥이가 길고 눈이 양 옆에 달려 있어 시야가 매우 넓다. 그렇지만, 개의 시각은 난시인 경우가 많다.

(2) 후각

개의 후각은 사람과 비교하여 200배 이상 좋은 것으로 알려져 있다. 후각세포가 매우 발달되었기 때문이다. 개의 코가 항상 촉촉하게 젖어 있는 것도 냄새 입자를 쉽게 포착하여 냄새를 보다 더 잘 맡기 위해서이다. 특히 비글, 블러드하운드, 바셋하운드 등은 코에 습도가 높아 후각이 매우 발달한 품종이다. 그리고 개는 특별하게 입에서도 냄새를 맡을 수 있다. '야콥슨 기관'이라는 특별한 구조를 가지고 있기 때문이다. 야콥슨 기관은 개의 입천장에서 코로 연결되어 있는 작은 도관을 말한다. 즉, 개는 입속의 작은 구멍이 코로 연결되어 있어 입속에서도 냄새를 맡을 수 있는 특별한 구조를 가지고 있다.

(3) 촉각

털에는 감각기관이 연결되어 있다. 개들은 온몸이 털로 덮여 있어 촉각이 발달한 편이다. 그래서 강아지들은 접촉을 좋아하는데, 자극이 심하지 않은 접촉은 강아지의 성장과 행동발달을 도와준다. 강아지가 쓰다듬어 주는 것을 좋아하는 것처럼 개들은 접촉을 통해서 성장하고, 이 접촉 과정이 사람에게도 안정감을 주게 된다. 스킨십은 개나 사람에게 모두 즐거운 일이며 건강에 도움이 되는 것이다. 강아지를 양육하는 가정과 양육하지 않는 가정 내의 어린이의 성장발달을 조사하면 강아지와 접촉할 기회가 많은 어린이가 육체적으로 그리고 심리적으로 건강하다는 조사가 많이 나오고 있는데, 이러한 결과도 접촉이 주는 심신의 건강 때문이다. 간혹 접촉을 거부하거나 싫어하는 개들이 있는데, 이러한 경우는 행습문제로 정서적으로 안정되지 못한 것을 뜻한다.

(4) 청각

개들은 귀 모양이 각양각색이다. 쫑긋한 귀에서부터 늘어진 귀까지 매우 다양한 모습을 보이는데, 대부분 사냥개들은 귀가 쫑긋하다. 귓바퀴가 오뚝하게 서 있으면 소리를 더 잘 들을 수 있기 때문이다. 개의 청력은 거의 완벽하다고 한다. 아주 멀리서 들려오는 발걸음 소리나 자동차 엔진 소리만 듣고도 그것이 누구인지 금세 알아차린다. 개의 청각과 후각은 사람들의 시각보다 매우 우수하게 발달되어 있다.

(5) 미각

이것은 후각과 관계가 있는데 개는 단맛, 신맛, 쓴맛, 짠맛을 구분하지 못하고 단지 좋은 맛, 무감각한 맛으로 맛을 구분한다. 개에게도 맛을 감지하는 미뢰세포가 혓바닥에 돋아나 있지만, 사람만큼 발달되어 있지는 못하다. 그래서 개들은 종종 먹어서는 안 되는 이물들을 먹고 탈이 나는 경우가 많다.

5. 개의 요구 영양소와 사료

1) 강아지 에너지 요구량

일반적으로 강아지는 한참 성장하는 단계에 있기 때문에 성견에 비해 단위 체중당 약 2~3배의 에너지를 요구한다.

① 생후 6~8주령 성견의 3배
② 생후 16~24주령 성견의 2배

이 기간이 애견의 일생 건강을 결정하는 중요한 시기이므로 강아지에 필요한 영양분을 이상적으로 공급해 줘야 한다. 강아지는 식욕이 매우 왕성하다. 한참 자라나는 때라 무엇이든 먹으려 하기도 한다. 그런데 잘못 알려진 상식 중 하나는 강아지가 많이 먹으면 탈이 나기 쉽다는 것이다. 사료를 몇 알씩 세어서 아주 조금씩 하루에 두세 번 주는 경우가 많은데 이렇게 자견에게 먹이를 주는 방법은 강아지를 매우 심각한 상태를 만들게 된다. 가능한 충분하고 넉넉한 양의 식사를 제공하는 것이 건강한 강아지로 기르는 방법이다. 그러나 사람 음식은 개에게 불균형한 식단이 되고 또 개에게 위험한 식품도 있으니 사료를 기본으로 주는 것이 좋다. 또한 성장기의 어린 강아지는 영양제 등을 주어 발육이 잘되도록 하는 것이 좋다.

10마리의 강아지 중 1마리 정도가 음식을 너무 과도하게 먹는 경우가 있기 때문에 비만이 되는 경우가 있기도 하다. 이러한 때는 강아지의 식사량을 계산하는 것이 도움이 되는데 강아지의 에너지 필요량은 다음과 같다.

2) 강아지 영양

(1) 단백질

① 근육, 뼈, 털, 면역계통 등에 가장 우선시되는 구성 성분
② 질 좋은 단백질의 공급이 필요(단백질이 아미노산으로 분해)
③ 필수 아미노산(PVMATTHILL)
④ 소화율이 좋아야 한다.

근육과 생체 대사의 필수 물질인 단백질은 매일 체중 kg당 5g 정도가 필요하다. 단백질은 아미노산을 제공하여 뼈와 근육을 형성하고, 피부를 재생시키고 성장 발육에 중요한 영양소

로 작용한다. 하지만 단백질 양이 너무 많으면 간이나 콩팥에 부담이 되고 비만이 되기도 한다.

- **필수 아미노산** : phenylalanine (페닐알라닌), valine (발린), methionine (메티오닌), arginine (아르지닌), threonine (트레오닌), tryptophan (트립토판), histidine (히스티딘), isoleucine (이소루신), leucine (루신), lysine (라이신)

(2) 지방

① 일차적인 공급 목적은 활동에 필요한 에너지를 얻는 것

② 활동을 많이 하는 개일수록 더 많은 지방을 필요로 함.

③ 비타민 A, D, E와 같은 지용성 비타민의 흡수 이용과 피부, 모질의 건강, 세포 조직의 건강에 매우 중요

④ 일반적으로 애견은 지방이 많은 먹이를 좋아한다. 따라서 잘 먹는 것만 보고 계속 급여하면 비만해질 가능성이 높다. 단백질의 두 배에 해당하는 열량을 발생시키는 지방은 체중 kg당 1.5g 정도가 필요하다. 그러나 어린 강아지의 경우는 두 배 정도가 필요하다. 특히 지방은 생체 필수 물질인 지용성 비타민의 흡수를 돕고, 털과 피부의 대사에도 작용하여 꼭 필요한 영양소이다. 지방이 너무 과도하면 비만이 되기도 하지만, 필수지방산이라는 물질이 있어서 지방을 먹지 않으면 여러 가지 대사질환이 발생하기도 하다.

(3) 탄수화물

① 지방처럼 활동 에너지 공급에 목적

② 가장 우선적인 탄수화물 원료로는 옥수수, 밀, 쌀 등이 있으며 특히, 쌀은 소화율이 매우 좋아 고급 애견식품에 사용한다.

③ 체내에서 최종적으로 분해, 흡수되면 혈당 = 글리코겐이 되어 혈류를 따라 전신에 공급됨.

④ 사용하고 남은 다량의 글리코겐은 지방이 되어 체조직에 축적되는데 이 또한 비만의 원인이 된다. 대부분의 사료의 주성분이 탄수화물이다. 일반적인 열량은 탄수화물에서 공급 받게 된다.

(4) 비타민과 미네랄

① 신진대사와 체조직의 기능 수행에 촉매

② 균형 잡힌 공급이 매우 중요

③ 소량으로 중요한 기능, 자칫하면 결핍과 중독 현상 발생

이것은 부족하게 되면 큰 질병을 만든다. 특히 칼슘은 성장기의 어린 강아지는 kg당 500mg 정도가 필요하다. 따라서 어린 강아지에게는 영양제를 사료와 함께 먹이는 것이 좋다.

(5) 수분

① 애견의 몸의 대부분을 차지하는 구성 성분
② 탈수는 강아지 폐사의 결정적인 요인
③ 물을 충분히 먹지 못하는 애견은 성격이 거칠고 피부와 모질이 나빠지게 된다. 따라서 항시 물을 마실 수 있도록 해 주고 깨끗하게 관리해 주어야 한다. 물은 항상 신선한 것이 좋다. 좋은 물이 건강을 지키는 데 가장 필요한 것이다. 대부분 밥은 신경 쓰지만 개들에게 주는 물에는 별로 관심을 갖지 않는데, 며칠씩 지난 물을 먹거나, 오염된 물을 먹으면 분명히 문제가 생기게 된다. 보통 체중의 5~10%를 먹는 것이 정상인데, 어떤 질병은 물을 많이 먹는 증상이 나타날 수 있고 때론 물을 전혀 먹지 않는 경우도 있으니 물을 너무 많이 먹거나 물을 먹지 않을 때는 수의사와 상담하는 것이 좋다. 대부분 어린 강아지가 성견보다 물을 더 많이 먹게 된다.

3) 식성

야생시대 개는 무리를 지어 사냥을 하며 포획물을 잡아 고기나 내장을 먹는 육식습성을 가지고 있었다. 그러나 약 20,000년 전부터 인간에 의해 순화되고 밀접한 생활을 하면서 인간이 먹고 남긴 음식물 찌꺼기를 주게 되면서 현재는 잡식성으로 변했다.

개의 이가 육식동물의 특징을 그대로 나타내고 있고 장의 형태, 길이, 기능도 늑대와 거의 다르지 않다는 것과 포획물을 잡았을 경우 만복이 될 때까지 먹고 다음 포획물이 손에 들어올 때까지 견딜 수 있을 만큼 큰(전체 소화관 60% 이상) 위 등으로 인해 이런 특징들이 야생 시대의 흔적임을 쉽게 알 수 있다. 그리고 이런 특징을 가지고 있는 만큼 육식 위주의 식사를 해야 한다. 그러나 개가 원래부터 육식성이었다고 해서 닭고기의 살이라든지 쇠고기의 좋은 부분만을 먹이게 되면 육류의 영양적 특성상 일부 영양소만의 편식을 유발하게 되어 전체적인 영양 균형이 깨어지기 때문에 장기간의 편식은 질병을 유발하는데 이러한 질병을 일명 "전육식 증후군"이라고 하는 증상으로 골격의 형성이 나쁘게 되기도 하고 약한 치석, 관절염을 일으키기도 하며 쉽게 골절되며 비뇨기병을 유발하기도 한다.

4) Pet Food 급여 방법

고기, 곡물, 유제품, 생선, 야채, 등을 열량과 식성에 알맞게 조리하여 주며 음식에 열을 가하면 비타민이 파괴되는 점을 감안한다.

Pet Food 종류 중 통조림은 고기만으로 된 것과 여러 가지가 균형 있게 배합된 것이 있으며, 고기 통조림은 DOG MEAL 등을 섞어줘야 한다. 그 외에 DRY FOOD, SOFT FOOD, SEMI MOIST FOOD 등의 사료는 시중 센터에서 구입하며 완전 영양식으로써 다른 첨가물이 필요 없다.

수분이 많을수록 흡수력은 좋으나 변질되기 쉬우므로, 장시간 보존을 위한다면 DRY FOOD가 좋다.

우리들이 상품으로 구입할 수 있는 사료는 건식사료와 습식사료로 나누어 볼 수 있다. 건식사료는 알갱이로 된 사료를 말하는데, 수분 함유량은 10% 미만이고 건조한 상태여서 건식사료라고 부른다. 보존성이 좋고, 급여하기도 좋고 영양균형이 알맞아 가장 흔히 사용되는 형태이다. 단단한 건식사료는 강아지의 이를 튼튼히 할 수 있고 턱 뼈의 성장에도 도움을 준다. 그러나 수분이 적어 충분한 물을 함께 주어야 좋다. 습식사료는 수분 함량이 70% 정도인 것이 보통인데, 캔으로 포장해 판매한다. 건식사료보다 습식사료는 냄새가 좋아 강아지들이 선호하지만 지속적으로 급여하는 데는 적합하지 않고, 식욕이 없는 경우나 간식으로 사용하는 것이 좋다.

Pet Food는 건식과 습식의 2가지 방법으로 크게 나눌 수 있다.

① 건식 급여 방법

- Pet Food가 항상 밥그릇에 채워져 있게 하며 계속 보충해 주는 Free choice
- 경우에 따라 여러 번으로 나누어준다.

② 습식 급여 방법

- 하루 2~3회로 나누어 준다(곰팡이나 유해세균 오염으로 인한 설사, 질병예방).
- 밥그릇 세척을 자주한다.
- 가능하면 매일 같은 시간에 Pet Food를 급여한다.
- 가족의 식사시간에 맞춰주는 것이 이상적이다.

음식은 보통 체중의 5~8 % 정도를 주는 것이 원칙인데 주의할 점은 너무 적은 양을 주거나 식탐이 심한 강아지에게 너무 많은 양을 주어서는 안 된다는 것이다. 강아지 때는 너무 적게 먹어 허약해지기 쉽고, 또 음식량을 조절하지 못하고 너무 많이 먹어 비만의 원인이 되기도 하므로 식사량에 관심과 주의를 기울이는 것이 필요하다.

5) 필요 영양소

개는 태어나서 1년 만에 체성숙이 다 될 정도로 매우 빠른 성장을 하는 동물이다. 개의 출생 후 1년은 사람의 15, 16세 해당하는데 그 기간의 요구량도 사람의 영양과는 당연히 차이가 있다. 또 다 자란 개와 성장기의 개와는 에너지 섭취량도 달라진다.

강아지는 생후 1년 동안에 체중에서 보면 약 60배의 성장을 한다. 인간의 경우는 약 2배이다. 그만큼 강아지는 영양을 필요로 한다. 또 개의 종류, 운동량 등에 따라서 필요한 에너지 섭취량이 달라지므로 개의 상태에 따라 급여하도록 한다.

강아지에게 필요한 영양을 주는 것은 강아지의 활동에 필요한 열량을 공급하는 것 외에 견종마다의 특징을 더욱 두드러지게 하는 효과도 있다. 영양이 골고루 들어 있는 먹이를 주면 장모종이나 견모종의 애견들은 털에 광택이 흐르고 우람한 근육질 강화를 위해 스테로이드계의 약을 투여하기도 한다.

기르는 강아지를 좀 더 건강하고 멋있게 키우기 위해서는 균형 있고 합리적인 먹이가 필요하다.

먹이는 영양학적으로 단백질 25%, 탄수화물 50%, 지방 8% 정도의 비율이 이상적이다. 먹이의 양은 견종에 따라 대충 종이컵으로 비율을 맞추어 급여하면 된다. 필요 열량은 소형견일 경우 체중 1kg당 110 Calorie, 대형견은 체중 1kg당 60 Calorie가 필요하며 발육기의 강아지나, 임신 중의 개는 평소보다 2배 정도의 칼로리가 필요하다.

6) 사료급여

① 개의 미각은 사람의 1/5일 정도에 불과하므로 이것저것 자주 바꾸다 보면 입맛이 까다로워지는 원인을 제공하게 된다.

(미각점수) 뱀 0, 개 1,706, 닭 24, 사람 9,000, 오리 200, 돼지 15,000, 고양이 473, 소 25,000

② 먹이를 바꿀 때는 점진적으로 사료 비율을 섞어가며 5~7일간에 걸쳐 서서히 한다.

③ 임신견, 포유 중인 모견, 성장기 강아지, 운동을 많이 하는 애견은 더 많은 영양을 요구하며 1일 2~3회 나누어 급여하는 것이 좋다.

④ 항상 조금 여윈 상태로 모든 움직임이 힘차고 민첩하게 건강을 유지하게 한다.

⑤ 비만 여부를 체크할 때에는 복부가 아래로 처져 있는지, 위에서 내려다보았을 때 복부가 좌우측으로 불러있는지, 1, 2늑골 부분이 육안으로 확인되지 않는지를 검토한다.

⑥ 만일 비만하다고 생각되면 원하는 체중을 정해서 그 체중이 되도록 서서히 급여량을 줄이거나 운동량을 높여 준다.

(1) 일일 먹이 급여량 계산법

① 소형견 생후 6주~10주 사이의 강아지는 체중의 6~7%를 급여

(예 : 체중 600g, 9주된 강아지 → 600 X 6% = 36g)

② 소형견 생후 10주~18주에는 체중의 4~5%를 급여

③ 소형견 생후 18주~26주에는 체중의 3~4%를 급여

④ 소형견 생후 26주 이상 된 애견은 체중의 2~3%를 급여

⑤ 중대형견은 소형견 급여량의 15% 정도 덜 급여

(예 : 체중 600g, 9주 된 중 대형견 강아지 → 600 x 6% = 36g, 36g x 85% = 30.6g)

⑥ 중대형견 성견은 체중의 1.2%~1.7% 정도 급여

(2) 애견 사료 급여 방법

① 갓 젖 뗀 강아지에게는 소화하기 쉬운 먹이를 주되 체중당 영양소 요구량이 성견에 비해 2배 이상으로 많으므로 하루에 3차례씩 나누어 급여한다.

② 초소형 견종은 6개월, 소형 견종은 10개월, 중대형 견종은 12~24개월 만에 발육이 완성되며 최소한 이 기간 동안에 강아지용 애견식품을 급여해야 한다.

③ 소형 애완견의 경우 이유 전(6~8주)까지는 습식상태로 급여하되 급여시간은 가능한 한 가족들의 식사시간에 맞추는 것이 좋다. 급여량은 대개 대변상태를 보고 급여 적량을 판단하는데 적량을 섭취한 애견의 대변은 형태가 분명하고 어느 정도 수분이 있어 휴지로 줍기가 쉬우며 적당히 단단하다.

④ 밥그릇은 매일 청소하고 신선하고 깨끗한 물을 항상 급여한다. 다만 건조 애견식품을 불려서 줄 때는 가능한 너무 차지 않은 물에 불려준다.

*** 개는 유당 분해 능력이 떨어지기 때문에 우유를 먹고 나서 설사할 수도 있다.**

7) 연령에 따른 먹이

'필요한 영양'에서 언급한 것과 같이 발육기의 강아지는 체중당 성견이 필요로 하는 열량의 두 배를 필요로 하며 체중이 불어나는 대로 수치를 대입해 계산한다.

예) 성견 10kg의 체중

① 1kg의 강아지×성견 필요 cal×2

② 5kg의 강아지×성견 필요 cal×1.5kg

③ 7kg의 강아지×성견 필요 cal×1.2kg

④ 노견의 경우 소화 기능이 저하되어 음식을 남기는 수가 있습니다. 강아지는 육식을 주

로 하기 때문에 노견이 될수록 몸이 산성화될 수 있으니, 물 공급 시 칼슘 이온수를 주며 약 알칼리성의 물도 건강에 도움이 된다.

8) 직접 만드는 먹이

신선한 재료를 사용하여 집에서 강아지 음식을 만들어 주는 것은 좋은 방법이다. 강아지와 유대관계도 높일 수 있고 또 재료가 신선하여 좋지만 한 가지 단점은 개가 필요로 하는 미량원소까지 할 수 없기 때문에 영양적으로는 불균형한 식단이 될 수 있다. 주의할 점 중 하나는 너무 뜨겁거나 차가운 것을 주지 않는 것이다. 생선류는 반드시 익혀서 주고, 기본적으로 고기와 채소가 강아지에게 적합한 식단의 재료가 될 수 있다. 파스타에는 탄수화물이 있으므로 에너지원이 될 수 있고, 소나 돼지고기의 간에는 인과 비타민 함유량이 많고, 닭고기는 소화가 잘되며 다른 고기에 비해 칼로리가 낮고 소화가 잘되어서 선호하는 식품이다. 쌀밥은 소화가 잘되고 회복기에 닭고기와 같이 먹이면 훌륭한 식이요법이 될 수 있다.

먹이를 만들어 주고자 할 때는 아래의 주의해야 될 음식을 피해 균형 있는 식단을 짜도록 한다.

9) 주의해야 할 먹이

① **파와 양파 :** 개에게 매우 독이 되는 식품이다. 파와 양파는 적혈구를 파괴시켜서 혈뇨를 누게 하고 심한 경우 빈혈로 사망하게 만든다. 혹시 실수로 파와 양파를 먹은 경우에는 초기에 치료를 받으면 안전하게 회복할 수 있으니 급히 병원으로 데려가도록 한다. 항상 조심해야 될 것이 자장면이나 탕수육에 포함된 양파이다. 먹고 남은 탕수육이나 자장면을 함부로 놓아 두어 사고가 나는 경우가 종종 있다.

② **새우 :** 괜찮을 수도 있으나 소화 불량의 의한 구토 증상을 보이는 경우가 많다.

③ **향신료 :** 고추, 후추, 식초 등 자극성 음식 및 감미료, 위를 강하게 자극하여 위염이 되기도 한다.

④ **초콜릿 :** 테오브로민 성분이 중독의 원인이 되 심장질환을 일으키고 잘못 하다가는 치명적일 수도 있다.

⑤ **햄과 소시지 :** 염분이 많아 해가 되기도 한다.

⑥ **닭 뼈** : 닭고기의 뼈 등은 매우 날카롭게 잘려서 찔리기가 쉬우므로 절대로 줘서는 안 된다. 닭고기를 먹은 후 휴지통에 버릴 때에는 개가 접근하지 못하도록 각별한 주의가 요망된다. 간혹 휴지통의 닭 뼈를 먹고 사망하는 경우들이 발생한다.

⑦ **짠 음식 :** 강아지는 땀샘이 적어 땀으로 배출이 안 된다.

⑧ **문어, 오징어 류 :** 저단백이며 소화가 잘 안 된다.

⑨ **꽁치, 정어리 등 :** 지방이 많은 어류는 습진이나 알레르기, 탈모의 원인이 된다.

⑩ **과자, 사탕 등 :** 당분이 많은 과자류는 충치의 원인. 설사의 원인이 되며 비만의 원인이 될 수 있다.

⑪ **계란의 흰자위 :** 설사의 원인

⑫ **우유 및 유제품 :** 우유를 차게 하면 설사의 원인, 너무 뜨거우면 응고되어 흡수력이 떨어진다. 유당 분해 효소인 락타아제의 분비가 적기 때문에 사람이 먹는 우유를 먹게 되면 설사를 일으킬 수 있으므로 개 전용 분유를 먹인다.

⑬ **뼈 :** 과다하면 변비

⑭ **야채류 :** 몸에서 비타민 C를 합성하므로 필요 없음(단, 변비에는 효과가 있음)

⑮ **포도 :** 우발적 포도 섭취로 콩팥 손상으로 사망한 예가 보고되고 있어 주의를 요함.

10) 강아지의 성장에 따른 음식

① **이유 전 :** 어미 개의 젖이 가장 좋지만 만일 모유를 먹을 수 없을 때는 강아지용 분유를 주어야 한다. 강아지 분유는 사람이 먹는 분유와는 다르다. 우유나 사람들이 먹는 분유에는 유당이 많고 단백질이나 지방이 매우 부족하여 개에게 적합하지 못하다. 강아지는 사람보다 단백질과 지방이 많은 젖이 필요하고, 소화를 못하고 설사를 일으키는 유당이 포함되지 않은 강아지 전용 분유를 먹여야 한다.

② **생후 3주일~3개월 :** 이유와 함께 강아지 사료를 먹일 수 있는 시기이다. 강아지는 자견용 사료를 먹어야 하고, 처음에 잘 못 씹으면 불려주는 것도 좋다. 그러나 단단한 것을 씹어야 치아가 건강해지기 때문에 오랫동안 불려주기만 하면 오히려 소화기능도 약해지고 이갈이도 잘 못하게 된다. 처음 며칠만 불려주고 2~3일 지나면 건사료를 그냥 주는 것이 좋다.

③ **생후 3개월~6개월 :** 성장 속도가 빠르고 몸이 만들어지는 때여서 충분한 양을 주는 것이 좋다. 대략 몸무게의 5~8% 정도를 먹으면 된다. 또한 이 시기는 사회화 과정이 진행되는 때여서 먹이를 이용한 훈련이 좋은 때이다. 이 시기의 에너지 요구량은 성견의 두 배에 달한다.

④ **6개월~1년 :** 식사량을 서서히 줄이고 횟수도 줄인다. 충분히 성장한 때여서 식사를 하루 두 번만 주어도 충분하다.

⑤ **1년~6년 :** 성견용 사료만 주어야 합니다. 자견용 사료를 계속 먹이면 비만이 생길 수 있다. 대부분 비만은 이 시기에 발생하므로 음식 양을 조절하고 가능한 충분한 운동을 하는 것이 좋다.

⑥ **6년 이상 :** 체중에 각별히 신경을 써야 하고, 노령견용 사료를 먹여야 한다. 질병이 있거나 몸이 약할 경우는 알맞은 처방식을 먹어야 하고 치아관리에도 신경을 써야 한다.

⑦ **임신견과 수유견 :** 임신하면 배속에 또 다른 생명이 있기 때문에 음식 양을 충분하게 늘려야 한다. 대부분 임신 4주부터는 평상시 먹었던 양의 2배 정도가 필요하다. 출산을 한 뒤 새끼에게 젖을 먹일 때는 세 배 이상 양을 늘려 먹어야 한다. 새끼 숫자에 따라 양이 다르지만 평균 3마리 이상이면 4배 까지도 먹게 된다. 이때 충분한 영양 섭취가 안 되면 젖양이 줄고, 어미 개의 항체도 낮아져 강아지들도 허약해지고, 어미 개가 산욕열 등의 질병에 걸리게 된다.

6. 개의 생리

1) 연령에 따른 분류

① **신생자견 :** 갓 난 강아지, 태어나서 3주까지

② **자　　견 :** 강아지, 3주에서 1년까지

③ **성　　견 :** 어른 개, 생후 1년에서 6년까지

④ **노 령 견 :** 늙은 개, 생후 6년 이후

(1) 신생자견

강아지는 태어나서 2주 정도가 지나면 눈을 뜨고 3주 정도 지나면 엉금엉금 걸어 다닐 수 있게 되는데, 이때까지가 갓 난 강아지에 속한다. 사람 갓난아기에 비하면 굉장히 빨리 자라는 편이다. 그러니까 생후 3주령까지가 신생자견이다. 이때는 아직 너무 어리기 때문에 조그마한 자극에도 강아지가 쉽게 아플 수 있다. 엄마가 애기를 조심스럽게 돌보는 것 같이 어미 개도 강아지를 정성스럽게 보살핀다. 만약 집에서 이 나이 또래의 강아지를 기르게 된다면, 아주 주의해야 하는 때이다. 쉽게 아프고 쉽게 사망할 수 있기 때문이다. 건강기록 일지나 동물병원에서 제공하는 건강수첩 등을 통해 강아지의 체중과 발육 상태 등을 체크하면 도움이 된다.

개의 출생부터 포유, 이유, 성장, 번식에 이르기까지의 모든 사항에 대한 이해가 있어야 개와 사람이 오랜 기간 동안 바람직한 유대관계를 유지할 수 있다. 구충과 질병에 대한 면역

반응, 사람과의 접촉, 복종훈련은 육체적, 정신적으로 건강한 개를 만드는 데 필수적인 것들이다. 본 교재는 애완견과 더불어 사육가들이 부딪치는 크고 작은 어려움을 극복하는 데 도움이 될 수 있는 유익한 길잡이가 될 것이다.

① 어린 자견(출생 직후 신생아기)

출생 직후의 어린 강아지는 치아가 없을 뿐만 아니라 눈, 귀가 모두 닫혀 있고, 강아지의 체온은 성견의 정상 체온보다 약 11~14℃까지 떨어지기도 하지만 그래도 생존한다. 갓 태어난 어린 강아지의 체성분은 수분이 84%(우유의 수분함량은 87%) 정도로 높고, 지방이 1% 정도로 매우 낮아 출생 직후 어린강아지가 체온유지를 위한 충분한 열을 생산하기란 거의 불가능한 일로 출생 직후의 어린 강아지는 저온 스트레스를 받기 쉽다.

어린 강아지의 정상적인 체온유지는 지속적으로 온기를 보충해줄 수 있는 모견이나 보온등, 보온패드 등 주위의 열 공급원에 의존한다. 어린 강아지의 보온을 위해서는 출생 후 1~2주 동안은 보온 상자의 온도를 30~32℃ 정도 유지해 주어야 한다.

어린 강아지는 출생 직후 질병 감염을 방어할 수 있는 항체 수준이 매우 낮은데 이는 태아가 성장하는 동안 태아를 둘러싸고 있는 태반이 고분자 단백질의 일종인 면역항체의 자유로운 이동을 막기 때문이다.

따라서 출생 직후의 강아지는 전염병에 대한 감수성이 매우 높다. 강아지의 소화기관은 출생 직후 완벽하게 발달하지 못한 관계로 출생 후 24~36시간 이내에 소장을 통해 항체를 흡수하여 동화시킬 수 있다.

다행히도 모견의 초유에는 항체가 농축되어 있어 일반 전염성질병(개홍역 포함)에 저항할 수 있는 면역 능력을 어린 강아지에게 제공해 준다. 모견으로부터 획득한 면역을 수동면역이라 하고 이 수동면역은 출생 후 몇 주 이내에 소진된다.

따라서 전염성 질병에 대한 항체를 생성할 수 있도록 백신 처리를 해주는 것이 중요하다. 모견은 분만 후 강아지의 제대를 끊어주고 핥아주며, 때로는 태반이나 태아를 감싸고 있는 후산 물질을 먹기도 한다. 갓 태어난 어린 강아지는 듣지도 보지도 못하기 때문에 접촉을 통하여 더듬어서 한배 새끼나 어미와 유두를 찾는다.

어린 강아지는 냉기보다 온기에 반응을 한다. 생후 2~3일령의 어린 강아지를 어미로부터 조금 떨어뜨리면 머리를 흔들면서 울거나 낑낑거리면서 기기 시작한다. 물론 강아지의 귀는 열리지 않아 들을 수 없고 눈 역시 그 기능을 다하지 못하여 볼 수 없다. 그러나 어린 강아지의 울음소리는 모견의 관심을 끄는 데 도움이 된다. 모견이 길을 잃고 추워하는 어린 강아지를 발견하면 대개는 한배 새끼에게 돌아올 수 있도록 도와준다.

모견은 몸이 식은 어린 강아지를 무시하는 경향이 있다. 모견이 무시하면 어린 강아지는 머리를 흔들면서 울고 짖으며 계속해서 주위를 배회하다 머리가 다른 강아지나 모견에 접촉하게 되면 어린 강아지는 배회를 멈추고 접촉부위로 기어간다. 어미의 젖을 찾게 되면 머리를 계속 흔들어 대는데 이러한 행동은 어린 강아지가 유두를 찾거나 무는 데 도움이 되며 모유 분비를 자극한다.

분만 후 첫 2~3주 동안 한배 새끼와 모견은 서로 인접한 곳에 머물면서 먹고 잔다. 어린 강아지가 약 2주 정도 됐을 때 보고, 듣기 시작하고 젖니도 나오기 시작한다. 어린 강아지가 성장하면서 체격이 커지고 힘이 붙게 되지만 계속 접촉에 의해 탐색하며 경험을 쌓는다.

강아지는 움직임이 느리고 비능률적이기 때문에 개 번식가들은 보호 상자를 어린 강아지의 우리로 사용한다. 어미가 사료섭취나 배변 및 기타의 이유로 인해서 우리를 잠시 떠나는 경우 새끼들은 보통 우리 상자 안에 뭉쳐 있다. 어미 개가 새끼들이 있는 곳으로 다시 돌아와서 누운 후 어린 강아지의 복부를 꾹꾹 찌르거나 복부 밑 부분을 핥아주고 비벼준다. 모견의 이러한 행동은 새끼들이 움직이게 하고 포유할 수 있도록 하기 위한 것이다.

모견이 계속해서 어린 강아지의 복부와 항문부분을 핥아 주는 것은 어린 강아지의 배변을 자극하기 위한 행동이고 어린 강아지의 배설물을 어미가 먹는다. 우리 안이 어린 강아지들의 배변에 의해 더럽혀지지 않는 것은 바로 이러한 이유 때문이다.

② 과도기(2~3주령)

2주령이 되면 어린 강아지의 반응력이 변화하기 시작하고 젖병을 이용해 효과적으로 포유를 시킬 수 있다. 2주령 이전의 어린 강아지에게 모유 이외의 음식물을 공급할 필요가 있을 경우 가장 쉬운 직접 넣어 주는 방법이다.

이 방법은 젖병을 이용한 포유 시 공기를 들이키는 것을 방지하고 섭취된 공기를 배출시키기 위해 트림을 시켜야 하는 수고를 덜 수 있다. 2주에서 3주 사이의 어린 강아지의 발육 변화는 놀랄 만하다.

이 시기는 어린 강아지의 귀가 열려 들을 수 있게 되고 짖을 수 있을 뿐만 아니라 눈의 망막에 물체의 형상이 만들어져 볼 수 있게 되고 또 앞뒤로 움직일 수 있게 된다. 대부분의 어린 강아지는 3주령에 일어설 수 있고 또 효과적인 방법으로 먹고 마실 수 있게 된다.

어린 강아지는 배변을 하기 위해 보호 상자 밖을 걸어 다니기 시작한다. 어린 강아지들은 배변을 위한 모견의 자극이 더 이상 필요하지 않다. 3주령의 강아지들은 한배 새끼들끼리 놀기 시작하고 으르렁거리고 장난기의 싸움도 한다.

생후 2주에서 3주령 사이에 나타나는 변화는 정상적인 개의 일생 중 짧은 기간 동안 나타나는 변화로는 가장 큰 것이다.

3주령 강아지는 일주 전후의 강아지와 비교 시 커다란 차이가 나타난다. 이러한 변화는 올챙이가 개구리로 변하는 것과 같은 획기적인 변화인 것이다. 3주령의 어린 강아지는 모유 이외에 성견사료를 섭취하기 시작한다.

③ **사교화(社交化) 시기(3~12주령)**

강아지의 사교화 시기는 새로운 환경에 대한 행동양식의 적응기로 주위환경의 조정이 매우 중요하다. 이 기간 동안 다른 동물이나 사람, 소음 등 아주 다양한 환경에 접촉할 수 있도록 해주어야 하며 이 기간 동안의 경험이 일생 동안 사람과 얼마나 친밀해질 수 있는지를 결정한다.

자견을 약 12주령까지의 사교화 기간 동안 다양한 상태의 환경조건에 충분하게 접할 수 있도록 해주지 않으면 이 시기 이후에는 결핍된 사교화 능력을 교정하는 것이 매우 어렵거나 불가능하다.

3주령에 눈이 뜨이고 서투른 운동을 하고 청각은 들을 수 있을 정도로 발달되어 소리에 반응하고 기타 동물이나 사람의 모습에 대해 관심을 갖기 시작한다. 자견은 우리 인근의 구석구석을 탐구하기 시작하나 10~12주령까지는 좀처럼 4.5~6m 이상을 벗어나지 않는다.

하지만 대부분의 강아지는 6주령 정도면 이유(離乳)하며 새로운 환경에 놓이게 된다. 이유 자견을 한배 새끼로부터 분리하여 키우는 훈련이 필요하다. 그렇지 않으면 한배 새끼끼리만 서로 의지하므로 후에 분리하게 되면 독자적인 환경에 잘 적응하지 못하게 된다.

유시기에 근접하면 모견은 자견으로부터 장시간 자주 떠나기 시작하며 자견들이 포유를 원한다 해도 포유를 위해 매번 눕지 않는다. 이러한 행동은 이유의 한 과정이며 강아지가 고형물 사료를 먹도록 도와주게 된다. 자견이 5~7주령에 포유하면 모견이 으르렁거리는 소리를 내는데 이렇게 되면 곧바로 이유를 하게 된다. 으르렁거리는 소리를 내는 이유 중의 하나는 자견의 날카로워진 치아가 모견의 유두에 고통을 가하기 때문이다.

일부 자견들은 10주령까지 포유하는 경우도 있지만 6주령에 이유를 하게 되면 자견이 조기에 새로운 환경을 접할 수 있는 기회와 사교화를 위해 필요한 시간을 많이 제공해주는 데 도움이 된다. 사교화 기간 동안 자견들은 우리 밖의 특정한 지역을 배변 장소로 이용하기 시작하는데 강아지가 우리를 벗어날 때 땅에 코를 대고 냄새 흔적을 따라가는 모습을 볼 수 있는데 이러한 냄새는 배설 반사작용을 촉발시킨다.

자견은 배변 없이 오랜 시간 동안 잠을 잘 수 있다. 그러나 잠에서 깨어 있을 때는 배변을 빈번히 하게 한다. 이러한 생리적 특성을 이용하여 강아지가 특정 장소에 배설하도록 훈련시킬 수 있는데 이 배설 장소에서 나는 냄새는 강아지가 와서 배설 장소로 계속 이용하도록 하게 만든다.

이러한 특징을 이용하여 자견의 집안 길들이기를 빠른 시간 내에 할 수 있다. 새집으로 왔을 때 자견을 한 시간 정도 우리 주변에서 놀린 다음 우리 속에 가두어 둔다(필요에 따라 자견 케이지 안에 머물게 한다).

강아지의 반응에 따라 수분에서 한 시간가량 가두어 둔 다음 배설 장소에 데리고 가 배설시킨다. 이러한 방법은 자견을 단시간 내에 집안 길들이기를 하는데 도움이 된다. 이 기간 동안

자견은 어미의 고형물 사료를 점진적으로 섭취하게 되는데 어미의 젖을 더 이상 먹을 수 없는 6주령이 되면 자견은 영양소 요구량을 전적으로 고형물 사료로부터 섭취할 수 있게 된다.

따라서 모견 사료 급이기는 자견들이 쉽게 사료에 접근할 수 있고 섭취할 수 있도록 가능한 낮게 해준다. 물통의 턱이 높으면 자견이 물통에 빠져 죽을 위험이 있기 때문에 물통의 턱이 높지 않아야 한다. 이유(離乳)는 매우 간단하다.

자견을 같은 장소에서 키우려면 어미를 다른 곳으로 보내고 자견을 다른 곳으로 이동 시키려면 모견, 보호 상자, 사료로부터 떠나 새로운 집으로 보내면 쉽게 새로운 환경에 적응하게 된다.

④ 이유에서 새로운 집으로

새집으로 데려온 이유자견은 갑자기 바뀐 환경 때문에 어려움을 겪는다. 대부분의 이유자견들은 친숙한 보호 상자나 제한된 공간 이외의 새로운 세계에 노출되면 스트레스를 받는다. 새로운 환경을 접하게 된 자견은 관리 방법에 따라 새로운 환경과 좋은 관계를 맺든지 아니면 참담한 결과를 초래하게 된다.

새집에 오게 된 이유자견은 주위 환경에 대한 친근감이 없어 밤에는 외로움을 느껴 울거나 짓는다. "조용히 해"하고 소리치는 것은 강아지가 주인의 관심을 끌기 위해 짓는 데 대한 긍정적인 반응으로 간주되므로 나중에 관심을 끌기 위한 수단으로 계속 짖어 대기도 한다.

이러한 문제는 밤중에 작은 케이지를 집으로 이용하게 하거나 옛 우리에 있었던 깔짚의 일부를 집어넣어 주고, 괘종시계나 라디오 같이 소리를 낼 수 있는 기구를 이용하면 쉽게 극복할 수 있다.

고통스러워하거나 관심을 필요로 하는 경우는 주인이 관찰하면 쉽게 알 수 있다. 강아지가 나중에 자라서 출입이 허용되는 장소에 한하여 출입을 허락하고 나중에 환영받지 못할 지역은 처음부터 출입을 제한하여야 한다. 그러기 위해서는 개를 쫓는 도구나 임시 문을 이용할 필요가 있다.

이러한 방법은 개의 출입을 집의 일부분으로 제한하거나 출입 금지된 곳의 출입을 제한할 수 있다. 개는 자기만의 특정 제한 구역을 인식하도록 쉽게 훈련시킬 수 있다.

2) 강아지 선택

개를 키우려는 것은 중대한 결심으로, 내가 돌봐주지 않으면 이후 10년간 혼자서는 살지 못하는 동물과 함께 살아야 되는 것이다. 따라서 개와 가족이 서로 호흡이 맞아야 된다. 우선 개를 기르기 시작하면 집과 정원을 어지럽히기 쉽고 털이 잘 빠지는 개는 그것만으로도 일손이 증가하게 된다는 점을 알아야 된다.

그러므로 자기가 사육하고자 하는 개를 선택할 때는 개의 크기, 피모 타입, 성별, 연령, 혈통서 유무, 순종인가 잡종인가, 어떤 목적으로 기르는가, 어디서 구입할 것인가 등을 충분히 고려해야 한다.

초대형종의 체격은 당당하게 크지만 성격은 반대로 온순한 것이 많아, 집안에서 조용히 지정된 장소에서 얌전하게 앉아 있다. 다만 차에 태울 때는 넓은 공간이 필요하고, 수명이 짧은 단점이 있으며 운동을 시키기 위해서는 넓은 공간이 필요하므로 이를 참조해야 한다.

대형종은 보통 성격이 매우 활달해 철저히 제지하지 않으면 다른 개나 사람에게 영향을 미친다. 이 대형종 역시 초대형종과 같이 운동을 시키기 위해서는 넓은 공간이 필요로 하므로 이를 생각하고 구입해야 한다.

중형종은 대체로 가족과 집, 차에 어울리기 쉬운 적당한 크기로, 종류가 대단히 많아서 선택의 폭이 넓다.

소형종은 안고 다니기에 적당한 크기로 초대형견이나 대형견처럼 운동을 시키기 위해 넓은 공간이 필요치 않고 비교적 다루기가 수월하므로 처음 개를 기르는 사람에게 알맞다.

3) 강아지 성장에 영향을 미치는 요인

① 유전(Genetic potential)
② 환경(Environment Condition)
③ 신체상태(Physical condition)
④ 품종(Breed)
⑤ 지역분포(Geographical distribution)

4) 왜 강아지는 특별한 영양을 필요로 하나?

① 강아지의 성장은 생후 1년에 이루어지기 때문에 이 시기에 영양공급은 매우 중요하며 특히, 처음 몇 달 동안은 급속하게 성장한다.
② 이 성장 기간에 골격형성, 근육형성, 모질 개선, 질병에 대한 저항성을 갖추게 되며 이를 위해 성장하는 강아지는 성견에 비해 체중 대비 2배 정도의 영양을 필요로 한다.
③ 강한 골격과 치아를 갖기 위해 필요한 영양이 요구되고 원활한 몸의 기능, 맑은 눈, 빛나는 모질, 그리고 건강한 성견이 되기 위해 필요한 영양이 요구된다.
④ 애견의 일생 중 가장 큰 스트레스 요인은 성장기와 임신기(포유기, 비유기)인데 전람회 출전견, 사냥견, 스포츠견이 되는 강아지는 추가적인 영양을 필요로 한다.

5) 강아지 먹이 급여요령

① 갓 젖 뗀 강아지에게는 소화되기 쉬운 가장 쉬운 상태의 먹이를 주어야 한다.
② 초소형 견종은 6개월, 소형 견종은 10개월, 중대형 견종은 12~24개월 만에 발육이 완성된다. 최소한 이 기간에는 강아지용 애견식품을 급여해야 한다.
③ 소형 애완견의 경우 이유 전(6~8주)까지는 습식 상태로 급여한다.
④ 밥그릇은 매일 청소하고 신선하고 깨끗한 물을 항상 급여하며, 건조식품을 물에 불려 줄때는 가능한 한 너무 차지 않은 물에 불려 주어야 한다.
⑤ 우유는 오히려 좋지 않다(강아지는 유당 소화능력이 사람보다 떨어지므로 설사를 할 수도 있다).

6) 먹는 습관 길들이기

① 가족들이 식사하면서 사람이 먹던 것을 주지 않는다.
② 정해진 시간에 정해진 곳에서 애견식품을 준다.
③ 가급적 시간은 가족들의 식사시간에 맞춘다.
④ 식탁 옆에서 구걸할 때 음식 대신 가볍게 쓰다듬어 준다.
⑤ 바닥에 떨어진 음식을 주워 먹지 않도록 가르친다.
⑥ 애견의 입맛이 까다로운 것은 애견에 원인이 있는 것이 아니라 사람에게 그 원인이 있다.
⑦ 가족 모두가 간식을 일절 주지 말고 물과 애견식품만을 먹도록 유도한다.
⑧ 시간을 정해놓고 애견식품을 주되 20분이 지나서 남는 먹이는 치워버리고 정해진 다음 시간까지 어떤 먹이도 주지 않는다. 다음에도 같은 방법을 반복해서 2~3일 지나면 대부분 애견식품을 먹게 된다.
⑨ 인정에 끌려 다시 사람이 먹는 음식을 주게 되면 다음에는 그만큼 더 습관을 고치기 어렵게 된다.
⑩ 애견은 자기가 음식을 거부하면 더 맛있는 것을 줄 줄 알고 고집을 부리는 것이므로 고집을 꺾어야 한다.
⑪ 아무리 고집이 센 애견이라 하더라도 먹을 것을 놔두고 굶어 죽지는 않는다.

7) 신생자견 사육 기초

(1) 신생자견의 성장과정

강아지는 태어날 때 엄마와 연결되어 있던 탯줄을 배에 달고 있게 된다. 탯줄을 엄마와 아기를 연결해주는 끈인데, 이 끈 속에 큰 혈관이 있어서 엄마로부터 아기에게 영양분을 공급해주어 아기가 뱃속에서 성장하도록 해준다. 강아지도 마찬가지로 이 탯줄에 연결된 상태가 떨어지면 출생이 된다. 뱃속에서 나와 탯줄이 끊어지고 남아 있는 탯줄 혈관은 태어나 2~3일쯤에 떨어지고 배꼽이 된다. 그리고 12~14일쯤에 눈꺼풀이 갈라지면서 눈을 뜨게 되는데, 이때쯤 태어날 때 몸무게의 두 배로 자라게 된다. 그리고 16일쯤에 서서히 걷기 시작해서, 21일경에는 정상적으로 걸을 수 있게 된다. 또 이때 첫 번째 이빨이 나고 소리를 알아듣기 시작한다. 이 시기에는 보고 듣는 감각기관이 발달하는 시기이므로 매일 조금씩 자극을 주어 부드럽게 만져주면 나중에 자신감 있는 개로 성장한다고 한다.

(2) 신생자견의 건강상태 확인하는 방법

① 머리에 숨구멍이 열려 있지 않아야 한다.
② 입천장이 갈라져 있는 구개열이 없어야 한다.
③ 혀나 입안의 색깔이 파랗게 되면 청색증으로 건강하지 못한 강아지다.
④ 콧구멍 안에 액체가 차 있으면 위험하다.
⑤ 몸 전체가 윤기 나는 털로 덮여 있어야 건강하다.
⑥ 발바닥 패드에 이상이 없어야 한다.
⑦ 호흡이 편안하고 가슴이 대칭이어야 한다. 가슴이 패인 기형이 종종 있다.

(3) 환경관리

강아지는 대부분 태양의 길이에 영향을 받아 보통 봄과 가을에 출산을 하지만 가을과 겨울에 태어나는 경우도 많다. 특히 겨울철에 출산하게 되면 특별히 조심해야 하는데, 강아지에게 가장 중요한 것이 체온을 유지하는 것이기 때문이다.

갓 태어난 강아지는 체온을 스스로 조절할 수 없기 때문에 어미 개의 도움이 절대적으로 필요한데, 어미가 없는 경우에는 사람이 이를 대신 해주어야 한다.

갓 난 강아지에게 적당한 외부 환경온도는 30도 정도로 강아지의 체온인 36도 정도를 유지할 수 있는 온도면 충분하다. 그러나 30도 정도의 환경온도는 몇 주가 지난 강아지에게는 높은 온도이기 때문에 시간이 지나면서 환경 온도를 조금씩 감소를 시켜주면 된다.

가장 흔하게 사용하는 방법으로는 전구의 발열이나 전기장판을 이용하는 것인데, 조심해야 할 것은 강아지의 체온을 직접 올리는 것이 아니라 외부온도를 올려서 강아지 체온이 따라 올라가게 하는 것이다.

신생자견의 몸을 스스로 움직이지 못하기 때문에 전구의 빛이 직접 강아지의 피부에 닿거나, 전기장판 위에 강아지를 바로 놓아두면 화상을 입게 된다. 따라서 전구의 빛은 간접조명

이 되게 하고, 전기장판은 수건을 충분히 덮어두어 강아지의 피부가 열에 직접 노출되지 않도록 해야 한다. 그리고 물주머니 같은 보온 팩을 이용할 때는 수건으로 감싸서 온도를 조절하면 되지만 물은 금방 식기 때문에 자주 갈아주도록 한다.

적절한 보온을 위해서 담요를 덮어 주는 것은 좋은 방법이다. 물론 소란하지 않고, 외부의 자극이 없는 안락한 환경을 만들어 주는 것도 필수적이다.

(4) 건강관리

갓 난 강아지인 생후 3주 동안의 신생자견 시기에 건강상 가장 중요한 것은 체온유지, 체액유지, 혈당유지이다.

체온이 떨어지면 강아지는 활동이 둔해지고, 몸 안의 대사기능도 떨어져 생명을 위협 받게 된다. 또한 체온이 떨어진 강아지는 어미 개가 싫어하고 돌보지 않고 밀쳐내 버려 몇 시간 지나지 않아 죽게 된다.

사람이나 강아지나 몸의 70% 정도가 물인데, 몸 안의 물이 부족한 상태를 탈수라고 한다. 체액은 몸의 수분을 말하는데, 수분이 10% 정도만 부족해져도 강아지는 아주 위험한 상태에 빠진다.

심장과 뇌는 혈액 안의 당분을 연료로 세포들이 움직이는데, 혈액 속의 당분이 부족한 것을 저혈당이라 한다. 강아지에게 저혈당은 아주 위험한 상황으로 혈당이 떨어진 상태로 몇 분만 지나도 뇌는 손상을 받게 된다. 이러한 상태를 저혈당성 쇼크라고 한다. 저혈당 상태가 심하면 체온이 떨어지고, 경련이 일어나거나 몸이 딱딱하게 굳어지고, 때에 따라서는 발작 증세를 보일 수도 있다.

체액과 혈당은 어미 개의 젖이나 음식을 통해 공급되기 때문에 신생자견은 영양관리와 체온유지에 각별히 신경을 써야 한다. 체온과 체액과 혈당은 강아지에게 가장 기본이 되는 생체 조건이고 이것들이 부족해지면 목숨을 잃게 된다.

(5) 주의할 점

강아지가 우는 것은 배가 고프거나 졸릴 경우이다. 물론 몸이 불편하거나 어미 개를 찾을 때 울기도 한다. 대부분은 배가 고파서 울게 되는데 이때는 배가 불룩하지 않고 홀쭉하게 들어가 있다.

신생자견은 두세 시간에 한 번씩 젖을 먹는다. 이때는 몸집도 작고 위도 작아서 한꺼번에 많은 양을 먹을 수 없고 또한 성장 속도가 빨라 몸 안에 에너지를 소비하는 대사율이 높아 자주 먹어야 한다.

신생자견을 사람이 돌보게 될 때는 적어도 3시간에 한 번씩 먹이를 주어야 하고, 젖을 먹인 뒤에는 반드시 어미 개가 하는 것처럼 항문과 생식기 주변을 젖은 손수건으로 살포시 닦아 주어 오줌과 똥을 싸게 해야 한다. 그러나 먹이를 준다고 계속 깨어 있도록 하면 안 되고, 젖을 먹인 뒤에는 가능한 잠을 잘 수 있도록 해주는 것이 중요하다.

8) 자견의 사육 기초

자견은 강아지를 말하는데, 수의학적으로 생후 3주에서 생후 1년까지를 말한다. 이 시기는 강아지가 외부 환경에 대한 감각기능을 발달시키고, 혼자 독립해서 움직이고 먹이를 찾아 먹을 수 있도록 성장하고, 성적으로 성숙해서 짝짓기도 가능해지는 기간이다. 발육 속도가 빨라 음식을 많이 먹고, 활발하게 움직이며, 사람과 다른 동물들과 사귀는 시기이기 때문에 입양 시기로 권장되고 있다. 그러나 자견은 아직 어린 강아지여서 전염성 병원균에 대한 저항력이 약해 감염병에 쉽게 걸리는 시기이기도 하다. 따라서 예방접종 등의 관리가 필요한 때이다. 대부분 개들은 자견시기를 무사히 넘기면 건강하게 일생을 지내는 경우가 많다.

(1) 강아지를 입양하기 전 생각할 점들

아장아장 걸어 다니며 장난기 있는 몸짓으로 사람에 애정을 보이는 강아지는 우리들에게 즐거움과 행복감을 준다. 어린이날 선물로 가장 받고 싶어 하는 것이 강아지인 것은 어쩌면 당연한 것처럼 보인다. 대부분의 사람들이 여건이 된다면 강아지와 함께 생활하기를 바랄 것이다. 강아지의 입양은 집안에 새 식구를 맞아들이는 것과 같다. 입양한 강아지는 적어도 10년 동안 식구들과 함께 생활을 하게 되기 때문이다. 이러한 강아지를 '반려동물'이라고 부른다. 가족을 새로 맞이하는 데는 그만큼 신중한 결정과 책임감 있는 마음가짐이 필요하다. 그리고 그 강아지를 돌보고 기를 수 있는 여건이 되는 것인가 따져 보아야 한다. 유리창 너머 앙증맞은 모습에 반하여 순간적으로 결정한 입양은 사람과 강아지 모두에게 불행한 결과를 가져오는 경우가 많다.

우선, 강아지를 입양하려면 강아지를 돌볼 수 있는 시간과 경제적 여건이 충분한지 생각해봐야 한다. 강아지를 입양하고 하루 종일 혼자 놔두는 경우가 있는데, 이것은 너무나 잔인하고 무책임한 일이다.

(2) 강아지 입양하기

① 집단으로 분양하는 곳에서 데려오는 것 보다 가정집 혹은 전문가에게 데려오는 것이 가장 좋다.

② 입양 적기는 생후 3개월이다.

③ 입양 날짜는 휴일 전날로 정하는 것이 좋다. 다음날 시간을 두고 돌볼 수 있기 때문이다.

④ 전 주인으로부터 정보를 상세히 듣도록 한다.

⑤ 예방접종 날짜와 횟수 종류의 증서가 있으면 받아온다.

(3) 강아지를 데려 오기 전에 갖추어야 할 물건들

강아지를 입양하면 새 식구가 생기는 것이기 때문에 이것저것 준비할 물건들이 많다.

① **이름표 :** 여기에는 개의 이름, 보호자의 전화번호를 반드시 기록하여 강아지의 목에 매어준다. 행여 있을지 모르는 사고 때 매우 요긴하게 사용되기 때문이다. 그리고 이름을 불러주어야 강아지와 사람 사이의 관계가 형성된다. 나만의 특별한 강아지, 그 강아지의 이름을 목에 걸어주는 것이 강아지에 대한 관심의 출발이다.

② **침구 :** 자견 시기에는 잠자리가 중요하다. 편안한 잠을 잘 수 있어야 집안에 적응하는 시간도 빨라진다. 체구에 알맞은 부드럽고 가볍고 체온을 유지할 수 있게 적당히 쿠션이 들어간 것이 좋다.

③ **장난감 뼈 :** 막 이가 돋아나기 시작하면서 강아지들은 물어뜯기를 좋아하기 때문에 장난감 뼈다귀가 있으면 좋다. 또한 적합한 개 껌은 양치질 하는 효과가 있기도 하다. 그러나 가죽으로 표백이 심하게 된 제품은 개에게 위장관 장애를 일으킬 수도 있으니 주의하는 것이 좋다.

④ **입마개 :** 입마개는 때때로 문제를 일으킬 때 사용된다.

⑤ **털 손질 도구 :** 빗질은 피부병을 예방하고, 강아지와의 접촉 기회를 제공해 준다. 털의 종류에 맞는 빗을 선택하는 것이 좋은데, 양질의 모직 솔은 가늘고 부드러운 털을 피부에 붙도록 빗겨 주는 데 쓰이고, 금속제 솔과 빗은 보다 두껍고 긴 털에 생긴 엉킴이나 얼룩 달라붙은 오물들을 제거하는 데 쓰인다.

⑥ **밥 그릇 :** 먹는 것이 제일 중요하므로 깨끗한 밥그릇을 준비하는 것이 중요하다. 개들은 각기 제 밥그릇을 가지고 있는 것이 좋다. 또한 항상 깨끗이 관리되어야 하며 미끄러짐을 방지할 수 있는 것이어야 하다.

⑦ **목걸이와 줄 :** 가죽으로 만든 목걸이와 줄은 성장한 개에게 알맞다. 강아지에게 사용할 목걸이와 줄은 곧 체격이 커질 것을 예상하고 구입하는 것이 좋다. 개는 항상 목걸이와 이름표를 달고 다니도록 버릇을 들이는 것이 좋다. 잘 훈련된 경우 외출할 때 강아지가 스스로 목줄을 입에 물고와 산책할 것을 요구하기도 한다.

⑧ **집 :** 실외에서 키울 때는 물론 비바람을 막을 수 있는 공간이어야 하겠지만, 실내에서도 강아지의 잠자리가 정해져 있는 것이 좋다. 먹고 잘 수 있는 공간이 정해지면 대소변을 길들이기도 쉬워지기 때문이고, 강아지에게도 자기 집이 있으면 안정감을 느끼게 된다. 바닥은 신문지나 애견용 패드를 이용하면 물을 엎질러도 흡수할 수가 있어 편리하다.

(4) 건강한 강아지 고르는 법

① **눈 :** 맑고 총명하고 눈곱은 없어야 건강하다. 눈빛은 색조가 좋아야 하고 감염이나 염증이 없어야 하며, 하얀 동자(결막)에는 충혈이 없어야 좋다.

② **귀 :** 귀 안은 분홍색이 정상인데, 발적이나 분비물이 없어야 건강한 강아지이다. 갈색 분비물이나 검은색 또는 냄새가 심하다든지 하면 귀 안에 진드기나 염증이 있을 가능성이 높다.

③ **피부 :** 기름기가 많다거나 종기가 있어서는 안 되고 털이 빠져 있는 것도 좋지 않다. 얼굴, 다리, 엉덩이 꼬리 주변을 잘 살펴보아 털이 빠지지 않았는지 확인하는 것이 좋다.

④ **치아 :** 잇몸은 분홍빛이며 냄새가 나지 않아야 건강하다. 그리고 몇몇 품종을 제외하고는 아래턱과 위턱이 알맞게 물려있어야 정상이다.

⑤ **항문부위 :** 항상 청결하고 습기가 없어야 건강하다. 설사나 생식기에서 나오는 분비물이 묻어 있는 것도 살펴본다.

⑥ **전반적인 상태 :** 활발하게 잘 움직이는 강아지가 건강하다. 한쪽에 웅크리고 있거나 기운이 없어 보이는 강아지는 건강이 매우 좋지 않은 것을 뜻한다. 호기심이 많고 사람에게 관심이 많은 강아지가 좋다.

(5) 집에 도착하면

멀미를 했으면 조용한 곳에서 쉬게 하는 배려가 필요하다. 제일 먼저 화장실을 알려주는 것이 중요하고, 우선 신선한 물을 마시게 한다. 그리고 강아지는 이 시기에는 하루에 18시간 정도를 자야 하기 때문에 필요 이상으로 건드리지 않아야 좋다. 집안에 아이들이 있는 경우 하루 종일 강아지를 귀찮게 해서 병이 나는 경우가 종종 있다. 먹이는 원래 있었던 곳에서 먹던 먹이를 일부 가져와서 그것을 먼저 주는 것이 음식에 잘 적응하는 방법이다.

(6) 이전에 기르던 동물이 있다면

강아지를 새로 입양할 때 전에 기르던 강아지가 있다면 서열을 분명하게 알려주는 것이 좋다. 처음부터 접근하지 않도록 하고 강아지가 잠이 들었을 때 보호자와 함께 관찰할 수 있도록 하는 것이 좋다. 어떤 개들은 보호자의 사랑을 독차지하기 위해서 심한 질투를 보이는 경우도 있으니 처음 기르던 강아지에게 먼저 애정을 보여주고 어린 강아지를 돌봐줘야 좋다. 만약 고양이를 기른다면 강아지와 고양이는 처음 만남에서 두려움을 느끼지만 않으면 매우 잘 사귀고 함께 지낼 수 있으므로 선입견을 버리고 고양이와의 대면도 마찬가지로 자고 있는 때 하도록 한다.

(7) 데려온 첫날 개가 이상하면

① 음식을 먹지 않을 때

경계심이 많은 경우 처음 보는 장소와 사람들 때문에 다소 겁을 먹을 수도 있다. 이런 경우 일시적으로 식욕이 감소할 수도 있지만 일반적으로는 곧 먹기 시작한다. 그러나 만일 하루 정도가 지나서도 먹지 않으면 문제가 있는 것으로 생각하고 병원에 가야 한다. 만일 하루 종일 아무것도 먹지 않으면 저혈당 증상이 나타날 수 있기 때문에 영 먹지 않으면 입에 부드러운 음식을 넣어 주는 방법도 좋다. 또한 손바닥에 음식을 올려놓고 먹기를 권유하면 잘 먹는 경우가 많다. 강아지는 식기보다 손바닥에 있는 음식을 더 좋아한다. 사람의 애정이 담겨있고 보다 적극적인 급여방법이 되기 때문이다.

② 배설하지 않을 때

자견은 세 시간에 한 번 정도 배설을 하게 된다. 대부분 음식을 먹고 몇 분 지나지 않아 대소변을 보는데, 이것은 음식이 위에 들어가 위장관을 자극하여 변의를 느끼게 하기 때문이다. 만약 집에 데려오고 하루가 지나도 대변을 보지 않는다면 소화기 질환이 있을 가능성이 높으므로 진찰을 받아보는 것이 좋다.

③ 기운이 없고 시무룩할 때

어린 강아지는 매우 활동적이다. 그런데 기운이 없이 시무룩하고 잘 움직이려 하지 않는다면 문제가 있는 것이다. 만일 밥도 먹지 않고 움직이지도 않는다면 심각한 질병의 증상일 수 있다. 그러나 겁을 먹고 새로운 환경이 두려워 일시적으로 행동을 하지 않는 경우가 있기 때문에 하루 정도 지켜보고 만일 하루가 지나서도 움직이려 하지 않는다면 바로 병원에 데려가야 한다.

④ 쉬지 않고 짖을 때

종종 하루 종일 무엇인가 짖어 대는 경우가 있다. 흔히 처음 입양한 강아지에서 보이는 현상인데, 새로운 환경에 대한 요구나 적응의 표현일 수 있다. 대부분 적어도 2~3일 정도 짖는데, 특히 밤에 더욱 낑낑댄다면 엄마 개나 보호자의 관심을 요구하는 것일 수 있다. 그럴 때는 부드럽게 말을 걸면서 같이 놀아주는 것도 도움이 된다. 그러나 만약 강아지에게 독립심을 주고 혼자 자기를 원한다면 처음 하루 이틀은 짖어 대는 것을 무시하고 반응을 보이지 않는 것이 좋다.

8) 개의 번식생리

(1) 번식 생리 일반

개의 번식 적령기는 생후 약 10~12개월 이후에 시작되며 개의 영양상태나 여러 가지 질병요인 등에 의해서 번식 적령기가 늦추어지거나 빨라지기도 한다. 어떤 개는 생후 14~15개월이 지나서야 비로소 발정을 나타내는 성 성숙이 늦게 발달하는 개체도 있다. 이런 경우 발정 증상이 분명하게 나타나면 아무런 문제가 없으나 발정증상이 미약할 경우에는 번식견으로서는 적당하지 못하다. 그리고 생후 15개월 이상이 되어도 발정이 오지 않는 개는 생식기의 발육부전이라고 판단하여 번식견으로는 사용치 않는 것이 바람직하다.

① 약 12주령이 되면 육성견은 호기심이 많고 성장이 매우 빠르고 사료섭취량이 많아지고, 달리기, 걷기, 기타 행동에 있어서 효율적인 동작을 배우게 된다. 또한 이 시기에 이성에 대한 지각을 갖게 된다.

② 14~16주령에 이갈이가 시작되면서 사료를 먹는데 문제가 생길 수 있으며 6개월령이 되면 젖니가 영구치로 완전히 대체된다. 이유시기와 비교 시 성장기는 점진적인 변화가 일어나며 성숙기로의 전환시점은 성 성숙 시점으로 간주한다.

③ 암캐의 첫 성 성숙 징후는 9~11개월 사이에 나타나며 징후로는 생식기가 팽창되고 생식기를 핥거나 하고, 점액성의 분비물이 나타나고 암캐는 수컷을 접촉하려고 많은 노력을 한다.

④ 출혈 기미는 보이지 않는데 이는 암캐가 생식기를 깨끗하게 핥아주어 혈흔을 남기지 않기 때문이다. 난소제거수술을 할 것인지 아닌지 아니면 암캐의 활동을 통제하기 위해 가두어 둘 것인지(종부를 시키든 안 시키든)는 미리 결정할 사항이다. 수놈을 유인하는 암캐의 발정 냄새(Pheromone)의 발산을 억제하는 물질들을 활용할 수 있다.

⑤ 암캐에 발정이 오면 화장실이나 안전한 우리에 가두거나 발정한 암캐를 다룰 수 있는 전문 개 기숙사로 보낼 수 있다. 암캐가 아무 개와 교미하여 새끼를 배는 것을 원치 않는다면 암캐는 어떠한 일이 있더라도 풀어놓지 말고 산책할 때 데리고 나가더라도 느슨하게 풀어 주어서는 안 된다.

⑥ 고도의 훈련을 받은 암캐라도 발정기 동안에는 수컷과의 접촉을 위해 주인에게 복종을 하지 않는다. 일부 개 주인은 수컷과의 관계 차단과 집 주위의 혈흔 발생을 방지하기 위해 팬츠를 착용시킨다.

⑦ 만약 종부시키기를 원한다면 종부에 적합한 체구와 일령, 즉 첫배 새끼가 태어날 때의 나이가 12개월령이 될 수 있는 나이에 종부를 실시한다. 다수의 개 사육가들은 재발정까지 기다렸다가 종부시키도록 권장하고 있는데 이러한 권장은 확실한 근거에 의한 것이 아니다.

⑧ 일반적으로 큰 개 사육장에서는 암놈의 육체적 성장상태가 좋은 개는 첫 발정 때 종부를 시킨다. 그 후 발정 시기에는 아무런 육체적, 물리적으로 스트레스가 없이 거르지 않고 계속 종부를 시킬 수 있다.

⑨ 새끼를 생산하고자 할 때에는 성질, 체형, 혈통, 건강 등을 고려하여 종모견과 종부견을 선발해야 하고 새끼를 효율적으로 키울 수 있는 시설의 확보 등에 관한 세부적인 계획의 수립이 요구된다.

⑩ 종부는 기본적으로 암캐가 수놈을 받아들이는 시기를 기준으로 한다. 이때가 바로 배란주기가 형성되는 시점으로 생식기관이 발달하여 배란이 되고 이를 수란하여 수정하게 되면 자궁에 이르러 착상하게 된다.

⑪ 첫 종부 시 암캐는 여러 가지 반응을 보인다. 5~6주령 이전에 한배 새끼로부터 격리된 후, 종이에 배변훈련을 시키면서 종부 시까지 다른 개들에게 노출시키지 않은 암캐는 흥미로운 반응을 나타낸다. 첫째, 많은 경우에 개들이 상대방 개가 같은 종족이라는 사실을 알지 못하며 설사 같은 개라는 것을 인식한다고 하더라도 종부를 어떻게 하는지를 모른다.

⑫ 한배 새끼와의 사교화 기간 동안 어울려 노는 행동을 통하여 개들이 정상적인 성적 행위를 하는 데 필요한 정보나 방법을 어떻게든 터득하게 된다. 종부하여 새끼를 낳았을 때 사교화에 대한 경험이 없는 모견은 지극히 부실한 어미가 된다.

⑬ 일반적으로 종부 경험이 없는 수놈을 처음 종부하는 암놈과 종부를 시키지 않는 것은 암놈이 수놈을 받아들일 준비가 되지 않았을 때 종부를 시키면 수놈을 물거나 해를 미칠 수 있는 행동을 하여 차후 수놈의 종부 활동에 좋지 않은 영향을 미칠 우려가 있기 때문이다.

⑭ 일반적으로 처음 종부시키는 수컷은 경험이 많은 암놈과 종부시킨다. 모견은 종부 후 임신과 분만으로 이어지는 임신 기간이 약 63일이다. 암캐에 있어서 분만은 일생을 통해 매우 중요한 육체적, 생리적인 변화이다. 임신 기간 동안 모견의 체중은 임신 전 체중보다 약 15% 정도 증가하게 된다.

⑮ 임신 초기 6주 동안 사료의 섭취량은 일반적으로 증가하지 않는데 이때까지는 태내에 축적되는 물질은 매우 소량이기 때문이다. 그러나 임신 말기 3주 동안은 체중이 20% 정도 증가하며 임신 기간 중 체중 증가율이 가장 높은 시기이다.

⑯ 임신 기간이 정확하게 63일로 일정한 것은 아니다. 모견이 분만 장소의 환경에 익숙해질 수 있는 시간이 필요하기 때문에 모견을 분만 예정 5일 전에 따뜻하고 새끼를 낳기에 적합한 분만 장소로 이동시켜 주어야 한다. 모견이 분만 시간에 임박하게 되면 불안해하면서 머리를 엉덩이 쪽으로 돌리고 궁둥이를 핥거나 엉덩이를 바라본다.

⑰ 분만 12~18시간 전의 모견 직장 온도는 약 1℃ 정도 떨어진다. 분만 후 모견이 어린강

아지를 깨끗하게 핥아주는데 이는 어린 강아지의 혈액순환을 자극한다.

⑱ 또한 어미의 체온이나 주위의 보온으로 새끼들의 체온을 따뜻하게 해줌으로써 분만 직후 24~26.5℃ 정도로 떨어진 강아지 체온은 정상적인 체온인 38~40℃로 회복된다.

⑲ 정상적인 모견은 새끼를 잘 돌보므로 젖이 충분하고 새끼를 잘 돌보는 것 같으면 가능한 한 방해하지 말고 내버려두는 것이 좋다. 강아지의 상태는 느낌으로 알 수 있고 보다 좋은 강아지 상태파악 방법은 체중 및 증체량을 지속적으로 측정하여 강아지의 상태를 관찰하는 것이다.

⑳ 어린 강아지들이 활기 있고 견실하게 증체가 된다면 그 강아지들은 아무런 문제가 없을 것이다. 그러나 어린 강아지가 늘어지거나 활력이 없다고 판단이 될 때는 즉시 조치를 취해주어야 한다. 어린 강아지가 추위를 느껴 사료나 모유를 충분히 먹지 못할 때 보온 등이나 보온 패드를 이용하여 보온을 해주면 쉽게 해결된다.

(2) 발정주기

암캐의 발정주기는 빠른 것은 6~7개월령에 초회 발정하지만 8~9개월령에 초회 발정하는 것이 일반적이며 드물게는 10~12개월이 되어야 초발정이 이루어지는 품종도 있다. 소형품종일수록 발정주기가 짧으며 그레이하운드와 같은 대형품종은 1년에 1회 발정을 한다. 일반적으로 개는 1년에 2회 발정이 오는 것이 아니라 8개월 정도에 1회 즉 2년에 3회 발정이 온다고 보면 될 것이다. 그리고 개는 계절마다 발정이 오는 것이 아니라 일정한 주기를 가지고 반복해서 오기 때문에 주인이 자신의 개의 발정주기가 몇 개월인가를 알아두는 것도 좋은 방법이 될 것이다.

수캐는 일정한 발정기가 없고 발정기의 암컷이 주위에 있으면 그 냄새에 유인된다. 개의 이성에의 접촉은 전적으로 이 냄새에 의하는 것이다. 여우나 고양이, 혹은 사슴이 울음소리에 의해 이성을 찾는 방법과는 전혀 다르다. 상대의 선택권은 전적으로 암컷에게 있지만 그 기준도 종잡을 수가 없다. 이는 보기에 종견으로서 우수한 수컷을 피하고 별로 우수하지 않은 수컷과 쌍을 이루는 경우도 많기 때문이다. 또한 암컷이 바닥에 앉아 버리면 아무리 힘센 수컷이라도 어쩔 수가 없다.

① 발정전기

발정은 보통 늦봄과 가을에 많이 나타나며 발정은 점진적이고 3~12일의 긴 발정전기가 있으며, 이 시기에는 음부는 부어있고 굳어있는 것처럼 보이며 자궁으로부터 피와 같은 분비물이 배출된다. 개가 발정전기에 이르게 되면 식욕이 증가하게 되고 털빛에 윤기가 흐르게 된다. 그리고 평소보다 불안해하며 자주 음부를 핥으며 매우 신경질적으로 된다. 또한 오줌의 횟수가 많아진다.

② **발정기**

암캐가 수캐를 허용하는 기간은 평균 4~12일간 계속되며 대체로 4~5일 동안 지속되는데 이 시기를 발정기라 한다. 발정기를 알 수 있는 주요 증상은 자궁에서 분비되던 피와 같은 붉은 분비물이 점차 엷어져 분홍빛이 되고 발정극기에 가서는 분홍색이 거의 없어지고 소량의 무색투명한 액체로 되며 음부는 점차 정상 크기로 되돌아간다. 또 이 시기에 암캐의 음부 주위를 손으로 자극하면 꼬리가 옆으로 돌아가 수캐가 교미하기에 편리한 자세를 취한다. 이 시기는 대체로 발정이 시작된 지 약 10~14일 정도 지나서 나타나며 이 때 교미를 시키는 것이 가장 적당하다. 그리고 배란은 발정기의 개시 후 1~3일에 일어나며 대부분의 난포가 배란을 끝낼 때까지는 대략 12~72시간이 걸린다고 한다. 이렇게 출혈이 있는 시기에 집안에서 기르는 개들은 기저귀나 위생팬티를 해주는 것이 위생적이다. 또한 발정이 시작되면 DHPPL 등의 백신과 구충을 해줌으로써 태어날 새끼들에게 모체이행항체가를 높이는 것이 중요하다.

*** 일자별로 본 발정 양상**

① 1~4일 선명한 붉은 출혈이 있으며 외음부는 충혈되어 부풀어 오르기 시작한다.

② 4~10일 검붉은 색상의 출혈이 증가되면서 외음부는 가장 크게 부풀어 오르며 수캐에 대한 관심을 나타내기 시작한다.

③ 10~11일 배란기에 해당되는 시기로서 출혈량이 감소되어 핑크색의 투명한 분비액으로 되며 외음부 역시 위축되며 수캐를 받아들일 태세를 적극적으로 나타낸다.

④ 11~14일 교배적기로서 11~12일에 1차 교배, 13~14일 정도에 2차 교배를 하는 것이 제일 수정률이 높다.

⑤ 15~16일 외음부는 수축하여 작아져 평소의 상태로 돌아간다. 분비액이 급격히 감소하며 수캐를 싫어하며 다가오지 못하게 함으로써 발정주기가 끝이 난다.

*** 발정기 동안의 여러 가지 소견**

일수 : 국부의 상태/출혈과 혈액의 상태/수캐에 대한 관심도

① 1일 : 크게 충혈되어 부풀어 오르다 출혈이 시작된다.

② 3일 : 출혈량이 증가, 빛깔이 짙어진다.

③ 7일 : 가장 크게 부풀어 오른다. 출혈량이 많고, 빛깔이 더욱 짙어진다. 수캐에게 대단한 관심을 나타낸다.

④ 10일 : 출혈량이 감소되어 핑크색의 투명한 분비액으로 된다. 수캐를 받아들일 태세를 적극적으로 나타낸다.

⑤ 16일 : 점차 수축하여 작아진다. → 평소의 상태로 돌아간다. 분비액이 급격히 감소하

기 시작한다. 수캐를 싫어하며 다가오지 못하게 한다.

9) 애견 기르기 일반

(1) 기본 용품

① 목걸이

강아지의 목에만 매는 것으로 쓰임새는 이름표를 같이 달 수 있어 신원 파악이 되며 외출 시 목걸이에 강아지 끈을 걸 수 있어 편리합니다. 재질은 가죽과, 비닐, 금속이 있으며 목에 너무 꽉 조이지 않게 조정하며 연결 고리가 튼튼한 것을 고른다.

② 강아지 줄

강아지를 산책시킬 때 끄는 것으로 튼튼한 것을 먼저보고 다음에 칼라나 굵기를 보고 고른다. 굵기가 가늘면 강아지도 날씬해 보이며 요 사이는 다양한 칼라의 끈을 구하기 쉬우므로 강아지의 모색에 맞춰 구입할 수 있다. 재질은 헝겊, 가죽, 나일론 등이 있다.

③ 마스크(MUZZLE)

재갈이나 부리망의 역할을 하며 평소에 물을 위험이 있는 성견에게 사용하며 강아지나 성견의 치료 시에도 사용하고, 강아지의 질병 시 음식요법이나 단식을 해야 되는 강아지에게도 유용하다. 갑자기 마스크가 필요할 땐 끈이나 헝겊으로 묶는 방법도 있다.

④ 식기

애견 용품점에서 강아지 종을 말한 후 식기를 사면 강아지에게 알맞은 식기를 구할 수 있다.

만일 구입을 안 하고 가정에서 사용하던 것을 고를 때에는 식기의 바닥면이 윗면보다 같거나 넓은 것을 고른다. 바닥면이 윗면보다 같거나 넓은 것을 고른다. 바닥면이 좁으면 식기가 자주 넘어져 집안을 더럽히는 일이 생긴다. 강아지 종의 입의 모양을 고려한다. 퍼그처럼 입이 짧은 강아지 종은 구경이 넓고, 깊이가 얕은 것을 고르고 콜리와 같이 입이 긴 강아지 종은 구경이 좁고 깊이가 있는 식기를 고른다.

귀가 길게 늘어져 있거나 털이 긴 견종 또한 구경이 좁은 식기를 선택해야 개의 귀나 털이 밥그릇 속에 들어가는 것을 방지할 수 있다. 식기의 안쪽 바닥면과 벽면이 완만한 곡선을 그리는 식기를 고른다. 식기의 바닥면과 벽면이 직각을 이루고 있으면 음식물이 그 사이에 남아있어 매번 세척해야 하는 불편함이 있다. 식기의 재질은 금속재와 합성수지가 있다.

⑤ **장난감**

강아지에게는 노는 일이 매우 중요하다. 어느 동물이나 어린 시절 놀이를 통해 체력을 단련시키고 사냥기술을 습득하기 때문이다. 종류는 주인과 같이 물고 잡아당길 수 있는 PULL이나 FUN RING, 주인이 던지면 물고 올 수 있는 고무제품, 강아지 혼자 놀 수 있는 고무공이나 CHEW가 있다.

주인과 던지기 놀이를 할 때에는 막대기나 돌은 피한다. CHEW는 말 그대로 씹는 것으로서 뼈를 압축한 것, 가죽으로 만든 것 등 다양하다. DOG CHEW의 활용도는 많 두 및 가방 등의 보호, 이갈이를 하는 시기의 강아지에게는 치아 건강, 성견에게도 치석방지, 나아가서는 강아지의 스트레스 해소용 등에 효과가 있다. 사람도 화가 나거나 불안하면 많이 먹는 스트레스성 비만이 있듯이 강아지를 키우다 보면 강아지가 스트레스를 받았을 때 뭔가를 물어뜯거나 물고 흔드는 모습을 자주 볼 수 있다. 이때 봉제 인형이나 양말 등을 씹으면 털이나 실 등이 강아지의 기도를 막아 질식사하는 경우도 종종 발생한다.

⑥ **미용 재료**

빗, 브러시, 발톱 깎기, 칫솔, 샴푸, 린스 등이 있다.

⑦ **기타**

강아지의 목걸이에 다는 메달이나 액세서리, 변기, 생리대 등이 있다. 강아지에게 물건 운반을 시킬 경우 주로 바구니를 사용하는데 이때 바구니는 강아지가 물 수 있는 손잡이가 있고, 강아지가 물었을 때 바구니의 바닥이 지면과 20cm 이상 떨어지는 크기가 적당하다.

손잡이가 얇거나 딱딱할 때에는 그 부분을 헝겊 등으로 싸서 개의 입이 상하지 않게 한다.

(2) 개 일반 관리

① 개의 손질(Grooming)

a. 개 손질의 목적

아주 단순해 보이는 개 손질에 사실은 여러 가지 중요한 목적이 있다. 첫째로, 개 손질을 통해 여러분은 개가 혹시 상처를 입었거나 아니면 건강상의 문제가 있는지를 조기에 발견할 수 있다. 기생충이 있는지의 여부도 개 손질을 통해 알 수 있다. 둘째로, 개 손질은 개의 혈액 순환을 도와 개의 수명을 연장해 준다. 셋째로, 개 손질은 개로 하여금 주인이 자신을 돌보고 있다는 느낌과 함께 신체적 접촉을 통해 주인과 개간의 강한 유대관계를 형성시켜준다.

b. 개 손질의 순서와 방법

• 개의 눈이 맑고 반짝이는지 살펴본다. 개의 눈 가장자리의 눈곱 등은 깨끗한 천이나 티

슈 등으로 살짝 닦아준다.

- 개의 귀가 깨끗하고 냄새가 나지 않는지 살펴본다. 만약 귀가 더러우면, 개를 위한 귀 세척액이나 알코올 등을 솜에 묻혀 닦아준다. 개의 귀는 매우 더러울 경우만 닦으면 된다. 지나치게 깨끗하게 닦으려고 하는 것은 오히려 귀를 상하게 할 수 있다.
- 개의 입을 살펴본다. 입술을 들어 이빨과 잇몸을 살펴보고 치석이 있는지와 잇몸이 붓거나 이상한 색깔을 하고 있는지(잇몸의 색깔은 핑크색이 정상) 본다. 그리고 개의 이빨은 정기적으로 칫솔질을 해 주어야 한다.
- 개의 발을 들어 발바닥에 이물질 등이 박혀 있거나 상처가 나지 않았는지 살펴본다. 개가 발을 지나치게 핥거나 이빨로 자근자근 씹는 것은 발에 이상이 있는 징후일 수 있다.
- 개의 발톱이 너무 길지 않은지 살펴본다. 발톱이 너무 길 경우 개의 걸음걸이에 문제를 야기시킬 수 있다. 발톱을 깎을 겨우, 모세혈관이 흐르는 핑크색 속발톱 바로 앞까지 깎으면 된다. 짙은 색 발톱을 가진 개의 경우는 발톱이 앞쪽으로 휘기 시작하는 부분까지 자르는 것이 좋다.
- 브러시로 개의 털을 빗어준다. 이때 피부에 상처나 딱지 등이 있는지 살펴본다. 또한 이상한 냄새가 나는 곳이 있는지 유심히 살펴본다. 만약 있다면, 어디에서 냄새가 나는지(귀, 입, 피부, 생식기 등)를 알아낸다. 이상을 조기에 발견하면 뒤늦게 발견하는 경우에 비해 훨씬 손쉽고 어려움 없이 이상을 치료할 수 있다.
- 브러싱을 할 때 개의 속 털이나 겉 털이 엉기지 않도록 잘 빗어준다. 개의 털을 빗어주는 것은 개의 혈액순환을 돕고 개의 피부에서 분비되는 기름을 골고루 발라주는 효과가 있어 개 냄새를 줄이는 역할도 한다.
- 개 샴푸를 이용해 정기적으로 목욕을 시킨다. 이때 샴푸가 개의 피부에 남지 않도록 물로 충분히 헹궈 주지 않으며, 개의 피부에 피부질환이 생길 수 있다. 개의 목욕은 특별히 이물질이 묻거나 하지 않은 경우 2주일에 한 번 정도면 충분하다.

c. 개 손질의 영향

위에서 언급했듯이 주인이 자신의 몸을 살펴보고 또 손질해주도록 자신을 맡기는 행동을 통해 개는 주인이 자신에 대한 통제력을 가지고 있다는 사실을 점점 더 깊이 인정하게 된다. 또한 사람이 자기 몸을 살펴보는데 익숙해지면 진찰을 위해 수의사를 찾았을 때도 편하게 진찰을 받을 수 있다. 한마디로 말해, 개 손질을 통해 주인이 자신에 대해 신체적 통제력을 가지고 있다는 것을 분명하게 인지하게 되고, 그 결과 주인에게 더욱 복종하고자 하는 마음을 갖게 한다.

(3) 목욕하기

애견의 목욕은 냄새가 심하게 나거나 털이 엉킨 겨우 등 꼭 필요한 때만 시키도록 한다. 잦은 목욕은 피부에 심한 자극을 주어 피부질환이 발생할 수 있고, 귀속에 물기가 남아 중이염 등 귀와 관련된 질병이 발생할 수 있다. 실내견들은 1주에 1회가 적당하다.

그리고 강아지 털의 지방성분을 제거시켜 털에 윤기가 없고, 건강하게 자라지 못하는 원인을 제공하기도 한다.

우선 목욕을 하기 전에 충분한 빗질을 해서 빠진 털을 제거한다.

① 애견의 귀에 물이 들어가지 않도록 솜으로 살짝 막아준다.
애견의 귀에 물어 들어가면 각종 귀와 관련된 질병이 발생할 수 있다.

② 애견의 몸에 물이 충분히 젖으면 전용 샴푸를 물에 풀어 거품을 내어서 안마하듯 골고루 문질러 준다. 이때에 털이 엉키지 않도록 주의하여야 한다. 머리 부분은 마지막으로 씻겨 줘야 하는데 애견이 머리에 물이 묻으면 몸을 심하게 흔들기 때문이다.

③ 목욕할 때 정기적으로 항문낭을 짜주고 애견용 탈취제를 뿌려주면 냄새를 예방할 수 있다.

④ 머리에서부터 샴푸 성분이 남아 있지 않도록 깨끗이 씻어주고, 전용 타올로 잘 닦아준다.

⑤ 드라이어와 빗으로 털 결의 반대 방향으로 빗질하면서 뽀송뽀송하게 말려 주어야 한다. 털에 습기가 남아 있으면 감기에 걸릴 위험이 있으며, 발가락 사이에 물기가 남아 있으면 습진이 발생할 수 있다. 만약 드라이어를 처음 사용하신다면 애견이 무서워할 수 있으므로 앞쪽부터 말려준다.

⑥ 마지막으로 귀속에 들어간 물을 면봉을 이용하여 모두 제거하고, 애견용 귀 청결제를 이용하여 각종 귓병에 대비한다. 그리고 눈에 안약을 넣어 마무리한다.

(4) 털 관리

아름다운 애견은 태어나면서 갖추어지는 것이 아니라 가꾸어 나가는 것이라고 한다. 애견미용을 통해서 그 애견의 아름다움과 특징을 잘 나타낼 수 있고, 피부를 자극해 혈액순환을 돕게 된다. 뿐만 아니라 털에 기생하는 각종 기생충과 먼지를 제거할 수 있고, 엉킨 털을 손질할 수 있는 기회를 갖게 되는 장점이 있다. 그러므로 자주 애견미용을 실시하여 건강하고 아름다운 애견으로 가꾸어 나가도록 한다.

① 빗질하기

- 애견의 털은 속 털과 긴 털로 되어 있으며 여름에는 많이 빠지고 겨울에는 풍부해진다. 털이 조밀해야 따뜻한 공기 틈이 형성되어 체온을 유지 할 수 있게 된다.

- 애견의 털은 빗질을 통해서 피모가 더욱 윤택해 지고 피부 마사지 효과를 얻을 수 있다.
- 만일 장모종이라면 매일 빗질을 하여 습관화 한다.
- 빗질을 할 때는 반드시 털끝부터 빗어서 밑으로 내려간다. 얽힌 털을 빗을 땐 아프지 않도록 주의 한다.

② 엉킨 털 처리하기

- 털이 조금 엉킨 부분은 이빨 간격이 넓은 빗을 이용하면 쉽게 풀어줄 수 있다. 그리고 일단 풀어지면 쉽게 잘 빗긴다.
- 우선 간격이 넓은 빗으로 빗고 다음에 가는 빗으로 빗기도록 한다.
- 털이 많이 엉킨 경우는 엉킨 부분 아래에 빗을 넣고 그 윗부분을 가위로 잘라내면 되고, 뭉친 부분을 칼이나 가위로 잘라서 몇 부분으로 나눈 다음 빗질을 해줘도 좋다. 정도가 심하면 애견 미용실에 가는 것도 바람직하다.

③ 털이 긴 개의 경우

- 와이어 브러시나 하운드 글러브 또는 짧은 브리슬 브러시를 털이 긴 개한테 사용하는 것은 절대로 빗질을 하는 것이 아니다. 겉 부분의 모피가 부드러워 보여도 안 보이는 속의 모피는 빗질이 닿지 않으면 털이 꽉 엉킬 수 있다.
- 겉에만 빗질을 한 개는 잠시 동안은 멋져 보이지만 불편해 한다. 나중에는 겉 모발도 속의 엉킨 부분으로 말려 들어가고 이 정도가 되면 짧게 자를 수밖에 없다. 시간이 드는 작업이고 개도 당황해한다.
- 털이 긴 개는 빗질을 소홀히 하지 말아야 한다. 그리고 견종에 맞는 빗을 선택해야 한다.

> ※ 주의사항
> ① 미용을 시작할 때에는 항상 부드러운 솔부터 시작하여 차차 딱딱한 것으로 바꿔 나가도록 한다.
> ② 반드시 애견 전용 미용기구를 사용해야 하며, 애견의 성장 정도에 따라서 도구를 달리해야 한다.
> ③ 빗질 시에는 강아지의 약한 피부를 긁어서 손상을 일으키지 않도록 주의해야 한다.

(5) 귀 관리

평상시에 귀의 관리가 제대로 되어 있지 않은 애견의 귀에는 냄새는 생각보다 고약하다. 대부분의 사람들이 개의 냄새가 털에서 난다고 생각하지만, 개의 냄새는 주로 귀속이나 입속에서 발생한다. 그리고 귀의 관리상태가 좋지 못하면, ear mite, 외이염, 중이염 등의 질환에 쉽게 감염되고, 실제로 귀 질환으로 고생하는 애견들이 의외로 많다.

① 귀지가 차는 것을 방치해 두면, 귀 진드기가 붙거나 귀 고름을 일으킬 수 있다. 귀 진드기는 애견을 몹시 가렵게 하여 귀나 목의 털을 손상시키고, 귀 주변의 피부를 찢어지게 만들기도 한다. 그리고 분비물을 배설하여 귀속이 습윤하고 불결해지며 염증을 동반한 심한 악취를 내기도 한다.

② 이를 예방하기 위하여 귀전용으로 사용하는 ear Cleaning solution 등을 사용하여 5일 간격으로 한 번씩 귀를 닦아주면, 귀 진드기 예방은 물론 보다 확실한 귀의 손질 방법이 될 수 있다.

③ 귓속에 털이 너무 많으면 뽑아 주도록 한다. 공기 순환이 잘되지 않아 염증을 일으킬 수 있으므로 손가락으로 잡아서 살그머니 뽑거나 겸자 가위를 사용하여 깨끗이 뽑아준다. 귓속의 털을 뽑아준 뒤에는 항생제 연고를 발라주면 염증 예방에 도움을 줄 수 있다.

※ 관리요령

① 귀가 길어서 귓속에 통풍이 잘되지 않는 견종은 하루에 한 번 정도는 귀를 들어서 통풍이 되도록 한다.

② 귀속의 털이 길어지지는 않았지만 귀속에 귀지가 차지는 않았는지 수시로 확인을 한다.

③ 그리고 가끔 귀속에서 나쁜 냄새가 나지는 않는지 확인 한다.

④ 목욕을 시킬 때는 귀에 솜을 막아주어 물이 들어가는 것을 방지하도록 한다.

(6) 눈 관리

애견의 눈은 건강관리에 있어서 다른 어떤 문제보다 중요하다. 털이나 먼지가 눈에 들어가거나 눈곱을 떼어주지 않는다든가 하는 등의 눈 손질을 게을리하면 눈이 탁해지고 눈과 관련된 각종 질병이 발생할 수 있는 원인을 제공한다. 그리고 눈 손질을 게을리하면 눈물자국이 남아 외관상 대단히 보기 싫어진다. 이런 이유로 지속적인 눈의 손질이 필요하게 되는 것이다.

※ 눈의 손질

① 눈 주변의 털을 묶어준다.

어느 정도 자란 눈 주변의 털은 고무 밴드나 세트페이퍼를 사용하여 예쁘게 묶어준다. 고무 밴드만을 사용해서 묶어주면 털에 상처가 생기거나 곧바로 풀릴 염려가 있으므로 가급적 세트페이퍼를 이용하도록 하고, 처음 묶게 되면 머리를 흔들어 곧바로 풀어진다. 이럴 때는 익숙해질 때까지 계속 묶어주면 잘 적응한다.

② 눈 주변의 털을 잘라준다.

눈 주변의 털을 처리하는 방법에는 묶어주는 것과 잘라 주는 것이 있다. 잘라 줄 때는 가윗날의 끝이 눈을 향하지 않도록 조심하여 잘라 준다. 간혹 눈이나 얼굴에 상처를 입는 사고가 발생하기도 한다. 그리고 잘린 작은 털이 눈에 들어가는 수가 있으니 확인한다. 주의할 점은 애견의 이마까지 넓은 범위로 잘라서는 안 된다는 것이다. 이마의 털을 지나치게 많이 잘라내면 귀여움이 반감될 수도 있다.

③ 눈에 티끌이나 먼지가 들어갔을 때는 즉시, 제거하도록 한다.
눈에 티끌이나 먼지가 들어가게 되면 눈이 충혈되고 계속해서 눈물을 흘리게 된다. 이런 경우에는 먼저, 눈에 들어간 티끌이나 먼지를 깨끗하게 씻어내고 안약을 점안하여 더 이상 눈물이 흐르지 않도록 해야 한다. 간혹 애견의 눈에 눈곱이 끼어 있는 것을 볼 수 있다. 이것은 대부분 들어간 티끌이나 먼지가 자연스럽게 유출된 것이므로 크게 걱정할 필요는 없다.

④ 발견 즉시 제거해 주는 것이 좋다.
계속 눈물을 흘려 눈 주변의 털이 붉은 눈물 자국이 생기기도 한다.
길게 자란 눈 주변의 털을 방치 하였거나, 눈물샘에 선천적인 결함이 있는 경우로 장모종에서 흔히 볼 수 있다. 이러한 증상을 Tear Staining Syndrome(TSS)라 하고 교정 수술을 통하여 눈물의 분비량을 조절함으로써 증상을 개선할 수 있다. 또한 비루관(nasolacrimal duct)이 막혀 눈물이 비강으로 분비되지 못하고 넘쳐 생기는 경우라면 비루관 개통으로 증상이 개선될 수 있다.

(7) 치아 관리

사람과 마찬가지로 애견도 정기적인 양치질이 필요하다. 양치질을 게을리하면 입 냄새가 심하게 나고, 심각한 치아의 손상을 가져온다. 애견이 자라면서 치아 사이에 각종 음식물 찌꺼기가 쌓이고 이것들이 치석으로 변하여 오랫동안 방치하면 잇몸에서 피가 나거나 이가 빠지는 등 각종 치아질환을 유발하는 원인이 된다. 따라서 정기적인 양치질과 스케일링이 필요하게 된다.

※ 치아 관리(이빨 닦기)
① 시작은 언제부터
양치질은 생후 3~4개월부터 시작해서 일주일에 2~3번 정도 정기적으로 해준다. 이때에는 이빨을 닦는 의미보다 나중에 영구치로 바뀌었을 때 거부감을 갖지 않도록 일찍 시작하는 것이다. 비록 처음에는 상당한 거부감을 나타내겠지만 습관이 되면 잘 적응할 것이다.

② 양치질은 어떻게
처음에는 애견이 거부감을 느끼지 않게 거즈나 부드러운 천을 손가락에 감아 치아와 잇몸을 부드럽게 닦아 주고, 어느 정도 적응이 되면 애견 전용 칫솔과 치약으로 구석구석 깨끗이 닦아 준다. 이때에 애견이 잘 참으면 수시로 칭찬을 하고, 맛있는 영양제와 간식으로 애견을 유도하면 많은 효과를 볼 수 있다.

③ 애견 전용 칫솔과 치약을 사용
애견 전용 칫솔은 칫솔모가 부드러워 애견의 잇몸에 자극을 최소화할 수 있다. 그러

므로 가급적 사람이 사용하는 칫솔은 사용하지 않는 것이 바람직하다. 애견 전용 치약은 먹어도 이상이 없도록 만든 제품이다. 간혹 사람이 사용하는 치약이나 소금을 사용하는 경우도 있으나 애견의 건강에는 좋지 않다.
잇몸에 염증이 있으면 거즈나 부드러운 천에 구강 세척제를 발라 치아와 잇몸을 닦아 준다.그리고 재감염을 막기 위해 칫솔을 자주 소독하거나 교체한다.

④ 정기적인 스케일링
양치질만으로 치석을 완벽하게 제거할 수 없다. 따라서 1년에 1~2회 정도 스케일링을 시킨다. 만일 치아에 축적된 치석이 많고 유치가 남아 있으면, 우선 스케일링과 발치를 하고 양치질을 시켜야 한다. 치석이 남아 잇는 상태에서는 양치질이 차아와 잇몸에 도움을 주지 못한다. 치아 관리를 위해서 씹을 수 있는 물건(개껌이나 씹을 수 있는 장난감)을 주는 것도 플러그 축척을 줄이는 데 도움을 준다.

(8) 발 관리

애견의 발톱도 사람과 같이 자란다. 다른 점이 있다면 애견의 발톱은 안으로 말리면서 자란다는 것이다. 특히 실내에서 애견을 기르는 경우에는 매우 빠른 속도로 발톱이 자라게 된다. 발톱관리를 소홀히 하여 방치하면 발톱이 길게 자라 다리의 패드를 잘못하게 되고, 이윽고 걸음걸이에까지 악영향을 주게 될 뿐만 아니라 발톱이 걸려서 의외의 외상을 입는 원인이 되기도 한다. 그리고 사람의 몸에 상처를 입힐 수 도 있는 만큼 애견의 발톱이 적당한 크기로 자라면 깎아 주어야 한다.

① 발톱 깎는 법
- 발톱 안쪽 부분에는 혈관이 통하고 있다. 이 부분을 잘라내면 상당한 출혈이 있을 수 있고 통증을 유발한다. 그리고 다음부터 발톱 깎기를 싫어하게 된다. 흰색 발톱을 가진 견종은 햇빛에 비쳐보면 이 부분이 붉게 표시된다. 하지만 검은색 발톱을 가진 견종은 이 부분이 보이지 않으므로 대략적인 눈대중으로 잘라야 하므로 주의를 요한다. 발톱 안쪽에 있는 혈관은 발톱이 자람과 동시에 자라나게 되고, 발톱을 잘라내게 되면 줄어들게 된다.
- 발톱을 자른 뒤에 잘라낸 곳을 줄로 갈아서 다듬어 주도록 한다.
- 경험이 많지 않거나, 검은색 발톱을 가진 견종은 실수할 가능성이 많으므로 가급적 동물병원이나 전문 애견 미용사의 도움을 받도록 한다.
- 가급적 목욕 후에 발톱을 깎아 준다. 목욕 후에는 발톱이 부드러워 자르기 쉽고, 애견도 싫어하지 않는다.

② 출혈이 있을 때 처치법
- 발톱을 잘라서 출혈이 있을 경우에는 출혈 부위에 지혈제를 사용하여 강력하게 압박한다. 이어파우더는 징크 성분이 55% 이상 들어있어 귀털을 뽑을 때 발생되는 모근의 상처도 방지해주고 지혈제 효과도 있다.
- 세균감염을 막기 위해서는 곧바로 외출이나 목욕을 시키지 말아야 한다.

II

고양이

학습목표 1. 품종 및 특성을 알 수 있다.
2. 해부생리 특성을 알 수 있다.
3. 사육관리 주의점을 알 수 있다.

1. 고양이 기원

1) 고양이의 진화 및 사육의 역사

그림 3-1. 고양이 진화

고양이는 식육목 고양이과의 포유류에 속하고, 한자로 묘(描)라고 한다. 애완용 고양이는 아프리카, 남유럽, 인도에 걸쳐 분포하는 리비아 고양이를 사육하여 순화시킨 것이다. 따라서 고양이들의 조상은 5000년 전의 리비아 살쾡이가 선조라고 할 수 있으며, 이 리비아 살쾡이가 고대 이집트 시대 때에 곡물창고의 쥐를 잡아먹었고, 사람들은 쥐로부터 곡식을 보호하기 위해 고양이를 사육하기 시작 하였다. 리비아 살쾡이를 사육하면서 번식을 시작해 시간이 많이 지나며, 지금의 고양이로 모습이 고정되었다. 시간이 흐르며 고양이는 여러 곳에서 쓰이게 되었으며, 무역선을 통해 여러 지역으로 퍼지게 되었습니다. 아프리카와 인도에 살던 고양이는 유럽과 아시아로도 옮겨지기도 하고, 사람들이 인위적으로 교배를 시켜 종류도 다양해져서 현재는 약 30~40여 종이 보고되어 있으며, 미국의 CFA(Cat Fancier's Association)에서 인정받은 고양이 종류는 30종에 이른다.

우리나라에서는 중국에서 불교가 전래될 때 경전을 쥐로부터 보호하기 위하여 들여왔다는 설이 있다.

현재 고양이는 개와 더불어 가장 대중적인 애완동물로서 자리를 차지하고 있다.

그림 3-2. 고양이 역사

2) 고양이의 선조

그림 3-3. 고양이의 선조

고양이는 식육목 고양이과의 포유류에 속한다. 고양이의 선조는 아프리카, 스코틀랜드, 스페인 등의 남유럽, 인도에 걸쳐 분포하였던 야생의 리비아 고양이로 알려져 있다.

인간과 고양이의 만남은 약 5,000년 전으로 거슬러 올라간다. 사람들이 쥐들로부터 곡물을 지키기 위해 북아프리카에 서식하는 리비아 고양이를 가축화 한 것이 시초라고 알려져 있다. 온순해서 사람을 잘 따르는 리비아의 들고양이들은 식량이 풍부해지고 고대 이집트의 여러 도시에서 차츰 분포 범위를 넓혀 나가 이후 각지의 들고양이들과 교잡하여 현재의 '고양이'가 되었다.

고양이는 가축화한 역사가 짧다는 것과 쥐를 잡는 것 이외에는 별로 실용적이지 못하였기 때문에 개들처럼 형태적으로 차이는 별로 없다. 고양이의 품종 연구는 대단한 고양이 애호가였던 빅토리아 여왕에 의해 이루어졌다. 그때까지 각지에서 혼혈과 돌연변이로 여러 가지 종류의 고양이가 탄생하였지만, 현존하는 대부분의 종류는 19~20세기에 영국이나 미국에서 만들어져 품종으로 고정된 것들이다. 새로운 품종을 만들어내고 순혈종을 고정시키는 작업은 지금도 품종 개량가(breeder)들에 의해 계속되고 있다.

2. 고양이 종류

고양이는 장모종(長毛種)과 단모종(短毛種)으로 분류된다. 개와 달리 체격상 차가 적으므로 각 품종 중의 내종(內種)이 발달되어 있다. 고양이는 누가 뭐라고 해도 개와 더불어 가장 대중적인 애완동물이다. 품종은 약 30여 종이 되며 다른 동물에 비해 비교적 오래 사는 편으로 보통 15~25년쯤 산다.

1) 장모종

(1) 페르시안 고양이

- 원산지 : 페르시아 → 영국
- 기원 : 1800년대
- 체중 : 3~4kg
- 털 종류 : 장모
- 체형 : 통통하고 둥글다.
- 털 색 : 단일색, 실버, 스모그, 바이칼라 등 7가지로 분류
- 눈 색 : 청동색

• 특징 : 둥글고 큰 머리에 작은 귀를 지녔다. 아주 동그란 큰 눈에 짧고 납작한 코, 목은 짧고 굵으며 어깨 폭은 넓고 몸통은 짧다. 다리와 꼬리도 짧으며 정사각형 체형이다. 긴 털이 장식하듯 몸 전체를 덮고 있다.

(2) 히말라얀 (Himalayan)

• 원산지 : 영국, 미국
• 기원 : 1955
• 털 종류 : 장모
• 체형 : 통통하고 둥글다.
• 털 색 : 포인트 컬러
• 눈 색 : 청색
• 특징 : 색깔은 안면 마스크와 다리에만 나타나며, 몸체는 흰색부터 엷은 황갈색까지의 다양한 색조로 나타난다. 히말라얀은 페르시안의 형태에 시아미즈의 반점 색깔을 결합시키기 위하여 페르시안을 시아미즈에 교배시켜서 개발한 품종이다.

(3) 아메리칸컬 (American curl)

• 원산지 : 미국
• 기원 : 1881
• 체중 : 3~5kg
• 털 종류 : 장모
• 체형 : 약간 가는 체형
• 털 색 : 다양, 몸 끝은 진한 색
• 눈 색 : 청색
• 특징 : 아메리칸컬의 귀는 만져보면 견실하고, 얼굴에서부터 머리의 가운데 뒤를 향하여 우아한 아치를 그리면서 뒤집혀있다. 이것은 바로 부모 대로부터 물려받은 유전적인 변화이다. 호기심이 많고, 동료애가 있으며, 매우 사람을 잘 따른다.

(4) 발리니즈 (Balinese)

- 원산지 : 미국
- 기원 : 1950년 돌연변이
- 체중 : 2.5~5kg
- 털 종류 : 장모
- 체형 : 약간 가는 체형
- 털 색 : 회색, 청색, 초콜릿 색, 라일락 색
- 눈 색 : 청색
- 특징 : 발리니즈의 기원은 시아미즈 고양이가 자연발생적인 돌연변이를 통해 롱 헤어가 된 것으로 보는 것이 일반적이다. 시아미즈와 밸리니즈 사이 단지 털 길이만 다를 뿐이다. 털이 길고 비단 같은 오버 코트이다. 날씬하고 유연하다.

(5) 버만 (Birman)

- 원산지 : 버마 미얀마 → 프랑스
- 기원 : 1916년(1966년 공인) 샴 교배종
- 체중 : 4.5~8kg
- 털 종류 : 장모
- 체형 : 길고 튼튼한 체형
- 털 색 : 네발의 끝이 버선을 신은 듯 하얗다.
- 눈 색 : 진한 파랑
- 특징 : 버어마에서 이 고양이는 Kittah 승려들의 반려 고양이로서 신성하게 여겨졌다. 길고, 비단결 같은 털을 지녔으며, 페르시안의 털처럼 굵지 않고, 얽히지 않는 질감을 지녔다. 정말 단단하고, 놀라울 만한 강한 근육질이면서도 우아하고 세련되었고, 때로는 약하기까지 한 모순이 양립되어 있는 고양이다. 날씬한 몸매와 흘러내리는 털이 바위처럼 단단한 몸체를 가려줌으로써 곡예사의 솜씨와 같은 기막힌 비례를 이루고 있다. 거의 둥그런 눈은 청색이고, 강한 얼굴에 큰 턱, 빵빵한 아래턱, 매부리코를 지녔으며, 콧구멍은 낮게 생겼다. 매우 특징적인 흰색 발은 이상적인 대칭을 이룬다. 앞발의 장갑이 만일 벽하다면 고른 선을 그리면서 가로지르고, 발 뒤에 있으며, 다리 뒤에 뾰족하게 올라가 있고, 레이스라 부른다.

(6) 자바니즈 (Jabanese)

- 원산지 : 미국
- 기원 : 1940년(1963년 공인) 샴 교배종
- 체중 : 4~8kg
- 털 종류 : 장모
- 체형 : 길고 튼튼한 체형
- 털 색 : 화려한 비단결, 칼라 포인트 쇼트헤어의 색깔
- 눈 색 : 에메랄드 그린 색 눈동자
- 특징 : 발리를 이웃한 섬에서 이름을 딴 자바니즈는 발리니즈만큼 오래된 고양이이다. 자바니스는 생활 속에서 작은 정취를 찾고자 하는 사람들을 위한 품종이다. 정말 단단하고, 놀라우리만치 강한 근육질이면서도 우아하고 세련되었고, 때로는 약하기까지 한 모순이 양립되어 있는 고양이다. 날씬한 몸매와 흘러내리는 털이 바위처럼 단단한 몸체를 가려줌으로써 곡예사의 솜씨와 같은 기막힌 비례를 이루고 있다. 지능이 높은 그들은 사람들의 일상에 잘 적응한다. 일반적으로 자바니스의 목소리는 시아미즈보다 더 부드럽고, 더 점잖다. 발을 마치 손처럼 사용하여 캐비닛과 서랍을 열고 당신이 숨겨놓은 장난감을 찾아낸다. "물건 집어오기" 게임에서도 당신이 가르쳐준 대로 하지 결코 당신을 속이지 않는다. 물건을 던지는 법을 가르쳐준 그대로 따라한다. 털은 쉽게 관리할 수 있으며, 결코 엉히지 않고, 시아미즈나 칼라 포인트보다 털이 덜 빠지기 때문에 "게으른 사람에 맞는 긴 털 고양이로는 제격이다 가끔 빗어주고, 비단결 질감을 되살리기 위해 목욕을 가끔 해주면 그만이다.

(7) 노르웨이 숲 (Norwegian forest) - 노르웨이지안 포레스트 캣

- 원산지 : 북유럽(노르웨이)
- 털 종류 : 장모
- 체형 : 당당하고 큰 체형
- 털 색 : 다양
- 눈 색 : 초록색, 황금색
- 특징 : 밝은 에메랄드 녹색 눈에 황금 띠가 둘러있다. 털은 길게 흘러내린다. 얼굴은 상냥한 표정을 띤다. 귀는 말쑥하고, 발가락은 다듬어져 있다.

(8) 래그돌 (Ragdoll)

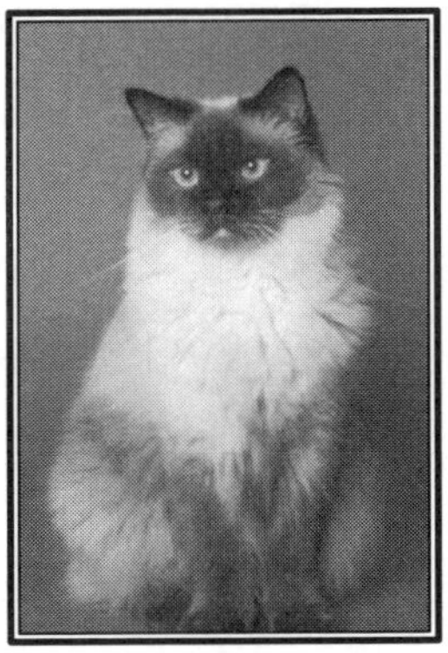

- 원산지 : 미국
- 기원 : 1960년대
- 털 종류 : 장모
- 체형 : 대형
- 털 색 : 바이칼라
- 눈 색 : 푸른색
- 특징 : 래그돌은 1960년대에 캘리포니아의 번식가 앤 베이커에 의하여 개발되었다. 크고, 사랑스럽고, 긴 털이 아름다우며, 커다란 청색 눈을 지녔다. 몸체는 연한 색깔이며 얼굴, 다리, 꼬리, 귀에 진한 시아미즈 형태의 반점이 있다.

(9) 소말리 (Somali)

- 원산지 : 영국
- 기원 : 1963년 아비시니안의 돌연변이
- 체중 : 3.5~5.5kg
- 털 종류 : 중모
- 체형 : 약간 가는 체형
- 털 색 : 적갈색, 붉은 색, 푸른 색, 연갈색
- 눈 색 : 황금색, 초록색
- 특징 : 작은 여우를 닮아서 귀가 크고, 얼굴에 마스크 무늬가 있고, 목 갈기 털이 풍성하고, 꼬리가 수북하다. 영리하며 역동적이고, 부드러운 목소리를 지녔으나, 보통은 조용히 지낸다. 부드러운 울음소리로 사람들과 의사소통을 하며, 매력적인 장식 깃털을 지녔다. 외향적이고, 매우 사교적이며 장난을 좋아하며 동물이나 사람과 함께 있기를 좋아한다.

(10) 터키쉬 앙고라 (Turkish Angora)

- 원산지 : 터키
- 기원 : 1400년대
- 체중 : 2.5~5kg

• 털 종류 : 장모
• 체형 : 가늘고 길다.
• 털 색 : 다양
• 눈 색 : 다양
• 특징 : 순수한 자연 품종으로서 본래 타타르인이 기르던 마눌(Manul)에서 기원한 것으로 보인다. 그들이 터키로 건너 와서 오늘날은 터키의 보배로 여겨지고 있다. 고양이 중에서는 가장 영리한 품종이다. 자신의 주인을 일편단심으로 섬기며 길고, 우아하며, 가는 뼈대와 뾰족한 얼굴을 지녔다. 이 품종은 일반적으로 단일 색, 태비, 스모크, 파티 칼라로 나타난다. 흰색이 아직은 가장 인기 있는 색깔이다.

(11) 터키쉬 밴 (Turkish Van)

• 원산지 : 터키(중앙아시아)
• 기원 : 고대 터키 → 1950년대 개발, 1988년 등록
• 털 종류 : 장모
• 체형 : 길고 튼튼한 체형
• 털 색 : 하얀 몸에 머리와 꼬리에 색이 있다.
• 눈 색 : 호박색, 청색
• 특징 : 이란, 이라크, 남서소비에트 연합과 극동 터키를 포괄하는 중앙/남서 아시아에서 개발된 희귀하고 오래된 품종이다. "van"은 수많은 도회지, 마을, 호수-밴 호수를 포괄한 지역을 지칭하는 말이므로, 그 지역을 원산지로 하는 독특한 무늬의 고양이를 밴이라고 부른다. 얼룩 유전자를 지닌 원조 품종의 무늬는 흰색의 롱 헤어에 가까운 고양이가 머리와 꼬리에만 색깔이 있는 무늬를 가진 형태이다. 터키쉬 밴은 크고, 활동적이고 영리하다. 털은 매우 독특한 캐시미르 같은 질감을 지녔으며 방수성이 있어서 질감이 그렇게 독특하다. 여기에서 알 수 있는 흥미로운 사실은 물을 매우 좋아하여 원산지에서는 "수영하는 고양이"라고 부른다고 한다.

2) 단모종

(1) 샴 (Siamese)

- 원산지 : 태국
- 기원 : 14세기 → 1700년대 개발
- 체중 : 2.5~5.5kg
- 털 종류 : 단모
- 체형 : 매우 가늘고 길다.
- 털 색 : 포인트
- 눈 색 : 사파이어 블루
- 특징 : 근육질이고, 파이프 모양의 몸체를 긴 다리가 받치고 있으며, 기다란 목과 꼬리가 우아하다. 짧고, 빽빽하고, 비단결 같은 털이 긴 몸매를 강조해준다. 기다란 머리는 아주 똑바른 옆모습과 미끈한 쐐기꼴이다. 커다란 귀는 쐐기꼴을 완성해 주며, 진한 청색의 아몬드 모양의 눈은 기울어서 자리 잡고 있다. 이 고대의 품종은 족보가 있는 고양이 중에서 가장 오래된 고양이다.

(2) 아비시니안 (Abyssinian)

- 원산지 : 에티오피아 → 영국
- 기원 : 고대 이집트 집고양이. 1800년대 말 영국
- 체중 : 4~7.5kg
- 털 종류 : 단모
- 체형 : 가는 체형
- 털 색 : 적갈색, 청색, 붉은 색, 황갈색
- 눈 색 : 황금색, 초록색
- 특징 : 매우 사람에게 맞도록 길들여진 고양이다.
  무릎 위의 고양이가 아니라 사람과 어울리기 좋아하고, 사람이 뭘 하는지 알고 싶어 하고, 도와주기를 원하는 고양이이다. 아비스보다 더 사람에게 충직한 품종은 아마 없을 것이다. 만일 아비스를 동반자로 기르게 된다면 결코 후회하지 않을 것이다. 아비스는 사람들이 원하는 바를 행할 수 있는 수준으로 훈련이 잘 된다.

(3) 아메리칸 쇼트헤어 (American short hair)

- 원산지 : 미국
- 기원 : 1600년대
- 체중 : 3~7kg
- 털 종류 : 단모
- 체형 : 중형으로 약간 통통
- 털 색 : 다양
- 눈 색 : 다양
- 특징 : 아메리칸 쇼트헤어는 미국 고유의 품종이며, 조상은 유럽으로부터 건너온 개척자들과 함께 북미에 도입된 고양이들이다. "메이플라우어"호와 함께 몇 마리의 고양이들이 도착했음을 시사하는 기록들이 있다. 긴 수명, 튼튼한 건강, 어린이 및 개와 잘 어울리는 것, 잘생기고 태도가 정숙한 것으로 유명하다.

(4) 아메리칸 와이어헤어 (American wire hair)

- 원산지 : 미국
- 기원 : 1966년 (1967년 등록)
- 체중 : 3.5~ 5 kg
- 털 종류 : 단모
- 체형 : 중형으로 약간 통통
- 털 색 : 다양
- 눈 색 : 다양
- 특징 : 1966년 뉴욕 주, 업스테이트의 한 고양이 농장에서 태어난 새끼고양이들 중에서 자연발생적으로 일어난 돌연변이로 시작되었다. 아메리칸 와이어헤어와 다른 품종을 구별하는 특징은 털이다. 태어날 때의 털 전체가 와이어인 것이 이상적이다.

(4) 봄베이 (Bombay)

- 원산지 : 미국
- 기원 : 1953년
- 체중 : 3.5~5kg
- 털 종류 : 단모
- 체형 : 중형으로 약간 통통
- 털 색 : 검정색
- 눈 색 : 황금색, 구리 빛
- 특징 : 큰 눈과 검정색 짧은 털을 가지고 민첩하고 적응성이 강하다. 버만과 검정색 아메리칸 쇼트헤어의 혼성 교배종이다.

(5) 브리티시 쇼트헤어 (British short hair)

- 원산지 : 영국
- 기원 : 1901년
- 털 종류 : 단모
- 체형 : 튼튼한 체형
- 털 색 : 다양
- 눈 색 : 청동색
- 특징 : 브리티쉬 쇼트헤어는 아마도 영국에서 가장 오래된 고양이 품종으로서 조상을 추적하면 로마의 집 고양이로 거슬러 올라간다. 이 품종은 육체적으로 강하고, 사냥 능력 때문에 처음에 인정받았으나, 곧이어 정숙한 태도와 지구력과 사람에 대한 충직성 때문에 인정받고 가치를 평가받게 되었다.

(6) 샤트룩스 (Chartreux)

- 원산지 : 프랑스
- 기원 : 1700년대
- 털 종류 : 단모
- 체형 : 중간 체형으로 늠름
- 털 색 : 청회색
- 눈 색 : 오렌지색

• 특징 : 전설에 따르면, 샤트룩스는 프랑스의 카르투지안(Carthusian)이라는 이름의 수도승과 살았으며 아마도 그 유명한 카르투지오 술까지도 나누어 마셨다고 한다. 최근의 연구에 따르면, 솜털 같은 털의 특성 때문에 18세기 초에 스페인의 솜으로 잘 알려진 이름을 따서 샤트룩스로 지어졌다고 한다.

(7) 코니시 렉스 (Cornish Rex)

• 원산지 : 영국
• 기원 : 1950년대
• 털 종류 : 단모
• 체형 : 가늘고 몸길이가 매우 길다.
• 털 색 : 다양
• 눈 색 : 다양
• 특징 : 영국의 Cornwall이 원산지이다. 1950년경에 한 배의 새끼 고양이들이 한 헛간에서 처음으로 모습을 나타냈다. 외모를 보면, 곡선이 유려하면서도 튼튼하게 생긴 고양이이다. 털은 매우 짧고, 몸체에 바싹 드러누워 있고, 만져 보면 믿을 수 없을 정도로 부드럽고, 비교하자면 공단이나 카라쿨 양, 토끼털이나 비단과 같다. 이 품종은 털뿐만 아니라 머리와 몸체 형태도 독특하다. 커다란 귀가, 달걀 모양 같은 머리에 높이 자리 잡고 있으며, 광대뼈가 불거져 있고, 볼은 움푹하며, 로마인 코(매부리 코)의 콧대는 높고, 턱은 강하다. 몸체를 보면, 등이 아치형이고, 가슴이 통 모양이고, 허리는 작고 매우 길며, 다리는 길기 때문에 휘페트 견종에 비교된다. 우아한 외모에도 불구하고 지극히 단단한 몸과 근육을 지녔으며, 잘 발달된 엉덩이와 긴 다리로 빠르게 달릴 수 있고 순간적으로 멈출 수 있으며, 잽싸게 회전하고, 높이 도약할 수 있다.

(8) 엑조틱 (Exotic)

• 원산지 : 미국
• 기원 : 1960년대
• 체중 : 3~3.6kg
• 털 종류 : 단모
• 체형 : 통통하고 짧은 체형.
• 털 색 : 다양

• 눈 색 : 다양
• 특징 : 엑조틱의 털은 품종의 특징이며, 부드럽고, 둥그스름한 장난감 곰처럼 보이게 한다. 그들의 멋진 털은 페르시안 보다 빗질을 훨씬 덜 해주어도 되며, 얽히거나 매듭을 만들지 않는다. 이 특별한 품종은 털 관리가 쉽기 때문에 부지런 하지 못한 사람들에게는 때로는 엑조틱이 페르시안 대신에 사랑을 받는 대상이 된다.

(9) 하바나브라운 (Havana Brown)

• 원산지 : 동남아시아 Siam
• 기원 : 1956년(1964년 공인)
• 체중 : 2.7~4.5kg
• 털 종류 : 단모
• 체형 : 통통하고 짧은 체형
• 털 색 : 갈색
• 눈 색 : 녹색, 크고 타원형

(10) 코렛 (Korat)

• 원산지 : 태국 북부 코렛 지방
• 기원 : 1350년대
• 체중 : 3~3.6kg
• 털 종류 : 단모
• 체형 : 중간 크기의 근육질
• 털 색 : 윤이 나는 짙은 은회색의 실버 블루
• 눈 색 : 녹색
• 특징 : 다른 고양이들과 잘 지내면서도 우선권을 가지려고 하며, 다른 고양이들이 주인 곁에 있는 것을 그냥 보고 있지 않는다. 그들의 고향인 태국에서 수세기 동안 잘 보살펴져 왔다. 털은 몸을 뻗거나 웅크릴 때에 흘러 떨어지지 않으므로 고양이 털 알레르기가 있는 많은 사람들은 가까이 해도 괜찮다. 털뿌리는 연하게 푸르스름한 색깔이며, 끝의 전까지 점점 진해지다가 끝은 은색이 된다. 이 은색은 몸 전체에 걸쳐서 할로우(후광 효과) 혹은 오로라 효과를 내야하며, 빽빽하게 드러누운 털이 마치 은빛 달라 지폐처럼 빛난다.

(11) 망스 (Manx)

- 원산지 : 영국
- 기원 : 1800년대
- 체중 : 3.5~5.5kg
- 털 종류 : 단모와 장모
- 체형 : 등이 짧고 체형이 둥글다.
- 털 색 : 다양
- 눈 색 : 청동색
- 특징 : 망스는 영국 해안의 맨 아일랜드(Man 섬)에서 수백 년 전에 기원한 것으로 생각된다. 많은 무역선들이 섬에 정박하여 고양이를 실어 갔기 때문에 조상 고양이가 정확히 누구라고 말할 수는 없다. 분명한 것은 롱 헤어와 쇼트헤어 모두 돌연변이의 원조라는 점이다. 새끼 고양이들은 완전한 꼬리, 짧은 꼬리("엉덩이 융기"로 알려진) 융기를 지녔거나 꼬리가 아예 없을 수 있다. 한배 새끼라 할지라도 꼬리 길이가 이렇게 다양하게 나타난다. CFA 챔피언십 카테고리에는 오직 엉덩이 융기 고양이만이 참가할 수 있다. 망스의 털에는 쇼트헤어와 롱 헤어(이전의 Cymric) 두 종류가 있다. 쇼트헤어는 이중모를 지녔으며, 바깥 보호털이 약간 단단하고, 윤기가 나는 외양이다. 롱 헤어의 털의 질감은 비단결 같다. 털은 중간급 길이이고, 둔부, 배, 갈기 털은 몸체의 털보다 더 길다. 비단결 질감은 부드럽고, 몸체에 매끄럽게 흘러 떨어지면서 빈자리 없이 다 나있고, 이중 모인 까닭에 호화롭다. 일반적으로 매우 장난을 좋아한다. 상상을 초월하여 높이 뛸 수가 있고, 방 안의 가장 높은 곳에 앉아있는 것을 수시로 볼 수 있다.

(12) 옥시캣 (Ocicat)

- 원산지 : 미국
- 기원 : 1950년대
- 체중 : 4.5~7kg
- 털 종류 : 단모
- 체형 : 튼튼하고 긴 몸통
- 털 색 : 은색, 갈색 바탕에 반점
- 눈 색 : 다양(청색은 제외)
- 특징 : 옥시캣은 적당한 형태의 아구티 반점 고양이이다. 아비시니안, 시아미즈, 아메리칸 쇼트헤어의 혈통이 섞인 이 고양이는 야생고양이를 본뜨기 위하여 품종들을 선택

하여 개발해낸 유일한 집고양이이다. 이상적인 것은 크고, 활동적이고, 운동으로 단련된 외모를 가지고 매우 단단하고, 근육이 잘 발달 되었으며. 털은 짧고, 빽빽하며, 근육과 반점들은 공단처럼 윤기가 나게 해서 최고의 장점으로 부각시킨다.

(13) 오리엔탈 (Oriental)

- 원산지 : 영국
- 기원 : 샴고양이 → 1960년대 개량
- 털 종류 : 단모와 장모
- 체형 : 체형이 가늘고 매우 길다.
- 털 색 : 다양
- 눈 색 : 초록색
- 특징 : 긴 얼굴이 날카로운 V자형을 만들고 큰 귀와 길게 뻗은 코를 가졌다. 아몬드 형으로 길게 찢어진 눈은 아름다운 짙은 초록색이다. 애교부리기를 좋아하고 표정이 풍부하다.

(14) 러시안 블루 (Russian Blue)

- 원산지 : 북유럽
- 기원 : 1800년대
- 체중 : 3~5.5kg
- 털 종류 : 단모
- 체형 : 약간 가는 체형
- 털 색 : 청회색
- 눈 색 : 초록색
- 특징 : 피모는 이중이고 고급 융단을 만지는 듯한 촉감이며 털의 색은 반짝반짝 빛나는 라이트 블루이다. 둥근 눈은 진한 초록으로 미간이 벌어져 있다. 입 주위의 독특한 미소는 러시아의 스마일로 불린다. 다리는 길고 몸통은 가늘고 길며 몸놀림이 부드럽고 아름답다.

3. 고양이의 특성

1) 고양이의 진화 및 사육의 역사

(1) 새끼 고양이의 암수 구별법

갓 태어난 애기 고양이의 암수를 구별하기는 매우 어렵다. 암수 모두 거의 비슷하게 생겼기 때문이다.

그 구분 방법은

- 수컷 : 항문과 외부 성기 사이의 거리가 1~2cm 정도 떨어져 있음
- 암컷 : 항문과 외부 성기가 거의 붙어 있음

제일 좋은 방법은 암수를 동시에 한 번만 관찰하면 확실하게 알 수 있다.

(2) 고양이의 신체적 특징

고양이의 몸길이는 47~51cm이고, 꼬리길이 22~38cm, 몸무게 7.5~8.5kg이다. 귓바퀴는 삼각형이고, 귀의 등 쪽에 살쾡이에서 볼 수 있는 흰 무늬는 없다. 앞발에 다섯 발가락, 뒷발에 네 발가락이 있으며, 예리한 발톱이 있는데, 발톱은 속에 감출 수 있다. 앞 뒷발의 발바닥에는 연한 pad(육구, 肉球)가 있어 소리를 내지 않고 걸을 수 있으며, 뒷발이 비교적 길어서 도약력(跳躍力)이 뛰어나다.

① 눈

- 어두운 곳에서 잘 볼 수 있음
- 사람이 볼 수 있는 빛의 양의 7분의 1 정도
- 색을 잘 볼 수 없음

② 귀

- 개보다 청각이 좋음(가청주파수 : 30Hz~60KHz)
- 개의 가청 주파수 : 20Hz~40KHz
- 사람의 가청 주파수 : 20Hz~20KHz
- 사람이 들을 수 없는 소리도 들을 수 있음

③ **이빨**

- 유치와 영구치가 있음
  - 유치 : 생후 8주 전에 모두 갖춤(26개)
  - 영구치 : 생후 3개월~5개월 사이 영구치로 이갈이 함(30개)
- 송곳니 : 크고 날카로움
- 어금니 : 표면이 뾰족함(찢는 기능)

④ **코**

- 개보다 뒤떨어짐
- 세력권(Home Area 와 Hunting Area가 있음)을 냄새로 확인
- 음식의 부패 여부, 맛 등을 냄새로 확인
- 유해 물질의 제거 적당한 온도와 습도의 조절과 냄새를 맡는 역할

⑤ **꼬리**

- 미추라는 작은 뼈로 이어져 있음. 점프나 높은 곳에서 뛸 때 균형 유지
- 꼬리의 움직임으로 고양이의 기분을 알 수 있음
  - 심하게 휘휘 돌릴 때 : 기분이 나쁠 때
  - 꼿꼿이 세울 때 : 기분이 좋음
  - 꼬리를 부풀릴 때 : 흥분 또는 공포를 느낄 때

⑥ **수염**

정보 수집을 위한 고성능 측정기로 감각모라고 불리는데 사람에게는 이런 기관이 없다. 입 주위, 눈, 코, 앞다리뒤쪽에 있는 식모 안에도 있다.

⑦ **등**

고양이의 털 색깔을 내는 겉 털과 속 털에 덮인 몸통은 교묘하게 공격을 피할 수 있는 이점이 있다. 땀샘이 없어 털 손질로 털을 눅눅하게 만들어 체온을 조절하고 피부가 두꺼워 자유롭게 신축할 수 있다.

⑧ **다리**

단거리 경주라면 동물 가운데 상위권에 둔다. 앞발보다 긴 뒷발의 강한 근육과 부드러운 관절이 점프, 나무타기에 최적이다. 뒷발은 추진력뿐이고 방향을 바꾸는 것은 앞발의 역할이다.

2) 고양이 타입

고양이는 전문가들이 털 색, 눈 색, 체형 등의 표준(Standard)을 정해서 표준에 가장 가까운 것을 쇼 타입, 그 다음이 브리드 타입, 다음 펫 타입으로 분류한다.

POINT SCORE

- HEAD and NECK(머리와 목) 20
- BODY TYPE(체형) 20
- EYE SHAPE(눈 모양) 5
- EARS(귀) 5
- COAT(털) 20
- COLOR(색상) 20
- EYE COLOR(눈 색깔) 10
- total. 100

위와 같이 모든 품종을 100점 만점으로 계산합니다.

3) 고양이의 연령과 사람의 연령 비교

고양이의 수명은 약 20년이나 최고 31년의 기록도 있다. 1살 이상이 되면 성 성숙이 다되어 사람의 성인에 해당된다고 볼 수 있다.

표 3-1. 고양이 나이를 생물학적으로 사람의 나이와 비교

고양이의 연령	사람의 연령	고양이의 연령	사람의 연령
1개월	3세	8년	48세
1.5개월	4세	9년	52세
2개월	5세	10년	56세
3개월	6세	11년	60세
6개월	10세	12년	64세
9개월	14세	13년	68세
1년	16세	14년	72세
2년	24세	15년	76세
3년	28세	16년	80세
4년	32세	17년	84세
5년	36세	18년	88세
6년	40세	19년	92세
7년	44세	20년	96세
8년	48세	21년	100세

4. 고양이의 습성

1) 감정 표현은 몸짓으로 한다.

① 어리광 : 꼬리를 꼿꼿이 세우고 머리를 사람에게 비빈다.
② 위협 : 몸을 크게 보이려고 한다(등을 둥글게 굽히고 꼬리를 부풀림. 털을 세움).
③ 공포 : 실제보다 작게 보이려고 한다.
④ 불안 : 몸을 핥는다.
⑤ 제 6감으로 사람의 마음을 읽는다.
⑥ 좋아한다고 무리하게 안으려고 하면 공격으로 알고 달아난다.

2) 고양이의 습성

① 야행성 동물 : 낮에는 자고 밤 11시경 가장 활발하다.
② 단독으로 생활하는 동물
③ 어릴 때는 여러 마리를 함께 기르는 것이 좋다.
④ 적응력이 뛰어나 각기 자기의 생활 스타일을 만들어 갈 수 있다.
⑤ 한 밤중에 한자리에 모이는 습성이 있다(밖에 나가는 경우).

3) 세력권을 가진다.

① Home Area : 다른 고양이의 출입을 허락하지 않는 영역
② Hunting Area : 가까운 곳으로 다른 고양이와 공유하는 공간(반경 100~500m)
③ 냄새 묻히기 : 자기의 세력권에 자신의 냄새를 묻혀 둔다.
④ 여러 마리를 같이 키우는 경우 고양이들 사이에 우열의 순위가 결정된다.

4) 발톱 갈기를 한다.

① 고양이의 발톱 갈기는 본능이다.
② 행동 개시를 할 때 발톱 갈기를 한다.
③ 일정한 곳에서 발톱 갈기를 할 수 있도록 도와준다.
④ 발톱 갈기를 시작하려고 할 때 발톱 갈기 도구가 있는 곳에 데려다 준다.

5) 정해진 곳에 배변하는 습성을 가진다.

① 정해진 곳에 배설하는 습성을 가지고 있다.
② 맨 처음이 중요함 : 맨 처음 화장실에서 배설하도록 도와주면 거의 성공

6) 자기 구역엔 자기 냄새를 표시

동물은 본능적으로 충분한 먹이가 확보되고 안전하게 숨을 수 있는 곳(자신의 세력권)을 만든다. 사람이 기르는 고양이는 자신이 살고 있는 집을 자신의 구역으로 여기며, 가구 등에 몸을 문질러 자신의 냄새를 묻혀둔다. 자신의 냄새가 나는 장소에 대해서는 안심할 수 있기 때문이다.

이처럼 고양이는 얼굴의 관자놀이와 그 아래 취선을 통해 자기 구역에 자신의 냄새를 묻히는데 어른이 된 수고양이는 서서 뒤로 소변을 보는 '스프레이'라 불리는 행동을 통해 자신의 냄새를 남긴다.

동물들은 자기 영역에 자기의 냄새가 나지 않으면 불안해하고 스트레스를 받는다.

7) 야밤엔 외출

고양이는 야행성 동물인 만큼 낮에는 자고 밤이 되면 활기를 띠는 습성을 가지고 있다. 실내에서 키우는 고양이는 비교적 사람의 생활 패턴과 비슷하게 움직이지만 밤 11~12시쯤 가장 활발한 모습을 나타낸다.

풀어놓고 키우는 고양이의 경우에는 한밤중에 2~3번을 외출을 하여 '밤의 집회'에 다녀오기도 한다. 이것은 밤이 깊어지면 빈 공터에 그 지역에 사는 고양이들이 한곳에 모이는 것으로 10마리 이상의 고양이가 조금씩 떨어진 위치에 앉아 있기만 할 뿐 모여서 무엇을 하고 무엇 때문에 모이는지 등은 알려진 바가 없다.

8) 타고난 사냥꾼

고양이는 움직이는 공이나 장난감 등을 가지고 장난치는 것을 좋아한다. 또한 낮은 자세로 몰래 숨어 있다가 갑자기 달려들곤 하는데 이 모든 행동들은 야생동물로서의 사냥꾼 기질에서 비롯된 것이다.

9) 더 좋은 환경으로 가출

고양이는 그 어느 동물보다 자신을 깨끗하게 가꾸는 깔끔한 동물로 생활환경에 민감한

편이다.

자신의 생활공간이 쾌적한지 아닌지, 살만한 곳인지, 그렇지 않은지를 판단한다.

고양이가 쾌적하다고 느끼는 생활조건은 주인이 애정을 쏟아주고 먹이가 충분하며 안전이 확보되어 있을 때를 말하는 것으로 자신의 환경이 쾌적하지 못하다 여겨지면 더 좋은 환경을 위해 집을 떠나는 일도 있다.

10) 우열을 위해 싸움

고양이들이 처음 만나면 싸움을 하곤 하는데, 이는 자신의 구역을 위해 그리고 우열을 가리기 위한 것이다. 두 마리의 간의 다툼에서 한 번 승패가 결정되면 그 이후에는 싸움이 일어나지 않는다. 약한 쪽을 발견하면 길을 양보하거나 달아나는 등 말 그대로 약한 모습을 보인다.

여러 마리의 고양이가 함께 살 경우에는 우열의 순위를 위해 싸우고 난 후에는 그 순위에 도전하지 않는 한 더 이상의 싸움은 없다. 힘이 비슷한 고양이끼리는 서로를 무시하는 태도를 보이기도 한다.

5. 고양이 기르기

1) 고양이의 건강 체크

만약 병에 걸렸을 때는 조기에 발견해서 치료를 받을 수 있게 매일 매일 건강관리에 주의를 요한다. 가능하면 한 달에 한번정도 건강 체크를 하는 날을 정해 기록을 해둔다. 건강한가, 식욕이나 물먹는 양, 배뇨량이나 색깔, 횟수 등을 점검하는 것도 중요하다. 체온이나 체중도 자주 체크한다.

(1) 고양이의 체온 측정법

항문에 체온계를 살며시 2cm 정도 넣어 잰다. 고양이의 평상시 온도는 38~39도로 잠깨자마자는 38도 이하일 경우도 있다. 또 일반 적으로 여름에 높고 겨울에 낮으며, 1일 중에도 아침이 낮고 저녁은 높은 경향이 있다. 안정시의 맥박은 1분에 100~150회, 호흡수는

20~30회이다. 맥은 뒷다리와 몸이 연결되는 부분 안쪽에 있는 동맥에 오른손의 인지를 대어 잰다.

2) 고양이 질병

(1) 고양이의 비전염성 질병

① 심근병(Cardiomyopathy)

a. 원인

타우린과 같은 필수 영양소의 부족으로 알려져 있다. 심장은 4개의 방이 있는데 튼튼한 심근으로 이루어져 있어 혈액을 온몸에 퍼지도록 도와주는 펌프와 같은 역할을 하고 있다. 그런데 고양이가 심근증에 걸리면 4개의 방(chamber)은 심장벽은 안쪽에 향해 비대해져 방이 점점 좁아지게 된다. 그 결과 심장에서 전신에 보내는 혈액의 양이 감소하여 순환 장해에 빠지거나, 작은 혈액 덩어리가 작은 혈관을 막아 혈전증이 발생한다.

b. 증상

특징적인 증상은 없지만 가벼운 운동을 해도 기침을 하며 청색증이 관찰되어 혀의 색깔이 보라색으로 나타난다. 진행이 되어 호흡 곤란이 생기면 마치 개처럼 혀를 내밀고 헐떡거린다.

c. 진단과 예방

혈액 검사, 심전도, X-ray 촬영으로 정확하게 진단할 수 있다. 예방은 특별한 방법은 없지만 평소의 타우린 부족을 일으키지 않도록 고양이 전용 사료를 주어야 한다.

(2) 만성신부전(Chronic renal failure)

① 인과 병의 진행

원인은 여러 가지 병원체의 감염, 중독성 물질의 섭취, 선천적인 이상 그리고 면역기관의 장애이다. 고양이의 사구체 개수는 사람의 약 1/4밖에 되지 않아 신부전에 걸리면 매우 위험한 상태가 될 수 있다. 실제로 신부전은 고양이의 주요한 사망의 원인이 되고 있다.

② 증상

처음 증상은 물을 자주 마시고 오줌의 양도 많다. 식욕이 떨어지며 여위고 기운이 없어진다. 신부전이 진행되어 요독증을 일으키면 구토, 식욕도 없고, 더욱 진행되면 신경 증상을 일으켜 경련을 일으킬 수 있다.

③ **진단과 주의사항**

혈액 검사를 통해 진단할 수 있다.

만약, 고양이가 만성 신부전증이라면 다음의 주의사항을 따라야 한다.

- 신선한 물을 언제라도 자유롭게 마실 수 있도록 준비해 두어야 한다.
- 고양이가 스트레스를 받지 않도록 해야 한다.
- 수의사의 지시에 따르고 적절한 식이 요법을 실시한다.
- 고양이를 자주 관찰하고 이상이 있으면 곧바로 수의사와 상담한다.

(3) 자궁축농증(Pyometra)

① **원인**

자궁 세균감염으로 농이 쌓인 상태를 자궁 축농증이라고 한다. 자궁은 농(고름)으로 가득 차 있어 복부 전체를 차지하여 배가 많이 부른 상태가 된다. 그래서 임신을 한 것으로 착각하기도 한다. 감염세균에 의하여 요독증이 발생하면 치명적인 여러 가지 장해를 일으킨다.

② **증상**

기운이 없으며 식욕 저하, 발열, 복위팽만, 구토, 다음(물을 많이 마심), 다뇨, 그리고 생식기에서 분비물 등이 전형적인 증상이다.

③ **예방과 치료**

고양이가 성적으로 성숙하면 이 병에 걸릴 가능성이 있다. 중성화수술(난소, 자궁적출수술)을 하면 미리 막을 수 있다. 치료는 수술적 방법과 약물요법이 있지만 약물요법은 재발의 위험이 있어 수술을 하는 것이 좋다.

(4) 고양이의 Struvite 결석증 증상

① **고양이의 Struvite 결석증 증상**

- 소변을 빈번히 보고 생식기를 자주 핥는다.
- 소변을 보는 시간이 길어지고 통증을 동반한다.
- 소변에 때때로 혈액이 보인다.
- 식욕이 감소한다.

② **진단**

- 소변검사, 혈액, 단백질, 결정체 검출

- ph 측정 세균배양
- X-Ray

③ **지켜야 할 사항**

- 신선한 물을 항상 공급한다.
- 하루 식사량을 조절한다.
- 하루 3~4회 먹이를 공급한다.

④ **물 공급과 뇨 희석**

- 소금은 물 섭취를 증가시킨다.
- 소변량이 증가하면 요결석의 위험성이 줄어든다.
- 다량의 소변은 인과 마그네슘 농도를 묽게 하고 결석 형성의 위험을 줄여준다.

(5) 구내염과 충치

① **원인**

구내염을 일으키는 원인은 다양하지만 전염성 전신 질병을 유발하는 전염병에 걸린 경우와 치석이나 이것으로 인한 세균 감염, 진균(곰팡이) 감염, 비타민 결핍, 신장병 그리고 자기면역 질환 등이 원인이 될 수 있다.

② **증상과 치료**

증상은 침을 흘려 입 주위가 지저분해지며, 입의 통증으로 사료를 먹고 싶어도 먹을 수 없다. 치료는 원인 치료가 바람직하지만, 전신 전염성 질환인 경우에 의한 구내염이라면 대증치료를 한다.

(6) 헤어볼(Hairball)

① **원인**

고양이는 자기 털을 핥고 다듬는 습관이 있어서 털을 많이 삼키게 되는데, 털은 소화가 되지 않으므로 변과 함께 배출되기도 하지만 배출되지 않은 털은 위에 남아 서로 엉키게 된다. 이것을 헤어볼(Hairball)이라 하고 야구공보다 단단하며 크기도 다양한데 위나 기도에 생기기 쉬우며 발생 빈도는 50~80%에 이른다. 자기 털을 유난히 자주 핥거나 길고 굵은 털을 가진 고양이들이 헤어볼 또는 모구증(毛球症)이 발생할 확률이 더 높다.

② **증상**

크기가 작은 경우에는 별 문제가 되지 않으나 커지면 소화 기능이 저하되고 심하면 장을 막을 수도 있다. 헤어볼은 소화가 불가능하므로 고양이들은 입으로 뱉어내려고 애를 쓴다. 기침을 하며 입을 벌리고 헛구역질을 하거나 토한다. 주로 나타나는 증상은 설사, 변비, 또는 잦은 구토 등이다.

③ **헤어볼 발생을 증가 시키는 요인.**

- 봄, 가을 털갈이 철이 한창일 때.
- 피부나 털이 건강치 못할 때.
- 스트레스가 심할 때
- 어미 고양이가 갓 낳은 고양이 털을 핥아 주는 시간이 길 때.
- 주인이 고양이 털을 충분히 빗질해 주거나 다듬어 주지 않을 때

④ **헤어볼 예방법**

털갈이 철을 비롯해 평소 브러시 질을 자주 해주는 것이 효과적인 예방이며 고양이에게 물리적인 부담을 주지 않는 환경을 조성해서 스트레스 탈모를 줄인다. 수위사의 정기적인 검진도 필요하다. 최근에는 고양이 사료에 헤어볼 제거 성분이 포함된 사료가 시판되고 있어 이러한 사료의 급여로 질병의 예방에 도움이 된다.

⑤ **치료**

심하지 않은 경우 헤어볼 제거제를 먹이고 이로써 해결이 되지 않는 경우 외과적 수술을 한다.

⑥ **헤어볼 제거제** - 사하제, 윤활제, 효소 섬유질 등

2) 고양이의 전염병

(1) 바이러스

① **광견병** (Rabies)

광견병 바이러스 감염에 의하여 유발되며 광견병에 걸린 야생동물 또는 다른 동물에 의해 물릴 때 생긴 상처로 체내에 들어온 바이러스가 신경세포를 타고 뇌로 들어가 뇌세포를 손상시켜 신경마비와 광폭증상을 보이다 치명적으로 사망한다.

② **범백혈구감소증 (Feline panleukopenia, FPV)**

고양이 홍역(distemper) 또는 고양이 전염성 장염이라고 불리기도 하는 바이러스 질환으로 고양이 파보바이러스 감염에 의한다. 혈액속에 모든 백혈구가 감소하는 것으로, 심한 장염을 일으키는 것이 특징이다. 초기에는 발열과 식욕부진이 나타나고 물도 먹지 않으며 구토나 탈수를 일으키고 계속해서 설사를 하는 경우가 있다. 적절한 치료를 받으면 거의 한 주간 이내에 식욕이 회복되지만 새끼의 경우나 합병증을 가지고 있는 경우에는 사망률이 높다. 원인이 되는 파보바이러스는 저항력이 강하고, 통상적인 소독으로는 효과를 기대할 수 없다.

③ **백혈병바이러스 감염증 (Feline leukemia virus, FeLV)**

레트로바이러스에 속하는 고양이 백혈병바이러스 감염에 의해 유발된다. 백혈구에 암이 유발되는 것으로 이 병에 걸린 고양이의 타액에는 대량의 바이러스가 존재하므로 같은 식기로 먹던가, 몸을 서로 핥는 것으로 감염된다. 2마리이상 기르는 경우는 정기적으로 검사를 하고, 이 바이러스를 가지고 있는 것을 알게 되면 고양이의 사인에 크게 연관된 병으로, 감염되면 임파 B종이나 백혈병을 일으킬 수 있다. 또, 증상이 나타나지 않은채 전적으로 쇠약해져 여러 가지 증세를 나타내는 소위 후천성 면역부전 상태 가 되며 다른 병을 합병하는 경우도 있다.

④ **고양이 바이러스성 호흡기 질환**

2개의 바이러스(칼리시바이러스, 허피스바이러스)에 의해 발생하는 경우가 많다.

a. 고양이 비기관염 (Feline rhinotracheitis)
  – 고양이 허피스 바이러스 (Feline herpesvirus)감염에 의한다.

b. 고양이 칼리시바이러스 (Feline calicivirus)
  – 고양이 칼리시 바이러스 (Feline calicivirus)감염에 의한다.

이것들은 공통된 증상이 많으며, 반드시 구별된다고는 할 수 없다. 재채기, 결막염, 콧물, 기침, 침흘림, 구내염 등이 나타나며 발열을 하며 식욕이 없어진다. 한번 걸려도 면역이 있는 기간이 짧고, 재감염되는 병이다. 전염력이 강한 병으로 증상이 가라앉아도 바이러스를 장시간 체내에 가지고 있다거나 가벼운 증상으로 감염이 지속되거나 또 만성축농증으로 변하는 경우도 있다.

⑤ **전염성 복막염 (Feline infectious peritonitis, FIP)**

고양이 코로나바이러스가 원인으로 생기는 병으로 전신의 장기를 침입한다. 복막염으로 인해 복수가 차거나, 가슴에 물이 차는 경우가 있다. 또 복수나 물이 가슴에 차지 않는 경우도 있으며, 눈이나 뇌에 이상이 생기는 경우도 있다. 병이 진행해도 비교적 식욕이 있는 경우가 많으며, 증상 이 나타난 고양이는 서서히 소약해지고 회복의 기미가 없어져 버린다.

⑥ **고양이 면역결핍증 바이러스** (Feline immunodeficiency virus, FIV)

고양이 면역결핍바이러스가 원인으로 생기는 병으로 면역 저하로 만성 구내염, 치은염, 기도염, 임파절 부종, 설사와 빈혈 증상을 보인다.

(2) 클라미디아

Chlamydia Pschittasi 감염에 의한다. 결막염이 유발된다.

(3) 기생충

① **톡소플라즈마**

원충에 의한 전염병으로 사람과 고양이에 공통된 인수공통전염병이다. 원충은 고양이 몸 어딘가를 침입, 발열, 폐렴, 설사, 간장애(황달) 등의 여러 가지 증세를 일으킨다.

a. 생활사와 형태

반달형 모양의 원충으로 원충의 동물계와 식물계의 중간 단계에 해당하는 생물이다.

b. 인체감염경로

- **후천성 감염** : 식육(食肉) 중에서 외계에 분산하여 흙이나 식품 중에서 경구섭취. 잘 익혀지지 않은 상태의 돼지고기. 고양이 분변에서 유래한 것
- **선천성 감염** : 톡소플라즈마 원충에 감염된 임산부에서 태반을 통하여 태아에 감염.

c. 병원성

모체로부터 감염된 신생아에서는 뇌수종, 뇌염 등의 치명적인 증상을 일으킨다. 임산부의 경우에 유산, 사산 등의 치명적인 결과를 얻을 수 있어 고양이를 사육하는 가정에서는 임산부가 있는 경우에 톡소플라즈마 구충에 각별한 주의가 요망된다.

② **회충**

a. 생활사와 형태

고양이 회충은 고양이가 회충 충란에 오염된 음식물이 등의 섭취를 통하여 전염된다. 섭취 후 회충의 알(egg)은 부화하여 자충이 되어 소장을 뚫고 복강으로 나와 다시 간장이나 피하로 파고 들어 간다. 그리고 다시 폐를 거쳐 기관지를 지나 다시 소장에 들어가서 회충

으로 성장한다. 이렇게 회충의 자충은 고양이의 몸을 돌아다니면서 성장해 가기 때문에 내부장기는 치명적인 손상을 입게 된다. 또한 고양이회충은 어미의 태반을 거쳐서 자궁에 있는 태아에 감염될 수 있다. 드물지만 고양이의 몸을 돌고 있는 중에 뇌로 이행되어 자라는 경우도 있다.

b. 예방 및 치료

회충감염은 어린 고양이에게 특히 피해가 크기 때문에 어린 고양이는 동물병원을 방문하여 건강진단과 분변검사를 받아 보아야 한다. 생후 4~6주경에 구충한 후 생후 4개월이 되면 3주 간격으로 구충제를 투여한다.

③ 조충

고양이조충은 길이가 15~40cm로 체절을 가지고 있으며 고양이의 소장에 기생한다. 오이씨 모양의 편절 또는 조충 자신이 신축운동을 하면서 항문을 통해 기어 나온다.

배설된 알(egg)을 쥐(또는 토끼)의 입을 통해 쥐의 몸 안으로 들어간다. 그 쥐를 고양이가 잡아 먹게 되면 소장벽에 기생하여 성충이 된다. 쥐나 토끼가 중간 숙주로 전염의 매개가 된다. 또한 조충의 전염은 벼룩이나 이와 관련이 있는데, 조충의 알은 벼룩에게 잡아 먹혀 그 안에서 발육한 뒤 벼룩이 성숙하여 흡혈을 할 때 감염능력을 가지게 된다. 고양이가 자기의 몸을 핥을 때 감염된 벼룩이 입으로 들어가 감염을 일으키게 된다.

④ 콕시디움 감염증

몸이 약한 고양이가 감염되면 증상이 특히 심하며 장에 많은 병변을 일으킨다. 감염 후 3~5일 정도의 잠복기를 거친 뒤 수양성(watery) 설사가 시작되고 식욕 저하 또는 아무것도 먹지 않고 심한 점액성 혈변을 배출한 후 결국 사망하게 된다.

고양이 변을 통해 배출이 되므로 변은 바로 치워야 하며, 고양이 식기나 용품은 뜨거운 물로 열탕 소독을 하여 다른 고양이가 감염되지 않도록 주의를 해야 한다.

⑤ 벼룩 감염증

만약 많은 수의 벼룩이 고양이 몸에 기생하여 장기간에 걸쳐 다량의 피를 흡혈하면 빈혈이 생길 수도 있다. 또한 벼룩에 흡혈했던 부분은 빨갛게 일어나며 알러지를 일으켜 고양이가 가려워 할 수도 있다.

벼룩 알러지는 벼룩의 수에는 관계가 없이 한 마리의 벼룩이라도 흡혈을 하면, 벼룩의 타액 때문에 전신적인 알러지 반응을 일으킬 수 있다. 또한 벼룩은 조충(유충) 감염을 일으키기도 한다.

⑥ 외이염과 귀진드기 감염증

a. 원인

귀 안에 작은 개선충이라고 하는 일종의 진드기가 기생하여 일어나는 병이다. 귀속에서 암갈색의 귀지가 보이며 매우 전염력이 강하여 다른 고양이에게 옮기고, 심하게 긁으면 머리나 귀에 상처가 생길 수 있으며 이혈종으로 진행될 수도 있다.

b. 증상

고양이의 귀가 세균, 귀진드기, 진균(곰팡이) 등에 감염이 되면 심하게 머리를 흔들거나 몹시 가려워 한다. 심한 악취가 나며 지저분한 더러운 귀지가 쌓여 있다. 치료가 되지 않으면 중이염, 내이염으로 진행될 수도 있다.

(4) 진균 (곰팡이) 감염증

① 곰팡이성 피부병

a. 원인과 증상

주로 털 관리가 제대로 되지 않아 곰팡이에 감염되어서 발생하는 피부병이다. 증상은 털이 많이 빠지고 가려움증을 동반하며 몸 전체로 번진다. 또한 피부에서 하얀 비듬이 많이 떨어진다.

b. 예방

고양이의 털은 섬세하고 촘촘하기 때문에 털에 남아 있는 습기는 곰팡이성 피부병을 일으킬 수 있다. 털의 청결과 건조가 무엇보다 중요하다. 그러므로 평소에 햇볕을 많이 받도록 해야 하고, 고양이 주변 환경이 통풍이 잘 되게 해 준다.

털이 빠져 있는 곳만을 부분적으로 치료를 하면 재발할 수 있다. 전신치료가 원칙이다. 먹는 약, 약용 샴푸와 연고를 함께 치료를 해야 빠른 효과를 볼 수 있다

3) 전염병의 예방접종

(1) 고양이 예방접종 종류

① 3종 종합백신

고양이 범백혈구감소증(Feline Panleukopenia virus, FPV)과 바이러스성 호흡기질환으로 **고양이 바이러스성 비기관염**(Feline Viral Rhinotracheitis), **고양이 칼리시 바이러스** (Feline Calici virus)의 3개 병원체에 대한 예방

② **4종 종합백신**

3종 종합백신 병원체 + **고양이 백혈병 바이러스** (Feline leukemia virus)의 4개 병원체에 대한 예방

③ **단독백신**

- **고양이 전염성 복막염** (Feline infectious peritonitis, FIP)
- 고양이 광견병 : Ravies virus 예방
- 클라미디아 : *chlamydia psittaci* 병원체 예방
- 고양이 면역결핍 바이러스 (Feline immunodeficiency virus, FIV) : lentivius 일종

(2) 고양이 예방접종 스케쥴

고양이 백신은 **생후 8주령**부터 접종하는데, **종합백신**은 흔히 3종 백신으로 **「백혈구감소증**(FPV)+ **바이러스성 호흡기질환**(FVR, FCV)**」**의 3개 병원체에 대한 백신이 혼합되어 있는 제재를 많이 사용하며, 생후 8주부터 접종을 시작하여 **3-4주간격**으로 **3회**를 실시한다.

이후 매 1년에 한번이상 추가접종을 해주며 종합백신 추가접종 시에는 고양이 **백혈병 바이러스** 검사를 필수적으로 해주어야 한다.

12주령에 **고양이 백혈병 바이러스** 백신 1차접종, 16주령에 2차, 이후 1년에 1회 추가 접종 한다.

고양이 **전염성복막염**과 **고양이 광견병** 예방주사는 생후 16주령에 1차 접종한 후 매년 추가 접종을 한다.

고양이의 기생충 감염은 때로 사람에게도 옮겨 질 수 있기 때문에 기생충 검사 후 건강상태에 따라 구충제를 먹여야 한다.

표 3-2. 고양이 백신종류

연 령	백 신 종 류
6~8주령	1차 : 3종종합백신 「백혈구감소증(FPV) + 바이러스성 호흡기질환(FVR, FCV)」
12주령	2차 : 3종종합백신 「백혈구감소증(FPV)+바이러스성 호흡기질환(FVR, FCV)」 1차 : 백혈병 (FeLV)
16주령	1차 : 전염성복막염 (FIP), 광견병 (rabies) 2차 : 백혈병 (FeLV) 3차 : 3종종합백신 「백혈구감소증(FPV)+바이러스성 호흡기질환(FVR, FCV)」
매년	3종종합백신 「백혈구감소증(FPV)+바이러스성 호흡기질환(FVR, FCV)」, 백혈병, 광견병

6. 고양이 관리

1) 고양이의 먹이

① 사람이 먹는 것은 절대로 주지 않는다.

② 가족의 식사 때 고양이에게 사람이 먹는 것을 주게 되면 식사 때마다 달라고 조르게 되고 더욱 곤란한 것은 음식에 조미료나 염분이 들어있어 질병의 원인이 됨

③ 한 번에 많이 주지 않는다.

④ 아기 고양이는 하루에 3~4회, 어른 고양이는 하루 2회가 기준

⑤ 간식을 너무 많이 주는 것은 금물

⑥ 먹기 전에 반드시 냄새로 확인하는 습관

⑦ 드라이 푸드가 최고

⑧ 신선한 쇠고기는 날 것으로 주어도 됨

⑨ 돼지고기는 반드시 익혀서 줄 것

⑩ 언제나 깨끗한 물을 준비해 준다.(물 대신 우유를 주어도 좋음)

⑪ 실내에서 키우는 경우 고양이 풀(개다래)을 준비하여 때때로 줄 것
개다래의 생잎이나 줄기 열매 등을 주면 좋아하나, 이것을 먹으면 술에 취한 것 같은 일종의 황홀상태가 되는데, 이것은 개다래나무 성분이 대뇌나 연수(延髓)를 자극하여 마비시키기 때문이다. 이와 같은 현상은 고양이과 동물 전반의 공통된 특징이다.

⑫ 적합한 음식물

㉠ 닭의 가슴살

㉡ 육류

㉢ 계란 노른자

㉣ 생선

㉤ 밥

㉥ 야채

㉦ 고기는 전체의 1/3 정도 급여

(1) 고양이 사료

고양이 전용 사료에는 타우린이 포함되어있어 별도의 타우린 공급을 하지 않아도 되는 등의 영양 공급이 용이하다는 장점이 있기 때문에 전용 사료를 공급하는 것이 좋다. 퓨리나,

유카누바, 사이언스다이어트 등의 사료회사 등에서 전용 사료가 시판되고 있다. 일반적으로 자묘용(7개월령 미만)과 성묘용(8개월령 이상)으로 구분하여 연령에 맞는 영양 공급이 될 수 있도록 나오고 있으며, hair ball을 예방할 수 있는 성분이 첨가된 사료도 나오고 있다.

(2) 고양이에게 먹여서는 안 되는 식품

① 고양이에게 먹여서는 안 되는 식품

㉠ 파류 : 빈혈이나 중독, 패혈증의 원인이 됨. 양파, 파류를 사용한 요리도 주의.

㉡ 전복 등의 조개류

㉢ 닭뼈 : 세세하게 부서지기 때문에, 목에 찔리는 위험이 있다.

㉣ 전갱이, 정어리 등 등푸른 생선 : 불포화 지방산이 많기 때문에, 비타민 E를 함께 주어야함

㉤ 도그 푸드 : 고양이에 필요한 영양소가 빠져 있다.

㉥ 염분의 진한 것 : 신장병이나 고혈압의 원인이 됨

㉦ 유제품 : 고양이에 따라서는 유당을 능숙하게 소화할 수 없기 때문에 너무 주면 설사 할 수가 있다.

② 고양이에게 위험한 화학제품

사람에게는 편리해도, 고양이에게 화학제품은, 필요 없는 물건입니다. 계면활성제등의 화학제품은, 급격한 증상은 나타나지 않아도 서서히 간장에 쌓여 갑니다. 접하게 하지 않게 주의합시다.

㉠ 방충제 : 장뇌, 나프탈린, 유기 염소 화합물인 파라지크로 벤젠을 포함한다. 방충제는 매우 독성이 높고, 잘못하면 중대한 증상을 일으킨다. 절대 고양이가 접하지 않게 주의할 것

㉡ 화장실 방취제 : 파라지크로벤젠 들어 있는 방취제는 위험함

㉢ 석유계 제품 : 자동차의 부동액은 치사성 강하므로 주의. 등유 등을 넣을 때는, 떨어뜨리지 않게 한다.

㉣ 제균・항균 상품

㉤ 세탁 세제

㉥ 식기 세제

㉦ 곰팡이용 제품

㉧ 청소용 세제

㉨ 합성 샴푸

㉩ 화장품 : 화장품, 샴푸나 머리손질 제품 등 특히, 아래와 같은 지정 성분을 포함하는

것은, 고양이가 직접 접하지 않게 한다.

- 안식향산
- 오키시벤존
- 염화 세치르트리메치르안모니윰,
- 염화 스테아릴 새 메틸 벤질 암모늄
- 염산 지펜히드라민
- 파라크로로페노르
- 살칠산

③ 중독성을 일으키는 식물

ⓐ 아이리스
ⓑ 나팔꽃
ⓒ 아질리아
ⓓ 수국
ⓔ 살구, 사과
ⓕ 월계수 극락조꽃
ⓖ 쟈스민
ⓗ 서향
ⓘ 수선화속 구근
ⓙ 은방울 꽃
ⓚ 흰독말풀
ⓛ 철쭉
ⓜ 히야신스 구근
ⓝ 베라존나
ⓞ 꽈리의 열매

2) 건강한 고양이

눈을 크게 뜨고 상쾌한 느낌을 준다. 식욕이 좋아야 하며 살이 통통하게 찌고 털에 윤기가 나 있다. 몸은 부드럽고 탄력이 있으며, 변을 정상이며 설사한 흔적이 없어야 한다. 호기심이 강하고 활발한 개체를 고르면 된다.

구입 후 새끼 고양이가 충분한 휴식을 취할 수 있도록 귀찮게 해서는 안 된다. 충분히 수면 후 장난감을 주어 스스로 놀 수 있게 해준다. 아기 고양이가 2~5개월 되었을 무렵은 가장 귀여운 때여서 더 이상 크지 말았으면 하는 생각이 드는 시기이다. 고양이에게는 이 시기는 아주 중요한 시기로, 살아가기 위한 여러가지 훈련들을 해야 할 시기이다.

3) 먹이와 돌보기

아기 고양이의 식사 횟수는 하루 3~4회가 적당하며 고양이 전용 사료를 먹이면 된다.

사료는 반드시 고양이 사료여야 하며, 어린 고양이에게 성장용 사료를, 다 자란 고양이에게는 어른 고양이 사료를 먹여야 한다. 어린 고양이에게 어른 고양이 사료를 먹이면 성장률이 크게 저하되고, 어른 고양이에게 성장용 사료를 주면 지나친 비만이 되기 쉬우므로 잘 알아서 정확히 먹이를 주어야 한다.

고양이가 자라면 하루 두 끼로 충분하다. 식구들의 생활 리듬에 알맞은 시간을 정해서 물과 식사를 정해진 장소에서 주도록 한다. 가족이 식사를 하는데 가까이 오더라도 주지 말고, 또 식탁에 올라가려고 하면 확실하게 안 된다는 의사 표시를 하여야 한다. 이렇게 몇 번을 되풀이하면 알아차리고 자기의 식사 장소에서 기다리게 된다.

4) 훈련시키기

나쁜 습관을 하지 않도록 훈련 하고자 할 때는 먹이를 주거나 애정을 베푸는 것과 같은 보상책은 별로 쓸모가 없다. 또한 고통을 주는 것은 고양이의 나쁜 행동을 고정하는데 결코 최선의 방법이 될 수 없다.

① 딸랑이

고양이가 무서워하는 것은 바로 딸랑이와 물뿌리개이다. 딸랑거리는 소리를 고양이는 무서워한다. 그리고 물을 뿌려주는 것을 싫어한다.

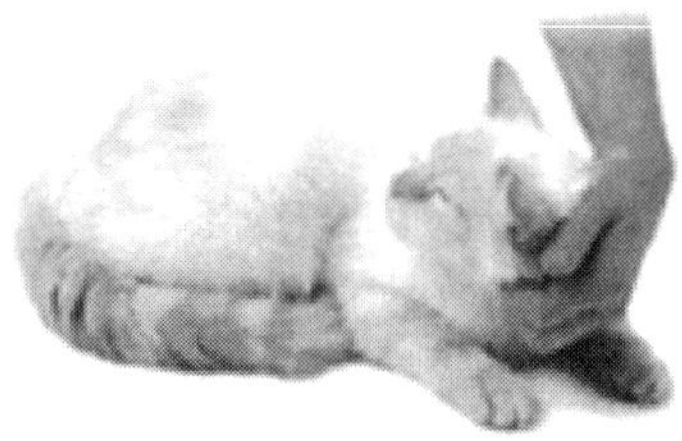

② 물뿌리개

고양이가 카펫이나 커튼을 발톱으로 집적거리면 물뿌리개나 물총으로 고양이한테 물을 뿜어주면 된다.

③ 알루미늄 호일

고양이가 변기 바깥에 자꾸 일을 보면 그 자리에 알루미늄 호일을 깔아둔다. 고양이는 알루미늄 호일이 발에 닿는 감촉을 싫어한다. 그렇기 때문에 변기를 사용하는 것이 낫다는 것을 알게 된다.

④ 나프탈렌

고양이가 집안 화초 뿌리를 파지 못하도록 하려면 흙 위에 나프탈렌을 놓아두면 된다. 그 냄새를 고양이는 아주 싫어한다.

5) 스킨십

고양이는 턱 밑을 긁어 주는 것을 매우 좋아한다. 어미 고양이가 새끼들한테 하듯이 사람의 손을 핥으며 안정을 느낀다. 반면에 고양이 턱 밑을 쓰다듬어 주다 보면 기분이 좋아진다. 어린이들한테도 고양이 때문에 가정에서 오가는 애정에 좋은 영향을 미친다. 어렸을 때 쓰다듬어 주는 버릇을 하지 않았던 고양이는 조금만 만지려 들어도 심하게 반항한다. 새끼 고양이의 몸 뒷부분을 한 손의 손바닥으로 받쳐주면서 다른 손으로는 앞발과 머리를 흔들어 준다. 결코 어미가 하듯이 목덜미를 잡고 들어서는 안 된다. 그러다가 약한 몸이 다칠 수도 있기 때문이다. 물론 새끼는 자주 만져 주어야 나중에 커서도 쓰다듬는 것을 좋아하게 된다. 머리를 비벼댄다. 고양이는 머리를 사람의 손에 대고 문지름으로써 자신의 체취를 남긴다. 귀 뒤쪽은 혀로 핥을 수 없기 때문에 이곳을 만져주면 좋아한다.

① **가슴과 귀, 목, 등, 복부를 매일 쓰다듬어 준다.**

② **만지면 고양이가 좋아하는 부위들**

아기고양이 때부터 자주 안아준다든지 쓰다듬어 주는 것이야말로 고양이를 사람과 친숙하게 길들이는 가장 기본이 된다. 쓰다듬어 주는 것을 싫어하는 고양이는 질병이나 상처가 생겼을 때에 발견 및 치료가 힘들며 충분히 보살펴 줄 수도 없다. 그러므로 매일 습관적으로 쓰다듬어 주고 안아주어 사람과의 접촉을 좋아하게 만들어야 한다. 혹 아기 고양이일 때는 만져주는 것을 좋아했는데 어른이 되어 이를 싫어하는 고양이도 있을 수 있다. 그럴 때에는 무리하게 쓰다듬으려 하지 말고 같이 놀이를 한다든지, 사람의 몸 위에 올려놓는다든지, 무릎에 앞발을 걸치게 한다든지 등의 방법을 통해 자연스런 친숙함을 만들어 가는 것이 좋다.

6) 행동

생후 1개월이 지나면 아기 고양이는 스스로 화장실을 찾아 배설을 하게 된다. 이 무렵은 아직 먼 곳까지는 가지 못하므로 잠자리 근처에 화장실을 만들어 준다. 아무데나 배설하지는 않으므로 장소를 정해 깨끗하게 해 놓으면 배변습관을 들일 수 있다.

집으로 처음 데리고 온 날은 이전에 사용하던 모래를 새로운 화장실에 넣어둔다. 그러면 그곳이 화장실이라고 생각한다. 일정한 장소에서 대소변을 잘 보게 되면 아끼지 말고 칭찬을 해준다. 또 고양이 변기에 화장실 모래를 깔아주면 대소변 가리는 데는 별 어려움이 없다.

고양이는 발톱이 날카로우므로 정기적으로 개나 고양이 전용 발톱깎이로 혈관 분포를 살펴가며 혈관이 손상되지 않도록 깎아 주어야 한다.

실내에서 생활하는 애완용 고양이에게 날카로운 발톱이 필요 없으므로 아예 수의사에게 의뢰하여 발톱 제거 수술을 해주면 발톱으로 인한 문제가 더 이상 생기지 않아 좋다. 2개월이 지나면 뇌의 기능은 완성되고 움직임의 종류나 양이 불어나게 된다. 그리고 6개월이 지나면 유모기가 끝나고 어린 고양이는 발도 튼튼해지고 호기심을 갖게 된다.

여러 가지 장난감을 가지고 놀기 시작하고 개구쟁이처럼 활동한다. 아기 고양이에게도 집안에서 지켜야 할 매너가 필요하다. 집안 식구들과의 존재를 가르치고 바깥 사회의 올바른 지식을 가르쳐야 잘 적응해 갈 수 있다.

7) 목욕

고양이들은 대부분 물을 두려워하므로 목욕을 싫어한다. 이 때문에 생후 4개월 무렵부터 목욕하는 것을 서서히 길들여야 한다. 목욕은 단모종의 고양이들에게는 별 필요가 없으나 장모종의 고양이들은 털이 쉽게 더러워지므로 적어도 1개월에 2번 정도는 목욕을 시켜 주어야 한다. 먼저 빗질을 해서 빠진 털을 제거한 다음 귀에 물이 들어가지 않도록 주의하면서 모근 까지 물이 스며들도록 천천히 감겨 준다. 그 다음 스펀지에 샴푸를 묻혀 거품이 많이 나게 문지른 다음 골고루 헹구고 다시 린스를 한 후 미지근한 물로 헹궈 준다. 마지막으로 드라이어로 털을 말린 다음 빗질을 해준다.

8) 발톱깍기

실내에서 키우는 고양이의 경우, 발톱이 너무 자라면 부러진다든지 갈라질 수 있다. 그래서 건강한 발을 간직하려면 발톱을 잘라 주어야 한다. 보통 앞발의 발톱은 약 2주일, 뒷발의 발톱은 3~4주일 간격으로 잘라주도록 한다. 동물전용 발톱깍기를 사용하여 발의 앞부분을 위에서 아래로 살며시 누르면 발톱이 나온다.

발톱안에는 혈관이 있으므로 발톱깍기는 혈관 바로 앞에까지만 하며 잘라준다. 발톱을 자르다가 출혈이 나올 경우 당황하지 말고 압박지혈을 실시한다. 즉, 깨끗한 솜을 대고 출혈점을 누르면 가벼운 출혈은 곧 지혈이 된다. 그러나 계속 출혈이 나온다면 즉시 동물병원으로 데려 가야한다.

9) 미용

피모를 중심으로 해서 귀, 눈, 발톱, 등의 손질을 '미용'이라 한다. 고양이가 잘 손질되어 있으면 보기에도 아름답다. 또 피부병 발생률도 현저히 줄게 된다. 건강한 일상 생활을 계속 하기 위해서는 반드시 필요한 일 가운데 하나이다. 필요한 도구는 여러가지의 빗과 브러시,

애완동물 전용삼퓨와 린스 등이다.

(1) 장모종 미용

손끝으로 빗기면서 성긴 빗으로 모근 쪽부터 쓸어 올려가며 엉킨 부분을 가위로 옆으로 눕혀서 잘라주고, 빗으로 조금씩 빠진 털을 제거 한다. 목이나 겨드랑이 아래, 귀 뒤, 아랫배 등은 피모가 엉키기 쉬우므로 잘 살펴보도록 한다.

엉킨 것이 남아 있으면 그 주변의 털도 함께 달라붙기 때문이다. 드라이 파우더를 모근에 뿌려 브러싱과 함께하면 피모의 기름기를 흡수해서 브러시 사용이 편해질 뿐만 아니라 파우더와 함께 더러움을 제거해 줄 수 있다. 브러싱은 털을 일으켜 세워 듯이 털의 밑뿌리에서 위로 쓸어 올리듯이 빗어주는 것이 요령이다. 가는 빗으로는 머리털을 세우듯이, 또 뺨의 털은 옆으로 빗어주는 것이다.

(2) 단모종 미용

우선 손바닥을 적셔서 고양이의 전신을 상하 또는 원을 그리듯이 몇 번이고 되풀이한다. 털 손질을 하기 전에 하는 마사지는 털이 위로 떠오르도록 하는데 효과가 있다 한편 샴고양이가 피모를 손질할 때는 가는 빗을 털의 결대로 천천히 빗어주면 그동안 빠진 털들이 말끔히 제거된다. 또 실크 수건이나 가죽을 사용해서 전신을 골고루 마사지하는 것도 좋은 방법이다.

10) 일광욕하기

햇볕을 자주 쬐게 해주는 것은 살균과 청결에 중요한 역할을 하므로 고양이의 건강을 위해 반드시 필요하다. 햇볕이 잘 드는 창가나 베란다 등에 고양이 방석이나 타월 등을 마련해 주는 것이 좋다. 또한 일광욕을 시키데 자유롭게 그늘을 찾을 수 있도록 해 주어 탈수증에 걸리지 않도록 한다.

11) 애정을 가지고 끈기 있게 교육하기

교육을 시키기에 가장 좋은 시기는 태어난 지 2~3개월 때이다. 이 시기에 성격이나 습관들이 형성되므로 식사예절, 화장실, 발톱갈이 등에 관해 확실히 가르쳐 주어야 한다. 개들의 교육목적이 사람에게 길들이는 것이라면 고양이 길들이기의 최종 목적은 고양이의 야생적 본능에서 비롯되는 행동들을 사람이 사는 환경에 보다 적합한 습관으로 발전시켜주는 것이다. 그렇기 때문에 개에게는 벌과 칭찬이 엄연히 구분되지만 고양이는 칭찬에 대해 별 반응이 없다. 단지 고양이는 자신의 생활에 필요한 것을 마련해 주기만을 원한다. 단 고양이가 사람을 할퀴거나 잘못을 하면 코를 가볍게 한 대 톡 쳐주는 게 좋다. 너무 아프게 하면 역효과가 난다는 것도 기억해 둔다.

12) 혼자 있는 법에 익숙해지기

고양이가 집에 아무도 없이 혼자 있다고 하여 외로움을 타거나 신경질을 부릴 거라 생각하는 것은 오산이다. 고양이는 야행성 동물로 주로 낮에는 낮잠으로 시간을 보낸다.

이처럼 사람이 없어도 본능적 습성에 의해 혼자 있는 것에 낯설어하지 않으므로 많은 시간을 함께 보낼 수 없을 경우 혼자 있는 것에 익숙해지도록 길들이는 것은 쉬운 일이다. 단 배가 고플 때를 위해 식사는 넉넉하게 준비해 두어야 하며 낮 시간 동안 혼자 있게 한 만큼 밤에는 쓰다듬어주거나 안아주어야 한다. 하루에 한번은 꼭 스킨십을 해준다.

13) 불규칙 속의 규칙 찾기

고양이의 생활은 겉으로 보기에는 단순하며 불규칙적으로 보인다. 그러나 고양이가 하루 24시간을 어떻게 보내는지 유심히 살펴보면 의외로 규칙적인 생활을 한다.

잠자고 일어나고 노는 등의 시간이 일정하게 반복된다는 것이다. 결국 이 일정한 생활 패턴이 고양이에게는 가장 행복하고 안정된 생활이므로 이 패턴을 유지 시켜주는 것이 중요하다. 아기 고양이 때부터 매일 사람과 같이 어딘가로 외출하는 생활을 하고 있다면 그것이 그 고양이의 생활패턴이 되는 것이다. 그러므로 갑자기 차에 태운다든지, 모르는 곳에 데려가는 것은 고양이에게 큰 공포심을 불러일으킬 수 있다. 이처럼 갑작스런 생활환경의 변화는 고양이에게 스트레스와 불안감을 줄 수 있으므로 안정된 생활을 할 수 있도록 만들어 주어야 한다.

14) 청결한 화장실

고양이도 사람과 마찬가지로 각기 다른 성격을 지니고 있다. 사람을 잘 따르고 애교가 많으며 안아주고 쓰다듬어 주는 것을 좋아하는 고양이가 있는가 하면 사람이 안아주는 것조차 싫어하는 고양이도 있다. 또한 자는 곳이나 노는 것, 대화 나누는 법 등도 고양이마다 다 다를 수 있다. 그러므로 자기 고양이의 특성을 빨리 파악하여 고양이가 가장 좋아하는 방법으로 기르는 것이 바람직하다.

① 처음 훈련이 중요

고양이는 원래 정해진 장소에서 배설하는 습성을 가지고 있으므로 화장실 습관 길들이기는 비교적 간단하다.

단, 맨 처음이 중요하다. 고양이를 데리고 온 날 식사를 하게 한 다음 화장실 안에 살포시 놓아주고 만약 배설이 이루어졌다면 이는 화장실 길들이기의 70%가 성공한 것으로 생각하면 된다. 두 번째로 스스로 화장실을 찾아 배설을 한다면 거의 100% 성공이라고 여겨도 좋다. 이때 '잘했어'라고 칭찬해주자.

만약, 고양이가 화장실 바깥에 배설하면 그 자리에 알루미늄 호일을 깔아둔다.

고양이는 호일이 발에 닿는 감촉을 싫어하기 때문에 화장실을 사용하는 것이 더 낫다는 것을 깨닫게 된다.

② 화장실은 편안하고 조용한 장소에 마련

맨 처음에는 고양이가 잘 볼 수 있는 곳에 화장실을 두는 것이 좋다. 처음에는 데려다 준 장소에서 놀라 도망칠 수도 있으나 2~3회 사용하다 보면 곧 익숙해진다.

또 고양이가 편안한 마음으로 배변할 수 있도록 조용하고 사람의 통행이 적으며 모래를 갈아주기 쉬운 곳이 좋다.

③ 안절부절 앞발로 바닥을 긁을 때

고양이가 갑자기 안절부절 하면서 몸을 떨거나 방안 구석구석을 다니며 냄새를 맡고 앞발로 바닥을 긁기 시작한다면 '화장실에 가야 한다.'는 신호이다.

이럴 때에는 즉시 화장실로 옮겨 주어야 하는데 고양이가 놀라지 않게 천천히 옮겨야 한다. 급하게 옮기면 놀라서 배설을 하지 않을 수 있다.

④ 화장실에 자신의 냄새를 배게 해준다.

고양이는 후각이 발달되어 있어 냄새에 매우 민감하다.

그러므로 화장실 습관을 빨리 길들이기 위해서는 예전에 자신이 사용했던 화장실 모래나 자신의 변이 약간 묻어 있는 것을 화장실에 놓아두면 자기냄새로 인해 좀 더 쉽게 적응시킬 수 있다.

만약 화장실이 아닌 곳에 배설을 했다면 빨리 그곳을 치우고 냄새를 제거해 주어야 한다.

⑤ 화장실 위치 변경 시에는 이전에 사용하던 것을 이용

고양이의 화장실 위치를 바꿀 때에는 이전 사용하던 화장실 용기와 모래를 그대로 사용하고 직접 데리고 가 위치를 확인시켜주면 된다.

생활환경에는 변화가 없는데 화장실 환경만 갑자기 바꾸면 고양이가 스트레스를 받기 때문에 유의해야 한다.

⑥ 청결한 화장실

고양이는 깨끗한 동물로서 자신의 화장실이 지저분하고 더러우면 들어가지 않고 다른 장소에 배설을 한다.

따라서 배설한 즉시 치워주고 모래도 자주 갈아주어야 하며 화장실 용기도 햇빛에 말려 청결과 살균에 각별히 신경 써 주어야 한다.

7. 고양이 기르기

1) 고양이 데려오기

(1) 고양이 선택

① 평생을 보살펴줄 각오와 마음가짐

멋진 고양이의 모습을 보고 일시적인 흥미나 충동적으로 고양이를 기르는 것은 바람직한 행동이 아니다. 살아있는 생명체를 기른다는 것은 평생을 보살펴 줄 각오와 마음가짐으로 시작되는 것이다. 처음에는 고양이에게 필요한 용품도 구입해야 하고 고양이는 최소 15년 이상 살기 때문에 고양이를 기르기 전에 충분한 생각을 하여 후회하는 일이 없도록 해야 한다.

② 우선 고양이의 특징을 알아보도록

고양이는 종류에 따라 크기나 형태, 무늬 그리고 자신만의 성격이 있다. 예를 들어 아비시니안 고양이는 매우 활동적이라 좁은 아파트에서 기르기에 적당치 않지만 페리시안은 성격이 온화하여 아파트에서도 잘 적응을 한다.

③ 암컷이냐 수컷이냐?

암코양이는 대단한 발정기를 겪는다. 큰 소리를 내어 수코양이를 부르며 때로는 성적인 욕구로 인해 무척 고통스러워한다. 수코양이도 문제는 있다. 오줌을 여기저기 흩뿌리며 다닌다. 암컷과 수컷의 장단점을 잘 비교하여 선택하여야 한다.

④ 장모종이냐 단모종이냐?

고양이는 주기적으로 털갈이를 하기 때문에 털이 좀 많이 빠지는 편이다. 그래서 자주 브러시 등 털관리 용품을 이용해서 털관리를 해주어야 하는데 장모종은 더욱 신경을 써야 한다. 주인이 시간적 여유가 없다면 쇼트헤어같은 단모종을 기르는 것이 좋다.

⑤ 고양이의 구입장소

순종을 기르고 싶다면 이름있는 사육가 또는 주의의 동물병원에서 구입이 가능하며 그냥 잡종을 기른다면 이웃이나 동물관련 인터넷 사이트를 통해 무료로 구할 수도 있다.

(2) 건강한 고양이 선택하기

고양이를 분양받아 데리고 오기 전에 건강한 고양이를 선택하는 것이 중요하다. 대개 건강한 고양이는 움직임이 활발하며 주변의 반응에 민감하며, 고양이 옆으로 손을 내밀어도 피하거나 경계하지 않는다.

① 부드러운 털과 촉촉한 코

털은 부드러우며 윤기가 흐르고 결이 고운 것이 좋으며, 벼룩이나 이 등 외부기생충이 없고, 코는 윤택이 나며 약간은 촉촉해야 한다.

② 입과 귀는 냄새가 없어야

입과 잇몸은 엷은 핑크색을 띄고 입냄새가 없어야 한다. 귀 역시 귀지나 분비물이 없어야 하며, 역한 냄새가 나면 곤란하다. 또한 들어봐서 보기보다 묵직한 녀석이 건강하다.

③ 말랑말랑한 배

복부를 만졌을 때 말랑말랑하고 부드러운 느낌이어야 한다. 복부가 딱딱하게 만져 진다면 소화기계통에 이상이 있음을 의미한다.

④ 생후 6주 이상 된 고양이

반드시 태어난지 6~8주 이상 된 젖을 뗀 고양이를 분양 받아야 하며 예방접종이나 구충제 복용여부, 먹어왔던 음식 등 몇 가지 사항을 알아야 한다. 이렇게 선택을 한 후 반드시 고양이를 잘 아는 수의사에게 건강검진을 받는 것이 필요하다.

(3) 데려온 첫날 보내기

① 만지면 안돼요.

고양이를 분양받아 첫날 집에 데려오면 고양이는 낯설어 하며 두려움을 느낀다. 처음 보는 생소한 것이 많아서 두려움을 느끼므로 고양이가 새로운 집안 환경에 빨리 익숙해지도록 잘 도와주어야 한다.

② **편히 쉴 수 있도록 안정을 시켜주세요.**

어린 아이들이 있다면 고양이에게 더욱 큰 걱정이 된다. 우선은 만지지 않도록 해야 하며 조용하고 따뜻한 곳에 혼자 편히 쉴 수 있도록 안정을 시켜 주어야 한다.

③ **탁상시계와 따뜻한 물주머니를 준비**

만일 고양이가 밤에 보채거나 야옹거리며 울며 귀찮게 할 수 있다. 엄마와 형제들이 그립기 때문인데, 고양이 방석 안에 탁상시계나 따뜻한 물이 들어 있는 보온 주머니를 넣어주는 것이 방법이 될 수 있다. 엄마의 심장소리와 형제들의 체온을 느낄 수 있도록 해주는 것이다.

(4) 고양이를 안는 법

고양이를 안을 때는 한손으로 엉덩이와 뒷다리를 받치고 다른 손으로 가슴을 안아서 가슴과 가슴이 맞닿도록 한다. 마치 엄마가 된 것처럼 가장 편안하고 안정된 기분을 가지고 포근히 안아 주어야 한다.

(5) 고양이에게 필요한 것

① **고양이 방석**

어린 고양이를 집에 데려오면 조용한 곳에 쉴 곳을 마련해 주어야 한다. 시중에서 판매되는 고양이 방석을 이용해도 좋고 담요 또는 못 쓰는 옷가지 등을 이용해서 잠자리를 마련해 줄 수 있다.

② **배변상자, 고양이 모래**

고양이는 대소변을 해결할 수 있는 화장실용 배변상자를 준비하는 것이 필요하다. 바닥이 얇고 고양이가 다 자란 후에도 사용할 수 있는 정도의 적당한 넓이의 시판용 고양이 화장실을 준비하도록 한다. 이 안에 고양이 모래를 집어넣으면 배설물과 함께 뭉치게 되어 처리가 용이하다. 더불어 모래와 뭉친 배설물을 제거하는 화장실 청소용 삽을 준비하는 것이 좋다. 화장실상자의 냄새를 없애기 위해 모래를 깔기 전에 베이킹 소다나 방향제를 뿌린다. 가끔씩 비누로 세척을 해주는 것도 필요하다.

③ **고양이 전용사료**

고양이를 데려오기 전에 원래의 주인에게 그동안 먹어왔던 사료의 이름, 종류, 그리고 급여량을 물어 보아야 한다. 사료가 갑자기 바뀌면 몸에 이상이 올 수도 있다. 고양이 먹이는 전적으로 사료이어야 한다.

④ 발톱갈이용 판

고양이가 처음 집에 와서는 낯설어 하다가 점차 집안 분위기에 익숙해지면 주변의 가구나 기둥 또는 카펫 등을 발톱으로 할퀴게 된다. 이것은 본능적인 행동이기 때문에 어쩔 수 없다. 대신 발톱갈이용 판을 준비하여 가구나 기둥이 상하지 않게 해야 한다. 이것은 애완동물샵에서 판매되지만 집에서 만들 수도 있다. 고양이 키 정도의 나무에 표면이 거친 카펫을 단단히 묶어서 나무에 둘러 준다.

⑤ 빗과 브러쉬

애완동물샵이나 동물병원에서 빗과 브러쉬를 준비해야 한다. 단모종의 경우 덜 하지만 페르시안 같은 털이 긴 장모종은 정기적으로 털관리가 필요하다.

⑥ 이동가방

외출이나 병원에 데리고 갈 경우에 반드시 필요하다. 바람이 잘 통하고 청소하기 편한 것으로 선택을 해야 한다. 특히 지하철과 같은 대중교통을 이용할 경우 주변의 진동으로 고양이를 보호해 주는 역할도 해준다. 또한 바닥에는 오줌을 잘 흡수할 수 있도록 수건이나 신문지를 깔아준다

(6) 나이별 사료급여 방법 일일 표준사료양

① 생후 4개월까지

어린 고양이용 사료를 하루에 체중의 4%의 사료를 주어야 한다. 예민한 어린 고양이는 환경이 바뀌면 사료를 잘 먹지 않을 수 있으니 분양하기 전에 먹었던 사료를 알아 두는 것이 좋다.

② 생후 4개월에서 9개월까지

이때는 체중의 약 3%의 사료를, 3회에 나누어 주면 된다. 고양이의 근육과 골격이 자라는 성장기이므로 위장의 소화력이 왕성해 지는 시기이다. 고양이는 성장기때에 고단백질의 사료가 필요하기 때문에 하루에 3회 정도 나누어 먹이며 캔사료와 건조사료를 섞어서 주는 것도 좋다.

③ 생후 9개월 이후

체중의 약 2%의 사료를 2회에 나누어 급여한다. 고양이는 9개월이 지나면 육체적으로 완

전히 성숙한 상태이다. 이때는 하루 2번 사료를 주며 같은 시간 같은 장소에서 사료를 먹인다. 만일 시간이 없고 집을 자주 비운다면 자유급식을 하는 것도 좋은 방법이다.

(7) 어린 고양이 건강상식

① 생후 1주일은 반드시 초유 급여

어미의 초유에는 면역항체가 포함되어 있어 생후 1주일정도는 반드시 어미젖을 먹어야 건강하게 자랄 수 있다. 생후 3주 이후부터 젖을 떼고 사료를 줄 수 있다.

② 생후 5주경에 구충

어미고양이가 기생충을 가지고 있으면 새끼는 태반에서 감염이 되기 때문에 생후 5주정도에 구충제를 복용시켜 주는 것이 좋다. 이후 2개월마다 분변검사한 후 구충제를 복용시켜준다.

③ 생후 2,3주경에 이빨이 나옴

고양이 이빨의 성장은 개보다 빨라 생후 2,3주부터 앞니와 송곳니가 나기 시작한다. 그리고 생후 3개월이 지나면 앞니가 영구치로 바뀌기 시작하고 송곳니 영구치는 5개월에 생기기 시작한다.

④ 중성화 수술

암컷은 태어난 지 6개월만 지나도 발정이 와서 임신을 할 수 있는 어미가 되며, 1년에 2~3번 정도 새끼를 낳을 수 있다. 어떤 고양이는 10년이 지나도 임신할 수 있을 정도로 번식력이 아주 강한 편이다. 암컷은 번식의 억제와 건강관리 그리고 수컷은 오줌을 흩뿌리는 행동의 억제를 위해 어린 연령에 중성화 수술을 시키는 것이 좋은 방법이다.

⑤ 고양이의 이갈이

고양이는 생후 4개월부터 이갈이를 시작하여 유치가 영구치로 바뀐다. 몇 주에 거쳐 영구치가 유치를 밀어내는데 이것을 '붕출'이라고 합니다. 이러한 붕출이 일어나 유치가 영구치로 바뀔 때 고양이는 무척 고통스러워한다.

⑥ 어미젖이 부족하면 시판용 초유 급여

어미가 젖이 부족한 경우라면 새끼고양이에게는 고양이용 초유를 주어 성장에 지장이 없도록 해야 한다. 사람이 먹는 우유는 어린 고양이에게는 적합하지 않다. 새끼고양이에게 대신 시판용 고양이초유를 구입하여 미지근하게 해서 고양이 젖병에 넣어서 주면 된다.

2) 연령별 고양이 돌보기

(1) 생후 2~3개월 된 어린 고양이 돌보기

① 사람들과 친숙해질 수 있도록 한다.

고양이에게 있어 생후 2~3개월은 신체적 성장이 가장 빠른 시기이면서 또한 성격이 형성되는 대단히 중요한 시기이다.

이 시기에 사람들과의 유대를 형성하는 것이 좋으므로 부드럽게 안아주고 조용하고 다정하게 말을 건네는 등 친숙함을 표현해 주어야 한다.

② 안을 때나 내려놓을 때 주의

어린 고양이는 연골이라 지나치게 꽉 껴안는 등 잘못된 자세로 안아주거나 바닥에 내려놓을 때 던지는 등의 행동만으로도 다치거나 놀랄 수 있으므로 주의한다. 그러므로 조심스럽고 균형 있게 안아주고 내려놓을 때에도 부드럽게 네다리 모두 동시에 바닥에 닿을 수 있도록 해 주어야 한다.

③ 단계적이며 균형 있는 식사

생후 3주 동안은 반드시 모유를 먹여야 건강하게 자랄 수 있다. 그 시기에 모유를 먹어야 면역 항체가 형성될 수 있기 때문이다.

생후 3주 이후부터 젖을 떼고 분유를 줄 수 있다. 생후 2개월쯤에는 사료를 물에 불려서 1일 3~4회 정도로 주고 생후 3개월이 되면 치아 건강에 도움을 주는 건조사료를 그냥 준다. 특히 이 시기에는 영양이 균형 있게 고루 갖추어진 식사가 무엇보다 중요하다.

④ 혼합백신과 구충제

고양이 혼합백신은 세 가지 전염병을 막아주는데 3차 접종이 가장 일반적이다. 접종시기는 생후 3개월과 4개월에 두 번 접종하고 그로부터 3개월 후 추가 접종하면 된다. 그리고 생후 5주 정도에 구충제를 복용시켜 줘야 하는데 이는 어미 고양이가 기생충을 가지고 있으면 아기가 태반에서 감염될 수 있기 때문이다. 이후 2개월마다 변을 검사하고 구충제를 복용시켜주어야 한다.

⑤ 특별한 관리를 요하지 않는 치아

고양이는 생후 2~3주부터 앞니와 송곳니가 나기 시작해서 생후 3개월이 지나면 앞니가 영구치로 바뀌기 시작한다. 송곳니 영구치는 5개월에 생기기 시작하는데 2~3개월 고양이의 이빨은 특별한 관리를 요하지 않다.

(2) 생후 4~9개월 된 고양이 돌보기

① 인식력이 좋아지고 지능도 훨씬 발달

생후 4~9개월은 빠른 성장과 함께 각자 신체적으로나 정신적으로 자기 모습을 결정하는 시기이다. 이 시기에 영구치로 새로운 치아가 생성되고 매달 0.5kg정도씩 체중도 증가한다. 또 뼈의 구조가 커지고 어릴 때의 젖살이 빠져 마른 것처럼 보이기도 하며 인식력과 지능이 현저히 발달하는 등 고양이로서의 모든 모습을 결정되는 시기이다.

② 고단백의 늘어난 양의 식사

시기에는 현저한 육체적 변화를 나타내므로 다 자란 고양이의 두 배 정도의 고단백질 식사가 요구되며 양도 늘여주어야 한다. 이 시기 고양이의 위는 많은 사료를 소화시킬 수 있으며 시간이 흐르면서 개체간의 식성과 성장에 따라 음식의 양이 증가한다. 식사횟수는 6개월까지는 3회로 하고 그 이후부터는 2회로 조절해 주되 정해진 시간에 준다.

③ 유치에서 영구치로 이갈이

생후 4개월부터 몇 주간에 걸쳐 영구치가 유치를 밀어내기 시작한다. 이때 고양이는 심한 고통을 느끼며 다소 힘들어한다. 유치가 잘 안 빠질 경우 보통 손으로 부드럽게 당기면 빠지는데 턱뼈 깊이 박혀있을 때에는 손으로도 빠지지 않을 수 있다. 이때는 수의사에게 데려가는 것이 좋다.

이갈이가 시작되면 몇 주 동안은 입안을 자주 들여다 봐주고 잇몸이 빨게 지거나 부을 때에도 수의사와 상의한다. 이갈이의 통증은 구토, 설사, 식욕저하, 침흘림 등을 유발할 수 있으므로 부드러운 음식을 주는 등 각별한 관심과 보살핌이 필요하다.

(3) 생후 9개월 이후의 다자란 고양이 돌보기

① 꾸준한 애정과 관심

고양이는 9개월이 지나면 모든 면에서 성숙해 있다. 성숙한 고양이는 자신의 방식대로 행동하며 사람의 의도에도 잘 따르지 않는다. 그러나 겉으로 보기에는 사람의 손길을 거부하는 듯 보이나 실제로는 꾸준한 애정과 관심을 받길 원한다. 따라서 어렸을 때보다는 좀 더 고양이의 의사를 존중해 주되 애정 어린 말과 관심은 변함이 없어야 한다.

② 다 자란 골격에 체중만 조금씩 증가

생후 9개월이 지난 고양이는 신체적으로 완전히 성장했다고 보면 된다. 이 시기에는 고양이 품종에 따라 털의 모양과 색깔이 다양하게 나타나지만 신체의 크기나 특징은 대다수 비숫해진다. 일반적으로 성숙한 수고양이는 몸무게가 3~7kg이고 암고양이는 2.5~5.5kg 정도라는 것을 미리 알아두어 비만이 되지 않도록 해야 한다.

③ 비만관리

일생을 집안에서 지낸 다 자란 고양이는 종종 게을러져 과체중의 비만이 되기 쉽다. 이때에는 하루에 두 번 주는 식사횟수와 양은 줄이지 말고 운동을 하게 하는 것이 좋다. 만약 고양이가 2마리 이상이라면 같이 노는 것이 운동이 될 수 있으나 그렇지 못할 때에는 사람이 직접 같이 같이 놀아주거나 날마다 데리고 나가 산책을 시켜주는 것도 운동을 대신할 수 있다.

고양이는 갑작스런 목줄에 익숙하지 않으므로 어렸을 때부터 목줄을 이용해 산책을 하며, 겨울이라 하여 산책을 제한할 필요는 없다. 1년 중 고양이털이 가장 두터운 때가 겨울이기 때문이다. 다만 항상 산책 후 발바닥에 상처는 안 났는지 발가락 사이에 먼지나 물기 등을 확인하고 닦아주어야 한다. 이러한 운동이나 산책을 사료를 먹인 직후에 시키는 것은 탈이 날 우려가 있으므로 좋지 않다.

(4) 생후 7년 이후의 노년기 고양이 돌보기

① 신체기능 저하

고양이의 평균수명은 약 15년이며 태어난 지 7년이 되면 노년기에 접어든다. 사람과 마찬가지로 고양이도 나이가 들면 신체기능이 저하되어 점점 활력을 잃고 하루의 대부분을 잠자는 시간으로 보낸다. 쾌적하고 좋은 장소에서 편히 잘 수 있도록 신경 써 주어야 한다. 몸의 근육에 탄력이 없어지고 시력과 청력이 저하되며 백내장이 생기기도 한다.

그리고 이빨에 충치와 치석으로 통증을 호소하며 이빨이 빠지기 시작한다. 또 이시기 암에 걸릴 확률도 높아지므로 더 많은 관심이 요구된다. 집안사람들의 사랑을 언제나 그리워하므로 늘 애정표현 해 주는 것을 잊지 말아야 한다.

② 예방접종과 건강검진

1년에 1회 이상 예방접종을 맞히고 6개월마다 건강검진도 받아야 한다.

③ 위장을 보호해 주면서 저칼로리, 고섬유질 식사

고양이가 노년기에 접어들면 기존에 비해 20%적은 에너지를 필요로 한다. 활동량이 극히 줄어들기 때문에 비만의 우려가 심각하다. 그러므로 저칼로리의 고섬유질 사료를 주어야 한다. 또한 노년기의 고양이는 위장이 나빠지기 쉬우므로 절대 사람이 먹는 음식은 주어서는 안 된다. 그리고 이빨이 좋지 않아 소화에도 어려움이 있으므로 사료를 물에 불려서 주는 것이 좋다.

(5) 어릴 때 습관이 평생 좌우

대다수의 습관들과 마찬가지로 식사 습관 역시 어릴 때 가르치는 것이 좋다. 고양이는 좋아하는 음식은 질리는 법 없이 먹지만 싫어하는 것은 쳐다보지도 않을 만큼 대단한 편식을 한다. 그래서 아기 때 먹어본 경험이 없으면 다 자란 후에는 그 음식을 받아들이지 않는다. 그러므로 어렸을 때부터 편식하지 않는 올바른 식습관을 심어 주어야한다.

8. 고양이 번식

1) 고양이의 발정

(1) 발정의 특성

대부분의 고양이는 생후 7~11개월 사이에 첫 발정을 맞이한다. 또한 장모종이 단모종 보다 좀 더 일찍 발정이 온다.

개는 일 년에 2번 정도 발정이 오지만 고양이는 1년에 여러 번 (5번 정도)의 발정이 온다. 여러 번의 발정기 중에서 비교적 심한 발정은 이른 봄과 가을이다. 그래서 고양이를 '다발정' 동물이라고 한다.

고양이는 발정기에 교배하지 않으면 임신이 될 때까지 계속해서 발정이 온다. 발정기에 수고양이 교배를 해도 약 일주일 정도는 발정이 더 지속된다. 물론 교배를 하지 않았더라면 발정이 더 지속이 된다.

고양이는 교미를 하면 그 자극으로 배란하는 동물로, 거의 확실히 임신을 하게 된다. 발정한 암코양이는 페로몬이라는 성호르몬을 분비하며 그 냄새를 맡은 수코양이 발정이 일어난다. 암코양이의 냄새는 아주 먼 곳까지 퍼져 먼 곳에 있는 수코양이를 자극하여 발정을 일으킨다.

(2) 발정기때의 행동

암코양이가 발정이 오면 마루바닥 등에 몸을 문지르고 끊임없이 울부짖어 수컷을 부릅니다. 또한 대소변을 종종 잘못가리는 경우도 있다.

숫코양이가 발정이 오면 일종의 '스프레이'행동으로, 수직으로 서 있는 물건 즉, 커튼, 벽

그리고 의자에 등을 대고 아주 역한 냄새의 소변을 뿌린다. 이러한 행동은 암컷을 유혹하면 자신의 영역을 표시하는 의미이다. 또한 자꾸 밖으로 나가려 하며 내보내주면 다른 수코양이와 싸움을 하며 때로는 심한 상처를 입는 경우도 있다.

(3) 고양이의 교배

첫 발정은 생후 6개월경에 오지만 신체기관이 완전히 성숙하는 생후 1년경에 교배를 시키는 것이 적당하다.

발정기가 시작되기 전에 동물 병원에서 기생충 구제와 예방 접종이 필요하다. 어미의 기생충은 태아에게 감염될 수 있으므로 건강한 새끼를 얻기 위해선 필수적이다. 또한 피부검사를 하여 건강상태를 확인하여야 한다.

발정징후가 나타난다면 암수고양이를 서로 사이가 원만해 질 때까지 4 5일 정도 합방을 시킨다. 만일 교배가 되지 않았다 하더라도 데리고 와서 다음 기회를 기다리는 것이 좋다.

2) 고양이 번식 특징

고양이는 생후 6~10개월이면 새끼를 낳을 수 있다. 일반적으로 봄과 가을에 발정하나 일년에 보통 다섯 번 정도 발정한다. 교미하기까지 21일마다 주기적으로 발정한다.

임신 기간은 보통 60~69일이며 새끼는 한배에 2~8마리를 낳는다. 갓 태어난 새끼는 움직일 수 없고, 보고 들을 수도 없다. 고양이는 까다롭고 예민한 동물이어서 사람들이 보는데서 모처럼 교배를 하지 않는다. 그렇기 때문에 암컷의 발정이 오면 약 5일 동안 수컷과 합방을 시켜 자연 교배가 되도록 해준다. 고양이는 번식력이 아주 강하기 때문에 난소나 자궁을 제거해 주는 피임 수술을 해주는 것이 좋다.

3) 교배후 관리하기

교배에서 집으로 돌아온 고양이는 피곤한 상태이기 때문에 건사료와 캔사료를 주어 충분한 영양섭취를 해주며 휴식이 필요하다.

수정란이 착상하는 것은 임신 후 약 2주 정도 걸린다. 이때는 최대한 안정을 취해주어야 하며 위에 탈이 나지 않도록 조심하고 목욕도 시키지 않는 것이 좋다.

고양이의 임신 기간은 약 60~63일이다. 교배 후 45일이 지나면 건강 상담과 출산에 대한 정보를 알아 두는 것이 필요하다. 고양이를 잘 돌보는 병원에서 상담을 하도록 한다. 보통 교배 후 약 3주가 지나면 털의 윤기가 좋아지고 식욕도 왕성하게 된다. 또, 젖 주위의 털이 조금씩 없어지며, 젖꼭지가 분홍색으로 변해간다. 교배 후 4~5주 정도가 되면 체중이 증가하고 배가 불러온다.

임신 중에는 평소의 2배 에너지가 필요하므로 사료양과 횟수를 늘려서 주어야 한다. 고양이 체중의 약 4% 정도의 사료를 3~4회 나누어서 준다. 또한 단백질과 칼슘을 많이 공급해 주어 태아가 튼튼히 자랄 수 있도록 해준다.

분만 예정일 일주일 전에 미리 조용하고 고양이가 편히 쉴 수 있는 곳에 분만상자를 놓아두도록 한다. 처음부터 분만상자에 들어가지 않지만 새끼를 낳을 수 있는 장소라고 판단되면 고양이가 안으로 들어가 잠을 자게 된다. 분만상자는 시판되는 애견용 방석을 구입해서 이용해도 좋고 골판지 상자를 이용하여 직접 만들 수도 있다. 크기는 어미 고양이가 다리를 펴도 충분한 넓이가 될 수 있는 정도면 적당하다. 분만상자에 신문지를 두툼하게 펴놓아 어미의 후산으로 인해 분만실이 지저분함을 막아 주는 것이 좋다. 어미고양이의 부담을 줄여주기 위해서도 용변용 화장실이나 신선한 물을 분만상자 근처로 옮겨 주도록 한다.

4) 고양이 분만

고양이의 분만은 주로 밤에 이루어지며 분만 당일은 진통이 시작되므로 밥을 먹지 않고 자리를 발로 긁는 등의 분만증상이 보인다. 또한 화장실 구석이나 책상 아래를 평소와는 다른 태도로 탐색하게 되었다면 분만의 장소를 찾는다는 증거이다.

분만예정일 전후가 되면 고양이의 상태를 주의 깊게 관찰해야 한다. 만약, 다른 장소에서 분만을 하여도 당황하지 말고 침착하게 분만 상자 안으로 넣어 주어야 한다. 고양이의 본래 성격은 분만할 때에 사람이 옆에 있는 것을 싫어하지만 반대의 경우도 있으니 어느 쪽인가를 판단을 하여야 한다. 옆에 있기를 원한다 하더라도 분만자체에는 손을 대지 말고 지켜보기만 해야 한다.

대부분의 고양이는 스스로 새끼를 낳지만 첫 발정에 임신이 되었거나 임신후기에 운동부족으로 출산에 어려움을 겪는 경우가 있다. 첫 분만이라면 진통이 시작되어도 분만까지 10시간이상 걸리는 경우도 있다.

분만과정은

① 1단계 : 양수가 터진다.

② 2단계 : 1단계 후 1~2시간 내에 진통이 심해지며 첫 번째 새끼가 태막에 쌓인 채 나온다.

③ 3단계 : 어미가 태막을 찢고 새끼를 핥아주며 탯줄을 깨물어 끊는다.

④ 4단계 : 가벼운 진통 후 후산을 한다.

5) 출산 후 유의점

새끼가 다 태어나면 어미 개는 옆으로 누워, 새끼들이 자연스레 젖을 빨게 된다. 그리고 어미에게 몸조리용으로 고기 위주로 먹이를 준다면 침을 흘리며 경련을 하는 산후마비 증상이 올 수 있다. 고양이용 사료를 충분히 먹이며 필요하다면 칼슘영양제를 먹이는 것이 좋다.

Chapter 04

치료도우미동물 선택과 평가

Ⅰ. 치료도우미동물 선발

치료도우미동물로 활용되기 위해서는 수의학적 평가, 공격성 평가, 사회성 평가, 적합성 평가와 같은 4가지 평가를 통과하여야 한다.

동물매개치료에 중재 도구로 활용되는 모든 치료도우미동물은 한국동물매개심리치료학회에서 치료도우미동물 인증을 받아야만 한다.

인증된 동물만을 치료도우미동물로 활용해야 하는 이유는, 동물매개치료 과정에서 발생할 수 있는 위험요소로 동물로부터 전파되는 인수공통감염병을 차단하고, 동물이 사람을 물거나 할퀴는 상해를 사전에 예방할 수 있기 때문이다.

I

치료도우미동물 선발

학습목표 1. 치료도우미동물 선발 기준을 이해할 수 있다.
2. 치료도우미동물의 평가에 대해 알 수 있다.
3. 치료도우미동물 활동에 관한 지침을 이해할 수 있다.

1. 치료도우미동물 선발기준

1) 치료도우미동물의 선발을 위한 4가지 평가

치료도우미동물로 활용되기 위해서는 아래와 같은 4가지 평가를 통과하여야 한다.

- 수의학적 평가
- 공격성 평가
- 사회성 평가
- 적합성 평가

(1) 수의학적 평가

동물매개치료는 엄격한 치료도우미 동물의 선발과 훈련 과정을 거칠 뿐 아니라 위생 관리에 대한 지침을 따라 철저한 관리를 받아야 한다. 치료도우미 동물은 수의사에 의하여 정기적 검진과 적절히 예방접종 및 위생 관리를 위한 수의학적 진료를 받고 평가 인증을 받아야 한다.

(2) 공격성 평가

동물매개치료 치료도우미동물로 활용하기 위해서는 여러 가지 치료 환경에서도 당황하지 않고 예의바르게 행동할 수 있어야 하고, 공격성 평가를 통해 평가인증을 받아야한다.

(3) 사회성 평가

동물매개치료에 활용되는 동물은 상호작용을 전제로 하기 때문에 동족 또는 사람과의 사회성은 절대적으로 필요하기 때문에 동물의 사회화가 발달되는 시기에 사회성을 향상시키는 것은 꼭 필요하다. 사회성 평가를 통해 동물매개치료활동에 적합한지 파악을 한다.

치료도우미동물의 경우 사람과 관계를 맺는 사회화는 대체로 3~12주령, 최적기는 6~8주령이며, 생후 14주령에 이르기까지 사람의 접촉 없이 자란 개는 사회화를 시키기에 매우 어려우며, 야성이 남아 있을 수도 있다고 한다.

사회화 하는 방법은 치료도우미 동물이 아주 어릴 때부터 행동수정기법의 체계적 둔감법을 활용하여 약한 자극으로부터 점진적으로 강한 자극에 이르기까지 다양한 자극을 경험하도록 해야 한다. 〈표 4-1〉에 강아지의 사회화에 도움 되는 경험들 강아지의 사회화에 도움 되는 경험들을 정리하였다. 이러한 경험들을 접하게 하여 사회화를 도울 수 있다.

표 4-1. 강아지의 사회화에 도움 되는 경험들 강아지의 사회화에 도움 되는 경험들

구분		
사람	• 어린이부터 노인 • 남자, 여자 • 다양한 민족 • 건강한 사람, 장애가 있는 사람 • 휠체어를 탄 사람 있는 곳 • 사람들이 많이 모여 있는 곳 • 사람들이 많이 오고가는 곳 • 롤러스케이트 타는 사람	• 다양한 옷차림을 한 사람들 • 모자를 쓴 사람 • 가방을 들은 사람 • 목발을 짚고 있는 사람 • 지팡이를 들고 있는 사람 • 운동장에서 놀고 있는 아이들 • 달리기하는 사람 • 자전거 타는 사람
동물	• 다른 품종의 개나 고양이 • 어린 개에서 큰 개	• 다른 가축들 (말, 소, 돼지, 닭, 토끼 등) • 암컷, 수컷의 동물들
소리	• 아기 우는소리, 사람들 큰 목소리로 얘기하는 소리, 시장같이 많은 사람들이 모이는 곳, 각종 다양한 소리	• 자동차소리 • 기차소리 • 경적소리 • 천둥소리
탈것	• 승용차, 버스, 지하철	• 엘리베이터 등
기타환경	• 도시, 시골, 조용한 곳, 공원 등의 시끄러운 곳, 큰 도로, 골목길	• 흙길, 아스팔트길, 콘크리트 포장길, 아파트, 단독주택

(4) 적합성 평가

동물매개치료 동물의 선택기준은 이들 동물이 신뢰할 수 있는지, 조정가능한지, 예측할 수 있는지, 그리고 AAA/T과제, 대상자, 일하는 환경에 적합한지를 알아본다. 동물의 종/품종, 종류, 성별, 나이, 크기, 건강, 적성, 적합성, 역량 등에 주의해야 한다. 더불어 조련사와 동물간의 질적 교류도 고려되어야 한다.

적합성이란 목적에 맞거나 적격하다는 것을 의미한다. 여기서 목적이란 동물매개심리상담사가 프로그램에서 확인할 특수한 목표이다. 동물과 펫파트너는 대상자가 이 목표를 향해 갈 수 있도록 도와야 한다. 또한 동물이나 펫파트너 모두 대상자에게 위험을 주지 않는 건강 상태이어야 한다.

2) 치료도우미동물 인증을 위한 절차

〈그림 4-1〉은 치료도우미동물을 선발하기 위한 절차를 도식화 한 것이다. **치료도우미동물 인증은 한국동물매개심리치료학회에서 수행하고 있다.**

치료도우미동물로 인증 받기 위해서는 후보 동물의 보호자가 한국동물매개심리치료학회의 가이드라인에 따라 **4가지 선발 평가인 수의학적 평가, 공격성 평가, 사회성 평가, 적합성 평가를 통과하기에 합당하도록 자신의 동물을 육성하여야 한다.**

후보 동물이 치료도우미동물 선발을 위한 4가지 평가에 합당하도록 준비된 경우에, 보호자는 한국동물매개심리치료학회에 치료도우미동물 인증을 신청하고, 〈그림 4-1〉과 같은 절차에 따라 평가를 받은 후, 통과된 경우에 치료도우미동물 인증을 받을 수 있다. 〈그림 4-2〉는 인증을 통과한 후 합격된 동물의 치료도우미동물 인증서와 인증 카드를 보여 주고 있다.

동물매개치료 과정에서 발생할 수 있는 위험요소로 동물로부터 감염 우려가 있는 인수공통감염병에 대한 차단과 동물이 사람을 물거나 할퀴어서 발생하는 상해 등의 문제들을 사전

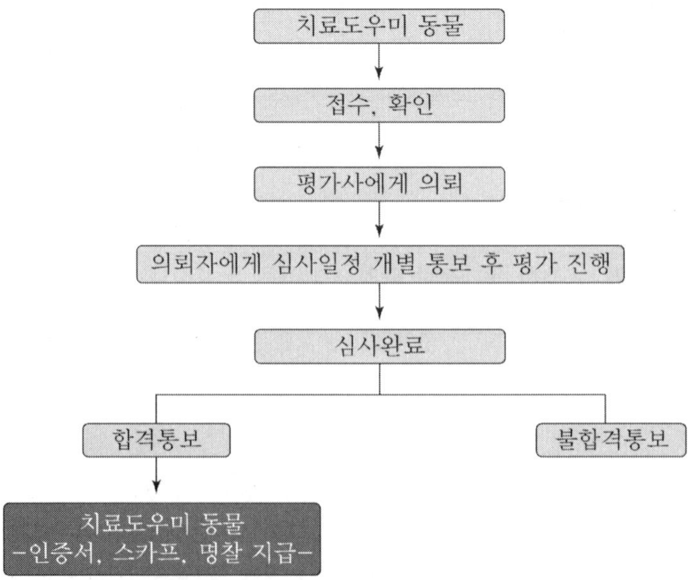

그림 4-1. 치료도우미동물 선발의 과정

그림 4-2. 치료도우미동물 인증서와 인증 카드

예방하기 위해서는 **동물매개치료에 중재 도구로 활용되는 모든 치료도우미동물은 한국동물매개심리치료학회에서 치료도우미동물 인증을 받아야만 한다.**

2. 치료도우미 동물 평가

1) 수의학적 평가

치료도우미동물 인증을 받기 위해서는 후보 동물의 피부질환, 내, 외부기생충 유무, 인수공통감염병 검사 등의 수의학적 평가를 통과하여야 한다.

후보 동물의 보호자는 동물병원에서 매달 구충과 적절한 예방접종을 실시하고 〈표 4-2〉, 〈표 4-4〉와 같은 양식에 담당 수의사의 확인을 받아 증빙 서류로 인증 신청시 제출하여야 한다.

〈표 4-3〉은 치료도우미견 인증을 위해 후보 동물이 접종을 받아야 하는 예방접종의 종류와 방법을 정리한 표이다.

〈표 4-5〉와 〈표 4-6〉은 수의학적 적합성과 진료기록에 대한 확인 양식으로 담당 수의사의 확인을 받아 증빙 서류로 인증 신청 시 제출하여야 한다.

표 4-2. 내·외부기생충 예방 및 검사 양식

	구충약	매달 예방유무(○)						검사유무	수의사 소견
내부기생충		1	2	3	4	5	6		
		7	8	9	10	11	12		
외부기생충		1	2	3	4	5	6		
		7	8	9	10	11	12		

- 모체이행항체가 소실되기 이전인 생후 6주령부터 예방접종을 실시하여 방어항체 수준을 끌어올리기 위해서 〈표 4-2〉와 같은 백신을 프로그램에 따라 반복 접종을 한다.

표 4-3. 치료도우미견 인증을 위한 예방접종의 종류와 접종 프로그램

백신 종류	예방 목적 질병	접종 프로그램
종합백신 (DHPPL)	개 홍역, 개 간염, 개 감기, 개 파보장염, 렙토스피라	• 생후 6주부터 2~4주 간격으로 5회 접종 • 이 후 매 년 1회 보강접종
코로나 장염	Canine corona virus	• 생후 6주부터 2~4주 간격으로 2~3회 접종 • 이 후 매 년 1회 보강접종
켄넬코프	*Boardetella brochiceptica* Parainfluenza virus	• 생후 8주부터 2~4주 간격으로 2~3회 접종 • 이 후 매 년 1회 보강접종
광견병	Rabies virus	• 생후 3~4개월령 1회 접종 • 이 후 6개월 마다 보강접종

표 4-4. 치료도우미견 인증을 위한 예방접종 유무 검사 양식

백신종류	접종유무			매년 추가접종			수의사소견
	차수	Yes	No	년도	Yes	No	
DHPPL	1차						
	2차						
	3차						
	4차						
	5차						
Corona	1차						
	2차						
Kennel Cough	1차						
	2차						
Rabies	1차						

표 4-5. 수의학적 적합성 평가 양식

평가목록	적합	부적합	수의사 소견
예방접종 유무			
내·외부 기생충 예방			
진료내역 (신체검사 포함)			
인수공통전염병 예방			

표 4-6. 동물병원 진료내역(신체검사 포함) 양식

전반적인 검사	병원진료내역	수의사 소견

2) 공격성 평가

후보 동물이 다른 동물이나 사람에 대한 공격성, 신체적 접촉에 대한 거부반응, 돌발적인 행동을 보이는 경우에 치료도우미동물로 부적합하다.

치료도우미동물 인증을 받기 위해서는 후보 동물의 공격성 평가를 통과하여야 한다.

후보 동물은 보호자와 함께 인증을 위해 〈표 4-7〉과 같은 공격성과 성격에 대한 평가를 받고, 각 항목의 평가점수를 받아 총 4점을 받아야 한다.

표 4-7. 치료도우미동물의 공격성 평가 양식

평가	구성	변화	행동표현	점수
공격성	다른 치료도우미동물과의 관계	다른 치료도우미동물과 함께 같은 대기실(치료실)안에 5분간 같이 있음	다른 치료도우미동물에게 공격하거나 으르렁거림	0
			다른 치료도우미동물에게 적대감이 없음	1
	사람과의 관계	대기실(치료실)안 에서 낯선 사람과 같이 있음	낯선 사람 에게 으르렁거림	0
			머리를 숙이거나 웅크리는 자세 또는 사람에게 접근함	1

평가	구성	변화	행동표현	점수
성격	물리적 자극주기	낯선 사람이 치료도우미동물과 가깝게 접근하여 친근감을 표시하거나 접촉을 시도(몸, 다리, 귀, 이빨 등)	도망치거나 침착하지 못한 행동 또는 점프를 함	0
			웅크리거나 의뢰자의 손을 혀로 핥거나 꼬리를 흔듦	1
	거칠게 다룸	낯선 사람이 품에 안고 조이듯 안아보거나 밀쳐 봄	물거나 저항 또는 도망감	0
			불안해하거나 행동의 멈춤이 없고 의뢰인의 접근에 반항감이 없음	1
합격 점수 (합격 : 4점 이상, 불합격 : 4점 미만)				4

3) 사회성 평가

후보 동물이 사람이나 다른 동물에 어울리지 못하는 사회성 부족 행동을 보이는 경우에 치료도우미동물로 부적합하다.

치료도우미동물 인증을 받기 위해서는 후보 동물의 사회성 평가를 통과하여야 한다.

후보 동물은 보호자와 함께 인증을 위해 〈표 4-8〉과 같은 사회성에 대한 평가를 받고, 각 항목의 평가점수를 받아 총 10점 이상을 받아야 한다. 이 때, 다른 치료도우미동물과 만났을 때의 습성 부분인 2-(d)항목은 필히 1점 이상을 받아야 한다.

사회성 평가는 후보 동물의 우호적이고 순종적이며 친화적, 명랑하고 활동적, 돌발적인 상황에 대한 적응 정도를 평가하는 것이다.

표 4-8. 치료도우미동물 사회성 평가

항목	구성	변화	행동표현	점수
1. 시작/기본	치료도우미동물 행동 관찰	의뢰자가 대기실(치료실) 근처에서 5분 동안 대기시킴	대기실(치료실)에서 기다리지 않음	0
			대기실(치료실)에서 기다리다가 3분 이상 유지를 못함	1
			대기실(치료실)에서 기다리다가 5분 동안 유지함	2
	대기실(치료실) 문이 열렸을 때 치료도우미동물의 행동	검사 후 대기실(치료실) 문을 개방함	한 번 이상 나옴	0
			한 번 나옴	1
			전혀 안 나옴	2

항목	구성	변화	행동표현	점수
2. 사교성/정숙성	친분이 있는 사람이 대기실(치료실)에 들어왔을 때	의뢰자가 대기실(치료실) 치료도우미 동물을 부름	치료도우미동물이 도망감	0
			펫 파트너 근처에 오지 않고 주시함	1
			꼬리치며 의뢰자 쪽으로 힘차게 뛰어옴	2
	치료도우미동물이 사람에게 점프하는 습성	의뢰자가 직접적으로 치료도우미동물에 접근하여 팔을 벌리며 부름	의뢰자의 근처에 오지 않음	0
			치료도우미동물의 점프시도가 한 차례 이상	1
			의뢰자 근처에 오고 반응함	2
2. 사교성/정숙성	다른 치료도우미동물과 만났을 때의 습성	의뢰자와 같이 대기실(치료실)안에 있으면서 다른 치료도우미동물을 대기실(치료실) 근처에 접근시킴	으르렁거림	0
			의뢰자 뒤로 숨으면서 자신을 보호하려 함	1
			다른 치료도우미동물과의 접촉을 허락함	2
	대기실(치료실) 안으로 다른 사람을 들어오게 함	낯선 사람은 안으로 들어오고 치료도우미 동물 이름을 부름	치료도우미 동물이 낯선 사람에게 다가감	0
			의뢰자 근처에 오지 않음	1
			의뢰자 쪽으로 대기하고 있음	2
3. 반응성	강한 자극에 대한 반응	치료도우미동물이 인식하지 못하는 상태에서 단단한 물건을 바닥에 떨어뜨려 소음을 유발시킴	치료도우미동물이 으르렁거리거나 도망감	0
			치료도우미동물이 제자리에 있음	1
			주위 상황에 관심을 가지나 짖거나 도망가지 않음	2
합격점수 (합격 : 10점 이상, 불합격 : 10점 미만) * 2-(d)항목은 필히 1점 이상을 받아야 함				10

4) 적합성 평가

후보 동물이 보호자인 펫파트너 후보자와 호흡이 맞지 않는 통제되지 않는 행동을 보이는 경우에 치료도우미동물로 부적합하다. 치료도우미동물 인증을 받기 위해서는 후보 동물의 적합성 평가를 통과하여야 한다.

후보 동물은 보호자와 함께 인증을 위해 〈표 4-9〉과 같은 적합성에 대한 평가를 받고, 각 항목의 평가점수를 받아 총 12점 이상을 받아야 한다.

적합성 평가는 후보 동물의 사교성, 훈련에 대한 복종능력, 상황에 따른 통제 능력 정도를 평가하는 것이다.

표 4-9. 치료도우미동물 적합성 평가

항목	구성	변화	행동변화	점수
1. 치료도우미동물 줄을 매고 따라 걷기	의뢰자와 함께 계단을 올라갈 때	치료도우미동물이 자유로운 상태에서 의뢰자와 같이 계단을 올라갈 때	앞에서 의뢰자를 끌어당김	0
			끌어당김 없이 앞장 섬	1
			의뢰자를 쫓아 올라감	2
	의뢰자와 함께 걷기	의뢰자와 함께 도보 중 그에 대한 관심	치료도우미동물이 줄을 집요하게 당김	0
			가끔 치료도우미동물이 줄을 당김	1
			치료도우미동물이 줄을 당기지 않고 걸음	2
	의뢰자와 걷기 중 치료도우미동물의 관심	함께 도보 중에 다른 치료도우미동물의 접근	의뢰자의 뒤로 숨음	0
			다른 곳으로 가려다 부르면 의뢰자와 함께 다시 걸음	1
			단지 의뢰자에게만 관심을 집중함	2
2. "앉아" 명령 수행	명령에 대한 이해	의뢰자의 "앉아" 명령어 실시 : 훈련이 안된 상태에서 반복적인 명령어 실행	3회 이상 또는 자세를 취하지 않음	0
			2회 명령 시	1
			1회 명령 시	2
	명령에 대해 빠른 행동 능력	명령 후 얼마 후에 자세를 취하는가?	3회 이상 또는 자세를 취하지 않음	0
			2회 명령 시	1
			1회 명령 시	2
	명령에 대한 지속성	명령 후 얼마나 오래 행동을 취하는가?	행동을 취하지 않음	0
			5초 이내	1
			새로운 명령이 있을 때까지	2
3. "기다려" 명령 수행	명령에 대한 이해	의뢰자의 "일어서" 명령어 실시 : 훈련이 안된 상태에서 반복적인 명령어 실행	명령 없이 일어섬	0
			10초 이내	1
			5초 이내	2
	명령에 대한 이해	의뢰자의 "일어서" 명령에 대한 행동 시간	명령 없이 일어섬	0
			10초 이내	1
			5초 이내	2
4. 놀이	테니스 공(애견용 공)을 가지고 노는 사람을 볼 때	의뢰자의 "앉아" 명령어 실시 : 훈련이 안된 상태에서 반복적인 명령어 실행	자세를 취하지 않음	0
			2회 명령 시	1
			1회 명령 시	2
	명령에 대한 빠른 행동능력	명령 후 얼마 후에 자세를 취하는가?	명령 없이 일어섬	0
			10초 이내	1
			5초 이내	2
합격점수 (합격 : 12점 이상, 불합격 : 12점 미만)				12

3. 유기견 치료도우미동물 평가 및 선발

〈그림 4-3〉은 유기동물을 치료도우미동물을 선발하기 위한 절차를 도식화 한 것이다. **치료도우미동물 인증은 한국동물매개심리치료학회에서 수행하고 있다.**

유기동물을 치료도우미동물로 인증 받기 위해서는 유기동물보호소에서 후보 동물로 선발된 동물을 수의학적 관리와 훈련 과정을 거친 후 한국동물매개심리치료학회의 가이드라인에 따라 **4가지 선발 평가인 수의학적 평가, 공격성 평가, 사회성 평가, 적합성 평가를 통과하여야 한다.**

동물매개치료 과정에서 발생할 수 있는 위험요소로 동물로부터 감염 우려가 있는 인수공통감염병에 대한 차단을 위해, 유기동물은 철저한 수의학적 관리를 통해 질병의 위험이 없음이 입증되어야 한다.

유기동물의 선발을 통하여 육성된 치료도우미동물 후보 동물은 한국동물매개심리치료학회의 가이드라인에 따라 〈표 4-2〉, 〈표 4-4〉, 〈표 4-5〉 및 〈표 4-6〉과 같은 수의학적 관리 증빙 양식에 담당 수의사의 확인을 받아 증빙 서류로 인증 신청시 제출하여야 한다.

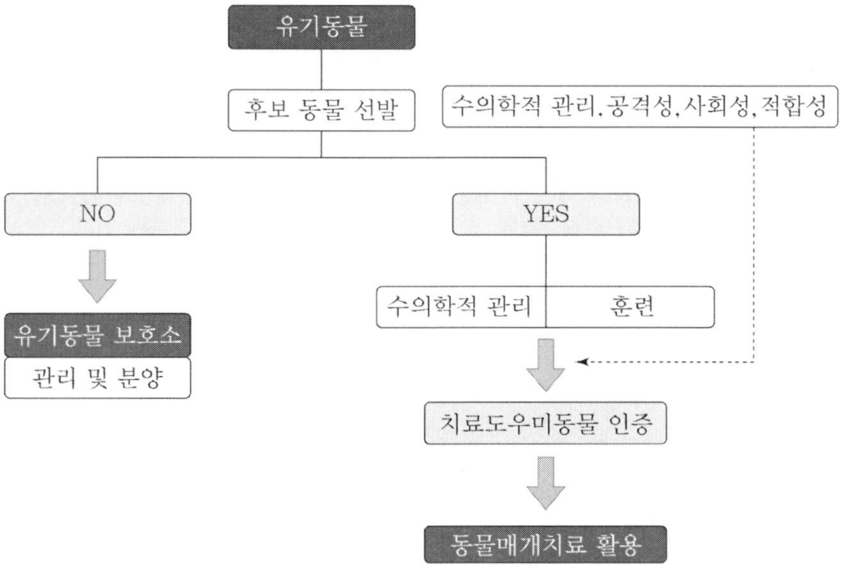

그림 4-3. 유기동물로부터 치료도우미동물 선발의 과정

4. 치료도우미동물의 활동에 관한 지침

동물매개치료에 활용되는 모든 동물은 치료도우미동물로 한국동물매개심리치료학회에서 인증을 받아야 한다. 인증된 동물만을 치료도우미동물로 활용해야 하는 이유는, 동물매개치료 과정에서 발생할 수 있는 위험요소로 동물로부터 전파되는 인수공통감염병을 차단하고, 동물이 사람을 물거나 할퀴는 상해를 사전에 예방할 수 있기 때문이다.

한국동물매개심리치료학회는 치료도우미동물의 인증을 수행하고 있고, 인증된 치료도우미동물에 관한 지침 〈표 4-10〉를 마련하고 있다.

표 4-10. 치료도우미동물의 활동에 관한 지침

1. 동물매개치료 활동에 참여하는 모든 치료도우미동물은 등록되어있어야 한다.
2. 치료도우미동물은 수의학, 공격성, 사회성, 적합성에 대한 평가를 통과하여야 한다.
3. 치료도우미동물은 건강하여야 하고 최근까지 예방접종이 빠지지 않고 접종되어있어야 한다.
   - 수의사에 의한 치과 검사와 피부병에 대한 검사를 포함한 건강검사를 반드시 매년 실시하여야 한다. 치료도우미동물은 전염성 질병, 기생충, 이 등이 없어야 한다. 주요 전염병은 톡소플라즈마, 에키노코코스, 지알디아, 살모넬라, 파스튜렐라, 고양이 면역결핍바이러스, *Bordetella bronciseptica*, 클라미디아, 백선 (ring worm) 등을 포함한다.
4. 치료도우미동물의 건강에 대한 검진 기록이 작성되어 보관되어야 한다.
5. 치료도우미동물은 병원내 이동이나 병원 밖으로 이동 시, 이동장을 이용하거나 짧은 목줄로 통제가 가능하도록 한다. 치료도우미동물은 식별할 수 있는 스카프나 신분카드 또는 목줄을 하도록 한다.
6. 방문 활동 24시간 이내에 치료도우미동물은 알레르기의 원인 물질을 줄여주는 성분이 함유된 샴푸를 사용하여 목욕을 시키도록 한다.
7. 가정 애완동물의 경우에 방문 전에 진행 담당자에 의한 적절한 주의사항을 들어야 한다. 방문에 참여시키려는 가정 애완동물의 건강, 위생, 행동 등에 대한 지침이 만들어져야 한다.
8. 치료도우미동물이 환자와 만날 때는 반드시 1인 이상의 동물매개심리상담사, 펫파트너, 핸들러, 병원스텝 등의 동물매개치료 프로그램 진행 구성원이 함께 있어야 한다.

Chapter 05

치료도우미견 훈련

Ⅰ. 치료도우미견의 훈련

I

치료도우미견의 훈련

학습목표 1. 치료도우미견의 훈련에 대하여 알아볼 수 있다.

1. 치료도우미견의 훈련

1) 동물훈련의 이해

(1) 훈련의 필요성

개는 원래 인간처럼 사고하고 행동하는 것이 아니라 인간에게 가축화된 야생동물이다. 따라서 인간과는 아주 다른 지각의 세계를 갖고 있다는 것을 충분히 인식하지 않으면 안 될 것이다. 그리고 이 다른 지각의 세계, 즉 그 본능을 인간세계의 환경과 목적에 적응시켜 이용가치가 있는 것으로 신장시키고, 좋지 못한 것은 규제하여 인간 사회생활의 일원으로 길들이는 것이 훈련이다.

훈련은 동물이 가지고 있는 본능을 인간과의 생활에 적합하도록 길들이는 기술과 길들이는 일련의 과정을 의미한다. 훈련에는 사람에 대한 기본적인 복종훈련과 더 나아가 경계, 추적, 인명구조, 안내 등과 같은 고난도 기술의 습득과정이 포함된다. 훈련 및 교육의 방침은 단순하고 명쾌한 것이 좋다. 즉, 해서 좋은 일과 해서는 안 되는 일의 구분이다. 해서 좋은 일을 하면 칭찬을 받는 것이고 해서는 안 되는 일을 했을 때는 질책을 받는 것이 명확할 때 동물은 사람에게 쉽게 복종할 수 있다.

동물이 사람에서 복종하도록 훈련할 때 가장 중요한 것은 사람과의 친밀성을 유지하는 것이다. 친밀성을 통해서 동물은 사람이 신뢰하고 따를 수 있는 존재라는 사실을 인지할 수 있다. 동물을 훈련할 때 먼저 훈련자는 동물과 접촉하는 시간을 충분히 확보해야 할 것이다. 동물과의 지속적인 접촉을 통해서 동물의 심리적, 신체적 상태 및 특성을 파악하고 이해할 수 있다. 또한 동물에게 정다운 말을 쓰는 습관을 가져야 한다. 가능한 한 친절히 대해야 동물은 정서적으로 안정될 수 있다.

훈련을 받는 동물은 신체가 건강한 상태로 유지되어야 하며, 사람이 마음대로 다룰 수 있는 습성을 가지도록 해야 한다. 뿐만 아니라 명랑하고 적극적인 성격을 갖게 하는 것이 좋다. 이런 성격을 가진 동물이 좀 더 쉽게 훈련되고 사람과 풍부한 상호작용이 가능하다. 또한 사물에 열중하는 습성을 길들여야 하며, 훈련자의 손이나 눈을 주목하는 습관을 들이는 것 역시 중요하다.

훈련의 바탕은 개가 가진 필요한 본능을 활용하고, 인간사회에서 좋지 못한 본능은 규제하는 것이기 때문에 지도사는 반드시 개의 본능과 성능은 어떠한가를 충분히 파악하여야 한다. 그렇지 않고서 훈육하고 훈련한다는 것은 강제노동을 시키는 것이다.

(2) 부적절 또는 비인본적 훈련방법

훈련은 주로 체벌과 보상을 통하여 이루어진다. 예를 들어 원하는 방향으로 이동하면 훈련 중인 개에게 보상을 해주고 원하지 않는 방향으로 이동하면 체벌을 하는 방식으로 반복하여 지시에 의해 원하는 방향으로 이동하도록 개를 훈련시킬 수 있다. 이런 훈련 프로그램에서 2가지 중요한 열쇠가 고려되지 않고 있다.

첫째는 동반자로서 개가 성공적인 이유는 개들은 사람과 사회적 상호반응의 보상을 위한 작업에 준비가 되어있다는 점이다.

둘째는 특정 품종의 개들은 양치기 또는 사냥을 좋아하는 선천성 품성을 가지고 있으며 그런 행동에 보상을 필수로 하지는 않는다는 점이다.

활동견 전문가들은 특정 임무를 수행하려는 내적 동기유발이 되지 않는 개를 훈련시키는 것은 어렵다고 한다.

사실상 훈련사들에게 주어진 문제는 개들을 단순히 지치게 하는 단시간적 훈련방법을 중단해야한다는 점이다.

개에 대한 사랑과 신뢰 그리고 따뜻한 환호는 인간에 대한 신뢰와 존경으로 되어 서로 의사소통이 생기고 친화감이 되어 공존공영의 즐거운 생활의 토대가 된 것이다. 그리하여 인간에 대한 친화감이 만약 없었다면 개의 훈련이 다른 야생동물처럼 어려울 것은 쉽게 짐작할 수 있을 것이다.

(3) 훈련의 기초

① 사회화

출생 후 3~12주령을 보통 사회화 시기라고 한다. 사회화 시기는 태어나서 처음 겪는 환경에 대해 점차 적응해 가는 시기로 주변 환경을 잘 조성해 주는 것이 필요하다. 사회화 시기 동안 다른 동물이나, 사람, 생활 속에서 일어날 수 있는 소음이나 기타 사항 등 다양한 환경과 상황을 경험할 수 있게 해 주어야 한다. 또한 다양한 물건을 접하여 냄새를 맡고 탐색 행동도 활발히 할 수 있게 하는 것이 필요하다. 이 시기의 경험이 일생을 살아가면서 사람과 얼마나 친밀하게 지낼 수 있는지를 결정한다.

사회화시기에 강아지는 여러 가지 놀이를 하면서 점차 순위가 정해진다. 형제 끼리 목덜미를 물거나, 싸움을 하고, 이를 드러내고 으르렁거린다. 이런 놀이를 통해서 강하고 약한 개체의 차이가 생기고 강한 개체에게 복종하는 행동을 보인다. 사회화란 강아지가 자신의 세계를 넓혀 가는 과정을 일컫는다. 사람과의 관계는 특히 생후 5~6주경에 강해진다. 이때 강아지는 사람의 존재를 인식하기 시작하므로 남녀노소 등 다양한 사람과 접촉할 수 있게 하는 것이 필요하다.

젖을 땐 이후, 강아지는 우리 밖의 특정한 지역을 배변 장소로 이용하기 시작한다. 또한 강아지가 우리에서 나올 때 땅에 코를 대고 냄새 흔적을 따라가는 행동을 하는데, 이때 냄새는 배설반사작용을 촉발시킨다. 어린 강아지는 배변을 자주 한다. 이런 생리적 특성을 이용하여 강아지를 특정 장소에 배설하도록 훈련시킬 수 있다. 즉, 배설장소에서 나는 냄새를 통해 강아지가 배설장소로 계속 이용하도록 하는 것이다. 어디에 배설하고, 어디에서 먹이를 먹고, 어떤 물건을 가지고 놀 수 있는가를 하나하나 가르치며 훈련할 수 있는 시기다. 또한 사람과의 놀이를 통해서 같이 살고 있는 주인 및 가족 구성원과의 사회화 역시 매우 종요하다.

② 훈련의 기본자세

치료도우미견을 훈련시킬 때는 개의 특성을 우선 잘 파악해야 하며 주인과 반려견 상호간에 즐기면서 신뢰를 바탕으로 진행되어야 한다. 또한 반려견이 본능을 억제하고 특유의 후각과 청각기능을 개발하기 위한 훈련에는 칭찬, 식사, 휴식 등 적절한 보상체계가 이루어져야 한다. 강아지 때부터 적절한 조기교육이 필요하며 사람들과 접촉, 이웃 개와의 어울림, 같이 놀아 주기 등 친화가 중요하다.

반려견은 동물적 본능에 따라 행동하기 때문에 잘못된 행위를 하면 즉시 보상과 벌을 주어 잘못된 행동을 바로잡아 주어야 한다. 훈련은 주인이 직접 훈련을 시키는 것이 효과적이며 반복 연습이 필요하다.

③ 연상(association).

연상이란 두 가지의 사건이나 사물사이에 분명하고 간결한 연관관계를 설정하는 것이다. 예를 들어 "앉아"라는 명령 또는 수신호와 함께 개의 등 꼬리부분을 살며시 눌러 개를 앉도록 만드는 행위를 여러 번 반복하여 행한다면, 개는 얼마가지 않아 "앉아"라는 명령과 앉는다는 행동을 연관시키게 될 것이다. 그리고 손으로 등을 눌러 앉히지 않아도 "앉아"라는 명령에 따라 스스로 앉기 시작할 것이다. 개를 교육하면서 많은 명령들이 이러한 연상을 통하여 개들에게 그 의미가 전달되게 될 것이다.

④ **유대관계(bonding)**

사람이 사회생활을 하면서 나 아닌 어떤 사람과 함께 할 때 서로의 상호작용을 통하여 유대관계를 갖지 않는다면 함께 하는 파트너로서의 원만한 관계를 유지하기가 어렵다. 개와 훈련자 와의 관계도 마찬가지다. 사람은 개의 주인으로서 개에게 무조건적인 복종만을 강요한다면 그 개는 주인에 대한 두려움만을 갖게 될 뿐이지 그 주인을 위하여 충성을 다하고자 하는 마음이 들지 않게 될 것이다. 주인과의 유대관계는 함께 하는 파트너십을 위한 기초이다. 개를 대하는 훈련자의 태도가 종속관계가 아닌 반려동물로서 개가 하고자하는 말을 들을 수 있고 들어주려 노력할 때 상호 교감이 될 수 있고 유대관계가 형성되게 된다.

훈련자의 개에게 대한 사랑과 인정 그리고 약속은 전염적이어서 개로 하여금 훈련자에 대한 사랑과 존경, 헌신으로 되돌아오게 될 것이다.

⑤ **체벌보다 효과 큰 칭찬**

개를 훈련시키는 과정에서 벌을 줘야만 하는 상황이 발생하더라도 물리적으로 때리는 경우는 거의 없다. 체벌을 가한다고 해서 훈련의 효과가 높아지는 것은 아니다. 반면 칭찬과 벌을 적시적소에 해주면 개가 받아들이는 이해도가 굉장히 빨라져 훈련의 결과가 매우 효과적이다. 개의 잘못된 버릇이나 행동을 교정하려면 주인이 원하지 않는 행동을 했을 때 개에게 불편한 상황이 벌어진다는 정도만 알게 해주어도 충분하다. 예를 들어 초크체인(choke chain : 줄을 당기면 조여지는 체인형 목줄)으로 목에 제지를 가한다거나 목줄을 강하게 당기는 정도로도 개들은 주인의 경고를 충분히 이해한다.

원칙 없는 벌이나 도를 넘는 벌은 오히려 개의 반감만 살 뿐이다. 개를 훈련시킬 때 체벌보다 훨씬 더 효과적인 방법은 옳은 행동을 했을 때 적절한 칭찬을 해주는 것이다. 개들은 잘못된 행동을 해서 벌을 받는 것보다는 바른 행동을 했을 때 칭찬받는 것을 통해 더욱 잘 배우기 때문이다.

⑥ **명령어의 사용**

명령어는 일관되게 사용해야 한다. 명령어를 사용할 때마다 다른 말을 쓰면 혼란을 주어 훈련의 효과가 적고 기간이 길어진다. 명령어를 사용할 때는 다른 동작과 발음이 비슷한 명령어를 쓰지 말아야 한다. 예를 들면 '가라' 와 '와라'는 발음이 비슷하므로 '가'와 '이리와'

로 사용하는 것이 좋으며 정확하고 같은 높이의 억양으로 발음해야 한다. 반려견은 단어의 뜻을 알고 행동하는 것이 아니라 억양을 듣고 이해한다. 가급적 감정이 있는 어조는 쓰지 말아야 하며 높은 어조는 침착성을 잃게 해서 훈련을 그르칠 수 있다. 부드러우면서 명료하게 명령어를 주어야 한다.

2) 반려견의 훈련

(1) 반려견 훈련의 종류

훈련은 크게 조기훈련, 복종훈련, 고등훈련으로 나뉜다. 훈련 순서가 미리 정해져 있는 것은 아니지만 앉는 법도 가르치기 전에 '악수'를 가르칠 수 없듯 상식적으로 먼저 진행해야 할 것들이 있다. 대개 개가 복종훈련을 성공적으로 마치고 나면 고등훈련에 들어간다.

① 조기훈련

사람 만나기, 사물에 적응하기, 배변훈련, 목줄 적응하기와 같은 개의 원만한 성격 형성을 위해 사회에 본격적으로 적응하는 시기인 4개월 이전에 시키는 사회화훈련 과정으로 모든 훈련에 앞서는 가장 중요한 훈련이다. 사람과 친숙해지도록 길들이고, 집안에서의 기본 매너와 룰을 가르치며, 좋은 품성과 습성을 가질 수 있도록 훈련시킨다.

② 복종훈련

따라 걷기, 앉아, 엎드려, 이리와, 가져와, 기다려와 같은 복종훈련은 얼핏 간단해 보이지만 제대로 되어 있지 않으면 다른 응용훈련과 고등훈련을 해나가는데 어려움이 많다. 일상생활에서도 유용하게 쓸 수 있는 것이 대부분이므로 잘 훈련시켜놓으면 개와 사람 모두 편하다. 복종훈련 중 가장 중요하고 어려운 것은 '따라 걷기', '이리와', '기다려'라고 할 수 있다. 인내심을 갖고 꾸준히 반복해서 연습을 시켜야 한다.

③ 고등훈련

경비견훈련, 수색훈련, 프리스비, 아질리티 와 같은 고등훈련은 개인 능력을 최대한 끌어내는 훈련으로 사람에게 이로운 역할을 해낼 수 있게끔 가르치는 것이다. 경비견 훈련은 명령에 의해 타인을 공격하거나 다른 사람이 주인을 공격할 때 방어하는 훈련이다. 수색훈련은 개의 후각을 이용해 물건을 찾는 훈련, 요즘 각광받고 있는 반려견스포츠인 프리스비와 아질리티도 고등훈련의 일종이라 할 수 있다. 프리스비는 주인이 원반을 날려 보내면 개가 받아서 가져오는 놀이이며, 아질리티는 일종의 반려견용 장애물경기라 할 수 있다.

(2) 복종 훈련

복종훈련이 되어 있지 않은 상태에서는 다른 훈련을 한다는 것이 무의미하다. 그 이유는 어린아이에게 서는 단계를 뛰어넘어 걷고 뛰는 것부터 가르치는 것과 같기 때문. 기초공사도 하지 않고 집을 지을 수 없듯 개도 복종훈련 없이 고등훈련에 들어갈 수는 없다.

동물이 사람에게 복종하고 사람과 함께 생활하기 위해서는 먼저 동물과 사람이 친밀감을 가지는 것이 가장 중요하다. 동물의 입장에서는 사람은 먹이와 휴식처를 마련해 주는 주인이며 언제나 자신을 돌봐주는 보호자로 인식되어야 한다. 동물이 사람에 대한 복종에는 크게 맹목적 복종과 자발적 복종으로 구분할 수 있다. 맹목적 복종은 체벌이나 고통을 통해서 사람이 두려움의 대상인 경우에 복종하는 것이다. 또한 자발적 복종은 사람과 동물 사이에 신뢰와 믿음을 바탕으로 친절한 언어와 행동, 애정 어린 신체적 접촉을 통해 이루어진다.

훈련의 전 과정을 통해 동물과 사람 사이의 친밀감과 신뢰성이 유지되는 것이 필요하다. 이를 위해서는 훈련자와 동물이 접촉하는 시간이 가능한 한 많아야 한다. 빈번한 접촉을 통해 훈련자는 동물의 심리적, 신체적 상태 및 특성을 파악 하고 이해할 수 있다. 또한 정다운 말을 사용하는 등 동물에게 친절히 대함으로써 훈련을 받는 동물이 정서적으로 안정을 가지도록 해야 한다.

모든 훈련에서 가장 기본적인 훈련은 복종훈련이다. 동물이 사람에게 복종하기 위해서 가장 중요한 것은 훈련자에게 주의를 집중하는 주목이다. 주목은 훈련자와 반려견 사이에 눈을 마주침으로써 가능하다. 성공적인 훈련은 처벌과 신체적 학대가 아니라 지속적인 반복과 연습을 통해 가능하다. 또한 칭찬과 적절한 보상을 해 주는 것 역시 매우 중요하다.

복종훈련 시 다음과 같은 몇 가지 사항에 대해 주의하는 것이 필요하다. 먼저 훈련 전 정확하게 견 줄을 착용했는지를 확인해야 한다. 또한 훈련자와 반려견 모두 올바른 자세로 훈련에 임한다. 훈련자는 가능 한 부드럽고 긍정적인 방법을 사용해서 훈련을 하는 것이 좋다. 반면 잘못된 행동을 교정할 때에는 한 번에 단호하면서도 엄하게 훈련한다. 또한 장소를 변경해 가면서 훈련하는 것이 바람직하다.

표 5-1. 복종의 종류

분류	특징
맹목적 복종	• 두려움에 기초 • 채벌이나 고통
자발적 복종	• 신뢰와 믿음에 기초 • 친절함과 애정 어린 신체적 접촉

출처 : 김옥진 외, 2007

(3) 기본 훈련

반려견의 집중력은 오래 지속되지 못하므로 훈련시간은 짧아도 된다. 보통 1회 훈련시간은 10~30분 정도가 적당하며, 하루 1~2회씩 식사 전에 훈련한다. 주위가 시끄럽거나 개가 한눈팔 것이 많은 번잡한 장소는 피하고 조용하고 개가 편안하게 느낄 수 있는 장소에서 훈련받도록 한다. 훈련을 계속해서 반복 하여 실시한다. 즉, 하나의 동작이 완성될 때까지 몇 번이고 계속해서 반복함으로써 그 행동을 인식시켜야 한다. 훈련의 마무리는 함께 놀아 주는 것이 좋다. 사람을 따르는 것이 즐거운 일임을 인식시킬 수 있으며, 독립심이 생기게 할 수 도 있다.

① 앉아

앉아의 바른 자세는 대퇴부를 가지런히 모아 앉는 자세로서 앞가슴을 약간 앞으로 내밀고 고개를 들고 올려다보는 자세여야 한다. 훈련자의 좌측에 훈련견을 붙이고 오른손으로 줄을 아주 짧게 잡고 위로 치켜들고 왼쪽 손으로는 뒤쪽 엉덩이를 툭 치듯 누르며 '앉아'를 명령한다.

② 엎드려

'앉아' 의 자세에서 목줄을 왼손으로 짧게 쥐고 오른손을 아래로 내리면서 '엎드려' 라고 명령하면서 왼손에 쥔 줄을 가볍게 당겨 배와 앞 발굽치가 바닥에 닿도록 한다. 처음 '엎드려'를 시작할 때에는 약 2~3초 정도로 짧게 '엎드려'를 시키며 엎드린 자세에서 시간적 여유를 주면 나쁜 자세가 도출하기 때문에 신속하게 다른 동작으로 변화를 주어야 한다.

③ 서

훈련자는 좌측 손으로 30cm 이내로 줄을 짧게 잡고 우측 손으로는 약 70cm이상 길게 잡고 걷는 도중에 좌측 손으로 줄을 가볍게 당겨 쇼크를 주면서 '서'를 명령하고 즉시 멈춰 서게 하는 것이다.

수신호의 동작은 손바닥을 펴서 위해서 아래로 45 대각선을 이루면서 개의 코를 내려치는 듯한 동작을 취한다. 만약 앉거나 다른 행동을 보일 때는 좌측 엄지손가락으로 하복부를 위로 찌르듯이 충격을 주어 바른 자세로 교정을 하여야 한다. 처음 '서' 의 시간은 3~5초부터 시도하여 날이 갈수록 시간을 연장하며 독립적으로 혼자 서 있는 시간을 부여한다.

④ 기다려

'서' 또는 '앉아, 엎드려' 상태에서 우측 손바닥을 펴서 훈련견의 눈높이에서 아래로 내리치는 듯한 동작을 취하며 '기다려'를 명령한다. 명령을 내린 후 훈련자가 약 15m 이상 걸어가 개를 마주보고 부르면 훈련견이 신속하게 훈련자의 좌측에 와서 앉거나 서 있게 한다.

만약 움직이려 든다면 '안돼! 기다려' 명령을 반복한다.

⑤ **와**

'기다려' 상태에서 오른손을 수평으로 올리고(손바닥이 밑으로 향하게) 바지의 옆 봉재선까지 내리면서 '와'를 명령한다. 또는 약 10m 정도의 목줄을 늬주었다가 '와' 라는 지시에 응하지 않을 때는 줄을 잡아당기면서 '와'를 명령한다. 이렇게 계속 반복하며 명령에 응하는 정도에 따라 줄의 길이도 짧게 한다. 최후에는 줄 없이도 가능하며 만일 거부할 때는 꾸짖고 지시에 따르면 칭찬을 해 준다.

조용한 실내에서 강아지와 거리를 짧게 두고 손에 먹을 것을 쥐고 시선을 집중시킨 후 이름을 부르며 '와' 라고 말한다. 걸어오면 '잘했어, 이리와' 하고 칭찬하고 쓰다듬어 주거나 먹을 것을 준다.

⑥ **따라(따라와 – 각측 보행)**

훈련자의 좌측에 훈련견을 서게 한 후 목줄을 채워 짧게 왼손으로 잡고 '따라와' 명령과 함께 앞으로 이동한다. 이동 중 훈련견이 따라오지 않을 경우에는 목줄을 이용해 왼손으로 '따라와' 명령을 하면서 딱 치듯 순간적 충격을 가하여 따라오게 유도한다. 그리고 훈련자보다 빨리 앞으로 나아가면 반대로 목줄을 뒤쪽으로 충격과 함께 잡아당기고, 옆으로 위치를 벗어날 경우에는 훈련자 쪽으로 목줄을 당긴다.

⑦ **가져와**

물건을 가져오게 가르치는 처음 시기는 호기심이 왕성한 생후 2~4개월 사이에 시작해야 한다. 훈련견을 훈련자의 좌측에 앉히고 목줄을 왼쪽 손으로 꼭 붙잡고 기다리게 한 후, 개가 좋아하는 공이나 주인의 체취가 강한 양말, 장갑 그밖에 뼈, 나무토막 등을 약 2~3m 정도 굴리듯 던져 그 물건이 움직이고 있을 때 '가져와'를 명령하고 줄을 놓는다. 훈련견이 쫓아가 물건을 물게 되면 훈련자는 목죽을 잡아당겨 '와' 하고 명령한다. 가까운 거리에서 숙달되게 한 다음 거리를 점점 늘려 가는 것이 좋다.

⑧ **쉬어**

'쉬어'의 동작은 앉아 있는 상태가 오랫동안 지속될 때 좀 더 편히 쉴 수 있도록 하기 위한 자세다. 훈련자의 명령에 의해 다음 지시가 있을 때까지 정지된 자세로 있어야 한다.

'엎드려' 의 연속훈련 동작으로 우선 훈련견을 엎드리게 한 후 목줄을 잡고 견주는 오른쪽, 왼쪽 어느 방향이든 한쪽 방향으로 손으로 살짝 훈련견의 엉덩이 부분을 밀 듯 치면서 넘어지도록 한 후 '쉬어' 라고 명령한다. 이때 일어나면 '안돼' 명령을 한다.

⑨ 먹지 마

음식물을 훈련견의 앞에 놓기 전 '안 돼! 기다려'라고 강하게 명령하며 목줄을 가볍게 툭 쳐 주며 훈련견이 잘 기다리는 것을 확인할 후 음식물을 내려놓고 '옳지! 먹어'라고 명령한 후에 훈련견이 음식물을 먹을 수 있도록 한다.

(4) 특기훈련

특기훈련은 사회화, 복종 및 기본훈련과는 별도로 반려견별로 가질 수 있는 특수한 행동을 훈련하는 것을 말한다. 즉, 동물매개치료 활동이나 기타 많은 사람을 상대로 활동을 하기 위해서는 사람들의 호감을 얻거나 귀여움을 얻기 위한 특별한 기술이나 재주 혹은 장기를 가지고 있는 것이 좋다. 이런 재주나 장기를 가르치는 과정을 특기 훈련이라고 한다.

사람에게 귀여움이나 관심을 얻기 위한 특기로는 사람에게 발 주기, 땅바닥에 구르기, 두 발로 서기, 제자리에서 돌기, 핸들러의 다리 사이로 빠져나가기, 멀리뛰기, 핸들러의 팔이나 다리 위로 뛰어넘기, 두 발로 서서 걷기, 원반이나 장난감 물어 오기 등을 들 수 있다.

① 차렷

'앉아, 기다려' 상태에서 훈련견의 옆면이나 뒤편에서 목줄을 위로 살짝 들어 주고 앞가슴을 부드럽게 쓰다듬어 주며 '차렷'이라고 명령한다. 이때 유의할 점은 목줄을 과도하게 당기면 자세가 흐트러질 수 있으므로 적당하게 들어 준다.

② 돌아

'따라'라고 명령하며 훈련견이 훈련자의 바깥쪽(오른쪽)으로 돌며 방향을 전환할 때 '돌아'라고 명령한다.

③ 뒤로

'뒤로'라고 명령하며 훈련견이 훈련자의 안쪽(왼쪽)으로 돌며 방향을 전환할 때나 훈련견이 훈련자보다 앞서서 걸으려 할 때 '뒤로'라고 명령하며 돌아 주면 좋은 효과를 볼 수 있다.

④ 악수(손 줘)

'앉아' 상태에서 훈련자와 마주 보며 왼손, 오른손을 번갈아 '손' 또는 '악수'라고 명령하며 악수할 손을 살짝 쳐서 훈련견이 손을 올리면 받아 주며 칭찬해 준다. 이때 목줄은 악수 할 손의 반대편으로 잡고 있는 것이 훈련견에게 편안한 자세라 할 수 있다.

⑤ 뛰어

높은 수직 장애물을 넘을 때 훈련견에게 목표물을 인지시킨 후 0.5~1m 앞에서 '뛰어'라고 명령하며 목줄을 살짝 위로 당겨 준다.

⑥ 넘어

계단 또는 A자 장애물을 넘어서 통과하는 훈련이며 목표물을 인지시킨 후 0.5~1m 앞에서 '넘어'라고 명령하며 한 발씩 넘을 수 있도록 차분하게 걸어간다.

⑦ 누워

'좌로 쉬어' 또는 '우로 쉬어'를 시킨 상태에서 목줄은 지면으로 살짝 당기면서 손으로 훈련견의 얼굴의 옆면이 지면에 닿도록 살짝 눌러 주며 '누워'라고 명령한다.

⑧ 기어

'엎드려'를 시킨 상태에서 훈련견과 마주보면서 목줄을 앞으로 조금씩 당기면서 '기어'라고 명령하며 천천히 앞으로 이동하되, 훈련견이 엉덩이가 들리지 않게 주의한다.

⑨ 굴러

좌로 굴러는 누워 상태에서 훈련견과 마주보고 앞다리를 살짝 넘겨준 다음 반대방향으로 신속히 이동하며 '좌로 굴러'라고 명령한다. 우로 굴러는 '좌로 굴러'의 반대 방향인 우측으로 유도하며 '우로 굴러'라고 명령한다.

표 5-2. 일반적으로 사용하는 훈련용어 및 수신호

번호	훈련과목	한국어	영어	독일어	개의 행동	손 짓
1	칭찬하기	좋아, 옳지	Good, Ok	Gut	좋아 한다	개의 어깨부분을 가볍게 두드려 준다.
2	교정하기	안돼	No	Nein	대안을 찾는다	개에게 엄한 표정으로 손가락질을 한다
3	옆에 따라 다니기	따라	Heel	Bie Fuss	훈련자와 보행 속도를 맞추어 따라 다닌다	왼쪽허벅지를 가볍게 쳐 준다
4	앉기	앉아	Sit	Sitz	앉는다	손을 위로 올린다
5	엎드리기	엎드려	Down	Platz	엎드린다	손으로 지면을 가리킨다
6	일어서기	서	Stand	Steh	일어선다	손을 밑에서 크게 올린다
7	부르기	이리와, 와	Come	Hier	개가 온다	앞쪽허벅지를 가볍게 친다

번호	훈련과목	한국어	영어	독일어	개의 행동	손 짓
8	물건 가져오기	가져와	Get it	Nimn	물건을 가져온다	물건을 가리킨다
9	장애물 뛰어넘기	뛰어	Run	Leuf	장애물을 뛰어 넘는다	장애물을 가리킨다
10	판벽 뛰어넘기	넘어	Jump	Spring	판벽을 뛰어 넘는다	판벽을 가리킨다
11	악수하기	손	Hand	Hand	앞발을 내민다	개의 발 앞에 손을 내민다
12	두발로 서기	차렷	Attention	Achtung	두발로 일어선다	주먹 쥐고 엄지 손가락만 보인다
13	옆으로 구르기	굴러	Roll	Roll	옆으로 구른다	손으로 옆에서 굴리듯이 한다
14	집에 들어가기	들어가	House	Tritt	집에 들어간다	집을 가리킨다
15	대기	기다려	Wait	Bleib	기다린다	손바닥을 보인다
16	물건 갖기	가져	Hold it	Beib	물건을 입에 문다	물건을 가리킨다
17	기어가기	기어	Crawl	Klimm	엎드려 기어 간다	지면을 지시하면서 앞으로 끌 듯이 한다
18	대상물 돌기	돌아	Turn	Wend	지시한 대상물을 옆으로 돈다	대상물을 지시하면서 원을 그린다
19	단상 오르기	올라가	Scale	Steig	단상에 올라간다	단상을 가리킨다
20	휴식	쉬어	Stay	Hlten	엎드린 상태에서 엉덩이를 옆으로 누인다	엉덩이를 가리킨다
21	짖기	짖어	Bark	Giblaut	짖는다	손가락을 훈련자의 입에 십자로 한다
22	물건 지키기	지켜	Watch keep	Verteidige	물건에 접근 하면 짖으며 위협한다	물건을 가리킨다
23	공격하기	물어	Bite	Fass	상대방을 문다	상대방을 가리킨다
24	물었던 것 놓기	놔	Let it go	Auflose	물었던 것을 논다	개의 앞을 가로막듯이 한다
25	공격포기	그만	Stop	Holt	공격을 포기 한다	개에게 X자를 보인다
26	앞으로 가기	앞으로	Foreard	Vor	앞으로 간다	전방을 가리킨다
27	뒤로 가기	뒤로	Backward	Hinter	뒤로 간다	후방을 가리킨다
28	왼쪽으로 가기	왼쪽	Left	Links	왼쪽으로 간다	왼쪽을 가리킨다
29	오른쪽으로 가기	오른쪽	Right	Recht	오른쪽으로 간다	오른쪽을 가리킨다
30	수색	찾아	find	Such	냄새를 맡으면서 찾는다	지면을 가리킨다
31	물품선별	어느것	Which	Welch	지정한 물품을 찾는다	선별대를 가리킨다
32	개 혼자 보내기	가	Go	Gehweiter	혼자 간다	앞을 가리킨다

번호	훈련과목	한국어	영어	독일어	개의 행동	손 짓
33	자동차 타기	차타	Take car	Aus	자동차를 탄다	자동차를 가리킨다
34	앉아 기다리기	앉아 기다려	Sit stay	Bleibsitzen	앉아 기다린다	손을 위로올린 후 손바닥을 보인다
35	가서 가져오기	가서 가져와	Go get it	Brigenst	가서 가져온다	가져올 물품을 가리킨다
36	밖으로 나가기	나가	Go out	Voraus	밖으로 나간다	밖을 가리킨다
37	범인추적	쫓아, 추적	Search	Zur spur	범인을 쫓아간다	범인을 가리킨다
38	범인감시	감시해	Watch	Zurwache	범인을 지킨다	범인을 가리킨다
39	주위를 환기시킬 때	조심해	Be carefull	Passauf	긴장한다	개를 가리킨다
40	먹이 안 먹기	먹지마	Don't eat	Nicht IB	먹이를 안 먹는다	먹이를 가리킨다

출처 : 이형구 외, 2011

(5) 응용훈련 (치료도우미견)

동물이 단순히 시설에 있는 것만으로 치료가 된다는 생각은 실수이다. 동물이 교류에 참여할 수 있으려면 동물조련사는 교육을 받아야하고 그 특수 동물의 능력에 민감해야 한다. 안전하고 효율적인 결과를 위해 동물의 건강관리는 꼭 필요하다. 다양한 요인들이 결과에 영향을 미친다. 훌륭한 프로그램이 되기 위해서는 클라이언트에 맞는 특수한 동물, 동물조련사, 동물매개치료사의 세 가지 구성요소와 동물의 적성, 시설의 환경, 팀의 역량수준 등이 아주 중요하다. 이들 변수들은 서로 매우 의존적이다.

선택기준은 이들 동물이 신뢰할 수 있는지, 조정가능한지, 예측할 수 있는지, 그리고 AAA/T과제, 대상자, 일하는 환경에 적합한지를 알아본다. 동물의 종/품종, 종류, 성별, 나이, 크기, 건강, 적성, 적합성, 역량 등에 주의해야 한다. 더불어 조련사와 동물간의 질적 교류도 고려되어야 한다.

① 낯선 사람을 만나도 경계하지 않아야 한다.

치료도우미개로 활동하기 위해서는 평상시에 자주 만나는 익숙한 사람보다는 낯설고 새로운 사람 뿐 아니라 개가 느끼기에 이상한 행동을 하는 장애인을 만날 수도 있다.

이런 여러 가지 상황에서도 만나는 사람에 대하여 경계하지 않고 호의적인 감정을 가질 수 있어야 한다.

물론 활용할 동물에 대하여 평가를 하여 선발하긴 하지만 모든 동물은 생존본능에 의해서 자신을 보호하기 위하여 낯선 환경이나 사람에 대하여 정도의 차이는 있겠지만 모두가 경계심을 갖고 있다.

이렇게 약간이라도 경계심이 있는 개들은 사람들을 만나는 것이 즐거운 일이며 그 사람이 개 자신을 불편하게 하거나 괴롭히지 않을 것이라는 신뢰감을 갖도록 하는 것이 필요하다.

신뢰감을 갖도록 하는 방법으로는 새로운 낯선 사람으로 하여금 개가 좋아하는 것(음식, 장난감)을 주도록 하여 낯선 사람이 경계의 대상이 아닌 자신이 좋아하는 것을 주는 호의적인 상대라는 것을 알도록 하여 상대방에 대한 경계심을 풀고 호의적인 감정을 갖도록 하는 것이 중요하다.

② 귀찮게 쓰다듬어도 거부하지 않는다.

개가 자신의 몸을 사람에게 맡길 수 있도록 하는 것이 중요한데 독립적이고 순화가 덜 되어있고 방어적인 견종일수록 이렇게 하는 것이 어렵다. 대표적으로 진돗개의 경우 자신의 몸을 지키려는 습성이 강해 주인에게도 안기는 것을 싫어한다.

치료도우미개로 활동할 경우 여러 사람들이 한꺼번에 만지거나 예고도 없이 거칠게 개를 쓰다듬거나 심지어 개를 때리는 경우도 일어날 수 있다. 이런 상황에서도 거부하지 않고 인내하도록 하기 위해서는 훈련과 함께 상황을 예측하고 도우미개가 대비할 수 있도록 할 수 있는 조련사의 역할이 중요하다.

훈련방법으로는 어릴 때부터 사람과의 신체적 접촉을 점차적으로 늘려가는 훈련이 필요하다. 주인과의 신뢰도가 많은 작용을 하는데 주인과의 신체적인 접촉이 자연스러워지면 타인과의 접촉의 정도와 빈도를 늘려간다. 무리하게 강행하여 심하게 반항하거나 두려워하게 되면 오히려 역반응을 일으킬 수 있으므로 오랜 시간을 두고 실시한다.

신체적 접촉 시 개들이 접촉을 좋아하는 부위부터 접촉을 시도한다. 접촉을 좋아하는 부위는 턱 아래, 가슴, 배와 옆구리가 이어지는 부분, 귓바퀴 등이며 싫어하는 부위는 발 부위, 항문이나 꼬리, 생식기 등이다. 좋아하는 부위를 먼저 익숙하게 한 후 싫어하는 부위의 접촉을 서서히 시도한다. 여러 번 같은 자극을 줌으로서 자극에 익숙하도록 한다.

③ 처음 보는 행동에도 당황해 하지 않는다.

활동 시 대상자가 발달장애(자폐)아동이거나 정서불안, 또는 과잉행동장애, 조울증 등인 경우에 함께하는 상대방이나 치료도우미 동물에 대하여 전혀 신경 쓰지 않는 상황에서 돌발적인 행동을 하는 경우가 많다.

이런 상황에서도 사람이 위험한 존재가 아니라는 것을 인식시키는 것이 중요하다. 클라이언트가 갑자기 춤을 추고, 소리를 지르거나, 물건을 집어 던지고 싸우거나 몸을 비트는 등 이상한 행동에도 당황하지 않도록 해야 한다.

훈련방법으로는 여러 가지 행동을 미리 경험해 보도록 하는 것이 필요하다. 활동 시 일어날 수 있는 여러 가지 상황을 가정하여 약한 자극에서부터 강한 자극까지 점진적인 방법으로 접할 수 있도록 함으로써 그런 돌발적인 상황에 익숙하도록 만드는 것이다.

또한 중요한 행동 중의 하나는 다른 사람이 주인에게 장난을 하거나 때리는 듯한 행동을 할 때 도우미견이 보호본능에 의해서 주인을 구한다고 상대방에게 공격적인 행동을 해서는 절대로 안 된다. 사물과 함께하는 도발적이고 갑작스런 동작에도 익숙할 수 있게 다양한 경험을 미리 해보는 것이 가장 좋은 방법이다.

④ 안아줄 때 발버둥치지 않는다.

일반적으로 사람들이 개를 안아줄 때 개의 상태를 고려하여 적당한 힘을 주고 개가 편안함을 느낄 수 있도록 안아주는 것이 보통이지만 장애아동들은 개의 상태를 고려하지 않고 힘을 많이 주어 개를 안거나 거꾸로 안는다던지 개가 불편함을 느낄 수 있는 자세로 개를 안아줄 수 있다. 물론 개가 불편함을 느끼지 않도록 안는 방법을 알려줘야 하는 치료사의 역할이 중요하지만 프로그램 진행 중 초기에 흔히 일어날 수 있는 일이다.

대부분의 개들은 안아줄 때 가만히 있지 않는다. 호기심이 강하고 활동을 많이 하는 개들일수록 이런 행동이 심하다. 특히 후각으로 정보를 얻는 개의 경우 먼저 사람을 만날 때 냄새를 맡아보는 순서가 있기 때문에 처음 보는 상대가 안았을 때 가만히 있는 것은 쉽지 않다.

한두 번 만난 사람도 몇 초 동안 안는 것은 허용하지만 조금 있으면 몸을 비틀게 된다. 안아주었을 때 가만히 있도록 하는 것은 자주 안아주어 안기는 것에 익숙하고록 하는 훈련이 필요하다.

훈련방법으로는 처음부터 오랜 시간 동안 안고 있지 말고 처음에는 개가 편안한 자세로 잠시 동안 안은 상태에서 가만히 있도록 하고 점진적인 방법으로 시간을 늘려가면서 오랜 시간도 사람에게 안긴 상태에서 가만히 있도록 한다.

처음에는 사람이 안고나면 무엇인가 보상을 해 줌으로서 보상을 바라는 마음에서 조용히 기다리도록 한다. 안고 있는 동안에도 여러 부위를 쓰다듬듯이 만져주어 안기는 것이 기분 좋은 것이라는 인식을 갖도록 한다. 주인과의 훈련 후 타인과의 훈련을 통해 안기는 것에 익숙하게 한다.

⑤ 사람이 많은 곳에서도 무서워하지 않는다.

프로그램 운영 시 일대일로 하는 경우도 있지만 집단으로 프로그램을 운영할 경우 많은 사람들이 갑자기 개에게 달려들어 개를 만지거나 끌고 다니려고 할 수가 있다. 이런 경우에도 치료도우미견은 당황하지 말고 그런 환경에 익숙할 수 있도록 해야 한다.

훈련방법으로는 처음부터 많은 사람들을 접하게 하지 말고 적은 수의 사람을 접하게 하는 것에서부터 점진적인 방법으로 많은 사람들을 접하도록 한다. 처음에는 개에 관심을 주지 않고 지나가는 사람들을 접하게 하여 그저 지나가는 사람일 뿐, 해를 끼치지 않는 다는 것을 알려주고 서서히 사람들이 많은 곳에 데리고 다니면서 사람들에 대한 두려움과 경계심을 없애준다. 겁이 많은 개들은 도망가려하거나 숨으려고 할 수 있는데 이때마다 안심시켜주고 주인이 옆에 있어준다는 것을 인식시킨다.

⑥ 여러 사람이 모여들어도 무서워하지 않는다.

사람들이 많은 곳을 무서워하지 않게 되면 한 단계 발전하여 사람들에게 둘러 싸였을 때의 상황을 만든다. 사람들이 지나가는 존재가 아니라 자신에게 관심을 가지고 직접적으로 다가온다는 것에 민감하지 않게 한다. 사람들이 둘러싸고 개를 만지기도 하고 말을 걸기도 하면서 카메라를 들이대는 행동을 반복하여 연습한다. 아울러 모인 사람들이 자신에게 이로운 사람이라는 것을 알도록 하기 위해서 간식을 주거나 좋아하는 장난감 등을 놀아주는 행동도 바람직하다.

⑦ 큰 소리가 나도 신경 쓰지 않는다.

이 훈련은 어려운 과제 중의 하나이다. 어릴 때 큰 소리에 충격을 받아 예민한 개들은 큰 소리 자체가 매우 큰 스트레스이다.

장애인도우미견의 경우에도 보통 때는 전혀 문제가 없다가 분양된 후에 장마철의 천둥치고 번개가 번쩍이는 상황에 적응을 하지 못하고 불안해하여 결국은 분양을 취소하고 회수했던 일이 있다. 또한 사냥을 하는 개가 평상시에는 사냥터에서 꿩을 찾아 포인을 하고 있다가도 주인의 총소리에 놀라 모든 것을 포기하고 도망가는 등 특정한 소리에 민감하게 반응을 함으로써 일어나는 문제는 심각할 수 있다.

특히 천둥치는 소리나 사이렌소리, 총소리 등은 대부분의 개들이 무서워하고 두려워한다.

훈련방법으로는 이러한 개들에게는 점진적인 방법으로 개가 민감하게 반응하는 소리를 들려주면서 그런 소리가 개 자신에게 아무 해를 끼치지 않음을 알게 한다. 이럴 때 개가 좋아하는 먹이를 주거나 장난감등을 주어 개의 주의력을 다른 곳으로 분산시켜 소리에 덜 민감하도록 하는 것도 좋은 방법 중의 하나이다.

총소리에 익숙하도록 하기위하여 멀리서 약한 소리가 나는 딱총을 쏘면서 옆에서 개의 주의력을 다른 것으로 돌리거나 격려를 해 주어 안심시키면서 점진적으로 가까이에서 총소리를 들려주어 익숙하게 하는 방법도 있다. 물건이 떨어지는 소리나 물건 두드리는 소리, 사람들의 고함소리 등은 기본적으로 연습해 두어야 할 소리이다.

⑧ 관심 있는 물건으로부터 통제가 된다.

대부분의 개들이 공이나 먹을 것 또는 개 자신이 평상시 좋아하는 물건에 대한 집착이 너무 강해서 그런 것을 갖고 있거나 보았을 때 전혀 통제가 되지 않는 경향이 있다. 이런 경우 간혹 매개활동 시 클라이언트가 개가 좋아하는 물건을 갖고 있는 경우 그 물건을 갖기 위해 사람에게 달려들 경우 클라이언트는 개가 자신을 물려고 하는 것으로 잘못알고 소리를 지르거나 크게 놀랄 수가 있다. 또는 다른 사람이 개가 갖고 있는 물건을 빼앗으려고 할 때 개는 자신이 좋아하는 물건을 빼앗기지 않으려고 으르렁대거나 상대방을 공격하는 일이 생실 수도 있다.

훈련방법으로는 기본적인 복종훈련을 통하여 개에게 자제력을 갖도록 하는 것이 필요하고 개가 좋아하는 물건을 앞에 놓고 대기 훈련을 하거나 개가 갖고 놀다가 주인이 요구에 의하여 포기하도록 하는 훈련이 필요하다. 또는 대기 훈련을 바탕으로 사료를 주기 전 '앉아'서 기다리는 훈련과 공이나 장난감 등 개 자신이 좋아하는 물건에 대하여 통제가 될 수 있도록 한다. 물건을 가만히 둔 상태에서 통제가 된다면 물건을 옮기면서, 다른 사람이 물건을 가져가도 통제가 되는 훈련을 실시한다. 통제 훈련을 하고 난 후에는 보상을 해주거나 물건을 주어 주인을 신뢰할 수 있도록 하는 것이 중요하다.

⑨ 다른 동물(개, 고양이 등)**에 대해서 공격성이 없어야 한다.**

치료도우미견은 사람들과의 사회성은 물론이고 동종의 동물이나 다른 종류의 동물들과도 서로 공격적이지 않고 어울릴 수 있는 사회성이 꼭 필요하다. 하지만 이런 개의 사회성이 방어적이고 독립적인 견종에서는 매우 힘든 훈련이다.

훈련방법으로는 어릴 때부터 다른 동물과 놀도록 하여 동물과의 사회성을 키워주는 것이 필요하다. 개에게 과도한 애정이 주어진 경우 무리의 리더가 되려는 욕구와 함께 공격성이 높아지는데 이것은 주인의 적절한 조절을 요구한다. 다른 동물을 물거나 해치려 할 경우 주인의 단호한 질책과 교정이 필요한데 사람의 입장이 아닌 개의 입장에서의 교정을 해야 한다. 가장 좋은 방법은 다른 동물들과 자주 접촉하도록 하는 것이고 함께 활동할 동물친구들과의 잦은 접촉은 더욱 바람직한 방법이라 할 수 있다.

개별적이 아닌 집단으로 여러 동물들과 함께 프로그램을 운영할 때 다른 개와 싸운다든지 다른 동물을 공격한다면 큰 문제가 일어날 수 있다. 이런 것을 방지하기 위해 다른 동물을 공격하지 않고 잘 어울릴 수 있는 훈련이 꼭 필요하다.

Chapter 06

치료도우미동물 관련 자격

Ⅰ. 치료도우미견 관련 자격

I

치료도우미동물 관련 자격

학습목표
1. 펫파트너 자격을 이해할 수 있다.
2. 도우미동물평가사 자격을 이해할 수 있다.
3. 동물행동상담사 자격을 이해할 수 있다.
4. 펫 테라피와 관련 자격을 이해할 수 있다.

1. 펫파트너

펫파트너란 동물매개치료 활동에서 **치료도우미동물**과 함께 **중재단위**를 구성하여 대상자와 활동하는 자격을 한국동물매개심리치료학회로부터 취득한 자이다. 펫파트너는 치료도우미동물을 훈련하고 관리하며 치료도우미동물과 파트너가 되어 중재단위를 구성한다.

펫파트너는 **동물매개심리상담사**의 계획과 지시에 따라 동물매개치료 활동 과정에 치료도우미동물과 활동을 수행하여 대상자의 삶의 질을 증진 시키며, 치료도우미동물과의 조화로운 관계성을 통해서 동물매개치료 활동의 중추적인 역할을 담당하는데 기여한다.

〈그림 6-1〉는 동물매개치료의 구성과 역할을 보여주는 도식도이다. 동물매개치료의 구성 요소는 치료도우미동물, 펫파트너, 대상자, 동물매개심리상담사를 들 수 있다. 한국동물매개심리치료학회에서 인증을 받은 **치료도우미동물**과 이를 잘 다루고 활동의 호흡이 맞을 수 있는 **펫파트너**와 함께 **중재단위**를 구성한다. 펫파트너는 치료도우미동물을 관리하고 통제하며, 동물매개심리상담사의 계획과 지시에 따라 대상자와 치료도우미동물이 상호반응을 유도하도록 활동을 수행한다.

〈그림 6-2〉는 펫파트너의 인증 과정을 도식도로 정리한 것이다. 펫파트너 인증을 받고자 하는 후보자는 자신의 치료도우미동물 또는 치료도우미동물 후보 동물과 함께 한국동물매개심리치료학회에 인증을 신청하여 평가를 통가한 경우 자격증을 취득할 수 있다. 이 과정은 펫파트너 단독 인증으로 진행될 수도 있고, 치료도우미동물 인증과 함께 동시에 수행될 수도 있다. 즉, 치료도우미동물 후보 동물을 육성한 보호자가 자신의 후보 동물을 치료도우미동물로 인증 신청하면서, 보호자 자신 또한 펫파트너 인증을 함께 받는 것으로 신청이 가능하다.

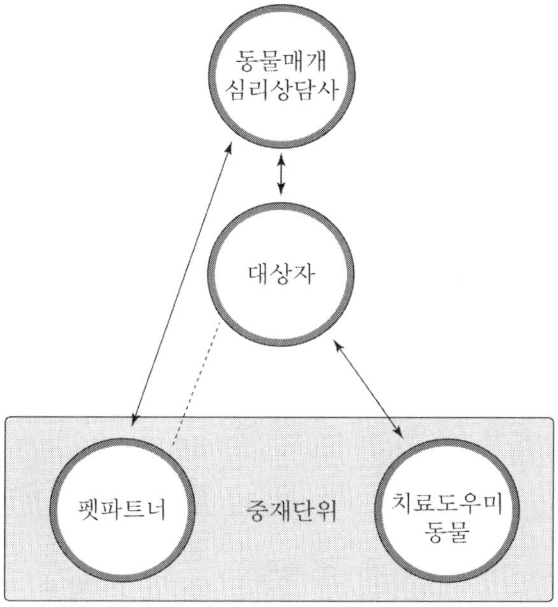

그림 6-1. 동물매개치료의 구성과 역할

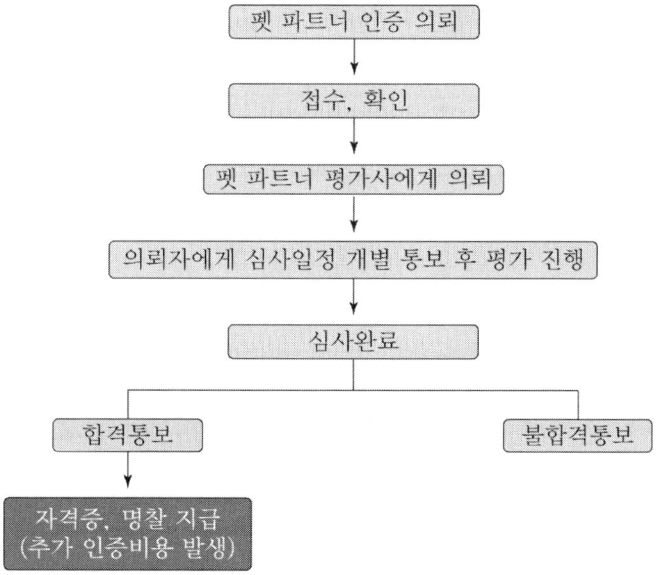

그림 6-2. 펫파트너 인증의 과정

펫파트너 인증을 위한 평가는 〈표 6-1〉과 같이 평가 항목에 따라 심사위원들이 지켜보는 가운데, 인증 신청자가 자신의 치료도우미동물에게 총 다섯 가지의 명령(전진, 앉아, 엎드려, 기다려, 서)을 내리고 그 결과를 평가받게 된다. 명령을 내린 후 곧바로 실행했는지, 명령 거부 횟수가 몇 번인지를 통해서 각각 점수가 부여된다. 총 6점 이상을 취득 시 평가를 통과할 수 있다.

표 6-1. 펫파트너 인증을 위한 평가 양식

평가	구성	행동변화	점수
1. 전진	응시자는 시작점에서 리드줄을 풀고 기본 자세를 취한다. 심사위원 사인에 약 20m 전방을 향해 "앞으로" 명령을 내린다.	명령어 3회 이상 거부 시	0
		명령어 1~2회 추가	1
		명령을 내린 후, 곧바로 실행 시	2
2. 앉아	응시자는 심사위원 사인에 "앉아" 명령을 내린다.	명령어 3회 이상 거부 시	0
		명령어 1~2회 추가	1
		명령을 내린 후, 곧바로 실행 시	2
3. 엎드려	응시자는 심사위원 사인에 "엎드려" 명령을 내린다.	명령어 3회 이상 거부 시	0
		명령어 1~2회 추가	1
		명령을 내린 후, 곧바로 실행 시	2
4. 기다려	응시자는 심사위원 사인에 "기다려" 명령을 내린다.	명령어 3회 이상 거부 시	0
		명령어 1~2회 추가	1
		명령을 내린 후, 곧바로 실행 시	2
5. 일어서	응시자는 심사위원 사인에 "서" 명령을 내린다.	명령어 3회 이상 거부 시	0
		명령어 1~2회 추가	1
		명령을 내린 후, 곧바로 실행 시	2
합격점수 (합격 : 6점 이상, 불합격 : 6점 미만)			6

2. 도우미동물평가사

도우미동물평가사는 동물매개치료 활동에 중재단위로 활동하는 치료도우미동물의 인증 절차에 참여하여 치료도우미동물 인증 가능 여부를 평가할 수 있는 자격을 한국동물매개심리치료학회에서 취득한 자이다.

도우미동물평가사는 치료도우미동물의 선발과 관리 및 도우미 동물의 훈련과 평가를 할 수 있는 전문인을 말한다. 동물을 매개로 하는 동물매개치료 활동에 있어서 치료도우미동물의 적합성을 평가하여 동물매개치료 활동의 효율성과 유익함을 증진시키는 역할을 한다.

표 6-2. 도우미동물평가사 자격의 검정기준

자격종목	등급	검정기준
도우미동물 평가사	전문가	동물매개심리치료학, 수의학, 동물학 분야의 학사학위 이상 소지자로 현장에서 필요한 전문가 수준의 뛰어난 도우미동물의 평가와 관리에의 활용능력 유무
	1급	고등학교 졸업 이상자로 현장에서 필요한 도우미 동물의 평가와 관리에의 활용능력과 현장사무를 수행 할 기본 능력 유무

표 6-3. 도우미동물평가사 자격의 검정방법과 검정과목

자격종목	등급	검정방법	검정 과목(분야 또는 영역)
도우미동물 평가사	전문가	필기	도우미동물학
			도우미동물의 훈련과 평가
			고급도우미 동물행동학
			고급도우미동물의 훈련과 평가
	1급	필기,	도우미동물학
			도우미동물의 훈련과 평가

3. 동물행동상담사

동물행동상담사는 동물행동상담을 수행할 수 있는 자격을 한국동물매개심리학회에서 취득한 자이다. 동물행동상담사는 인간과 반려동물과의 상호작용을 이해하고 반려동물의 행동상담을 통해 동물보호자 가족과 반려동물의 올바른 관계성을 맺도록 도와주며, 인간과 반려동물의 삶의 질을 개선하는데 도움을 주고, 나아가 동물복지 향상에 기여할 수 있다.

표 6-4. 동물행동상담사 자격의 등급

자격종목	등급	수준
동물행동 상담사	전문가	전문가 수준의 동물행동상담사로 동물문제행동 상담 및 동물행동상담사 1급 및 2급의 교육과 임상 등 해당 사무능력을 갖춘 책임자로서의 최고급 수준
	1급	준전문가 수준의 동물행동상담사로 동물문제행동 상담의 고급 수준
	2급	동물행동상담사 1급을 취득할 수 있는 기회가 주어지며, 임상실습을 통한 전문 상담사의 보조 수준

표 6-5. 동물행동상담사 자격의 검정방법과 검정과목

자격종목	등급	검정방법	검정 과목(분야 또는 영역)
동물행동 상담사	전문가	필기	고급동물행동학
			동물보호자상담학
	1급	필기	동물행동학
			보호자상담학
	2급	심사	해당 서류 심사 진행

표 6-6. 동물행동상담사 응시자격

자격종목	등급	응시자격
동물행동 상담사	전문가	1. 한국동물매개심리치료학회 정회원 이상으로 아래 2항 또는 3항의 자격을 갖춘 자. 2. 동물행동삼당사 1급 취득자로, 학회 또는 학회에서 주관하는 학술활동(워크샵, 학술대회)을 18시간 이상을 이수하고 3년 이상의 동물관련 실무 경력이 있는 자. 3. 동물관련 박사학위 재학 이상자로서 학회가 인정하는 동물행동상담관련과목(동물행동학, 동물자원학, 애견훈련학, 애견미용학, 반려(애완)동물학, 동물간호학, 동물복지학, 동물매개치료학, 인간과 동물 등)을 3과목 이상 이수한 자.
	1급	1. 한국동물매개심리치료학회 정회원 이상으로 아래 2항 또는 3항의 자격을 갖춘 자. 2. 동물행동삼당사 2급 취득자로, 학회 또는 학회에서 주관하는 학술활동(워크샵, 학술대회)을 6시간 이상 이수하고 1년 이상의 동물관련 실무 경력이 있는 자. 3. 동물관련 석사 재학 이상자로서 학회가 인정하는 동물행동상담학 또는 유사과목(동물행동학, 동물자원학, 애견훈련학, 애견미용학, 반려(애완) 동물학, 동물간호학, 동물복지학, 동물매개치료학, 인간과 동물 등)을 3과목 이상 이수한 자.
	2급	1. 한국동물매개심리치료학회 정회원 이상으로 아래 2항 또는 3항의 자격을 갖춘 자. 2. 전문대학 재학 이상자로서 동물행동상담학 또는 유사과목 (동물행동학, 동물자원학, 애견훈련학, 애견미용학, 반려(애완)동물학, 동물간호학, 동물복지학, 동물매개치료학, 인간과 동물 등)을 1과목 이상 이수한 자. 3. 동물훈련 관련 자격증 소지자

4. 펫 헬스 테라피

펫 헬스 테라피 (pet health therapy)**는 반려동물인 개와 고양이의** 건강 증진을 위한 테라피를 수행할 수 있는 자격을 한국동물매개심리학회에서 취득하여 수행하는 요법을 말한다.

펫 헬스 테라피 (pet health therapy)**는 반려동물인 개와 고양이의** 건강 증진을 위해 **1) 펫**

마사지, 2) 펫 요가, 3) 펫 아로마 테라피, 4) 펫 뮤직 테라피, 5) 펫 푸드 테라피, 6) 펫 하이드로 테라피와 같은 요법들이다.

국내에서 **펫 헬스 테라피** 관련 자격은 한국동물매개심리치료학회(http://www.kaaap.org/)에서 발급하는 **펫 헬스 테라피스트, 펫 마사지사, 펫 요가지도사** 자격증이 펫 헬스 테라피 관련 자격증으로 민간자격 인증을 받고 발급하고 있다.

1) 펫 마사지

펫 마사지 (pet massage)는 반려동물인 개와 고양이들에게 마사지를 해 주는 것으로, 펫 마사지를 통하여 반려동물에게 휴식을 줄 수 있고, 스킨십을 제공하여 반려동물들이 사람들과 사회화가 촉진되며, 공격적 성향을 갖지 않도록 하기위한 예방 효과도 유도할 수 있다.

아동들에게는 반려동물들의 신체에 대한 구조를 알려주며 사람과 다른 인간들이 보호해야 하는 존재임을 가르칠 수 있다. 펫 마사지는 동물들의 건강에 유익한 효과가 있을 뿐 아니라, 보호자들의 정신건강 향상과 반려동물과의 반려감 상승에도 큰 도움을 준다.

국내의 펫 마사지는 향후 반려동물의 건강을 향상 시키고 보호자와 반려동물간의 상호교감을 향상하여 행복한 반려동물 문화 형성에 크게 기여할 수 있는 이색 직업으로 주목을 받고 있다.

한국동물매개심리치료학회(http://www.kaaap.org/)에서 발급하는 **펫 마사지사** 자격증이 민간자격 인증을 받고 발급하고 있다.

2) 펫 요가

펫 요가 (pet yoga)는 반려동물인 개와 고양이들과 요가를 보호자가 함께 하는 것으로, 펫 요가를 통하여 반려동물의 적절한 운동과 신체 재활, 적절한 자극의 제공을 통하여 반려동물의 건강 향상에 크게 기여할 수 있다.

또한, 보호자와 반려동물이 공동으로 요가 자세를 구현하게 되어 보호자의 성취감 제공과 활동 과정에 스킨십을 제공하여 반려동물들이 사람들과 사회화가 촉진되며, 공격적 성향을 갖지 않도록 하기위한 예방 효과도 유도할 수 있다.

펫 요가는 반려동물들의 건강에 유익한 효과가 있을 뿐 아니라, 보호자들의 정신건강 향상과 반려동물과의 반려감 상승에도 큰 도움을 준다.

한국동물매개심리치료학회(http://www.kaaap.org/)에서 발급하는 **펫 요가지도사** 자격증이 민간자격 인증을 받고 발급하고 있다.

국내의 펫 요가는 향후 반려동물의 건강을 향상 시키고 보호자와 반려동물간의 행복하고 즐거운 경험을 공유하게 하여 건전한 반려동물 문화 형성에 크게 기여할 수 있는 이색 직업으로 주목을 받고 있다.

3) 펫 아로마 테라피

펫 아로마 테라피 (pet aroma therapy)는 반려동물인 개와 고양이들에게 효과가 검증된 아로마 향을 제공하여 반려동물의 건강 향상과 안정을 유도는 요법이다.

꽃이나 나무 등 식물에서 유래하는 방향 성분(정유)을 이용하여, 반려동물에게 심신의 건강이나 심리적 안정을 증진하는 기술로 펫 아로마 테라피가 이용된다. 또한, 향이나 프레그랑스 캔들(향초)도 포함해 반려동물 뿐 아니라 보호자 생활에 자연의 향기를 도입해 반려동물과 보호자 둘 다의 스트레스를 해소하거나 심신을 휴식시키는 일도 포함할 수 있다.

펫 아로마 테라피는 펫 마사지나 펫 요가를 하면서 함께 수행하여 상호 시너지 효과를 얻을 수도 있다.

4) 펫 뮤직 테라피

펫 뮤직 테라피 (pet music therapy)는 반려동물인 개와 고양이들에게 음악을 들려주어 반려동물에게 심리적 안정과 휴식을 제공하는 요법이다.

이미 효과가 검증된 음악을 이용하여, 반려동물에게 심신의 건강이나 안정을 유도하는 기술로 펫 뮤직 테라피가 이용된다. 또한, 반려동물 뿐 아니라 보호자 생활에 음악을 도입해 반려동물과 보호자 둘 다의 스트레스를 해소하거나 심신을 휴식시키는 일도 포함할 수 있다.

펫 뮤직 테라피는 펫 마사지나 펫 요가, 펫 아로마 테라피를 하면서 함께 수행하여 상호 시너지 효과를 얻을 수도 있다.

5) 펫 푸드 테라피

펫 푸드 테라피 (pet food therapy)는 반려동물인 개와 고양이들에게 주는 자연 식이와 음식을 통하여 반려동물의 건강을 회복하거나 증진시키는 것이다. 이미 효과가 검증된 자연 식이나 음식을 이용하여, 반려동물에게 심신의 건강을 향상시키는 기술로 펫 푸드 테라피가 이용된다.

펫 푸드 테라피에 이용되는 자연식이나 음식은 그 효과가 과학적으로 반려동물에서 입증된 것을 활용하여야 한다.

6) 펫 하이드로 테라피

펫 하이드로 테라피 (pet hydrotherapy, 수치료 : 水治療)는 반려동물인 개와 고양이들에게 따뜻한 스파와 같은 물을 이용하여 체내의 혈액순환 및 신진대사를 촉진하고, 발한을 통해 노폐물과 독소를 제거하여 질병을 치료하는 방법을 말한다. 또한 반려동물을 수조 안의 물에서 운동을 하게 하여 근육의 피로와 재활을 도와주는 효과도 얻을 수 있다.

Chapter 07

치료도우미 동물의 위생

Ⅰ. 개 위생 관리

Ⅱ. 고양이 위생 관리

I

개의 위생관리

학습목표

1. 개의 질병

1) 개의 감염성 질병

(1) 바이러스 감염증

① **광견병**(Rabies) **: 인수공통감염병**

모든 온혈 포유동물에 감염되는 치명적인 법정전염병으로서 사람이나 다른 동물을 물었을 때 타액을 통해 전파되어 사람에게는 공수병을 일으킨다. 국내에서는 철책선 인근의 오소리, 너구리 등 야생동물이 감염되어 이 동물이 개나 소 등의 동물을 물어 광견병을 일으키고 있다. 사람도 감염되면 치명적인 인수공통감염병으로 주의를 요한다.

a. 원인 및 침입경로

원인은 레오바이러스(Reo virus)에 속하는 광견병 바이러스(Rabies virus)로 병든 개의 타액 속에 있다가 상처나 공기, 점막감염으로 등으로 침투된 바이러스는 말초신경을 따라 중추신경계로 침범하여 신경증상을 일으킨다. 바이러스가 침입한 부위에 따라 다르나 보통 15 25일 만에 발생하며 경우에 따라서는 1년 후에 발병하는 경우도 보고된다.

b. 증상

광견병에 걸린 개는 불안해하는 전구기 증상이 36시간 정도 진행되며 병견은 멀리 방랑하면서 다른 동물이나 개줄 파이프 등과 같은 무생물을 물어뜯는 등 점차 광폭한 상태가 되고 눈의 충혈과 침을 흘리며 꼬리를 가랑이 사이로 밀어 넣는 등의 광조기 증상을 나타낸다. 그 후 후구부터 마비증상을 보이기 시작하고 나중에는 인후두가 마비되어 쉰 소리를 내거나 먹이를 삼킬 수가 없게 되어 물을 먹을 때 심한 통증이 따르기 때문에 물을 두려워하게 되는 「공수병」에 걸린다. 질병의 말기에 가서는 근육이 마비가 되어 입을 벌린 체 침을 흘리고 휘청거리다가 쓰러져 죽게 되는데 대체적으로 발병일로 부터 1주일이면 죽게 된다.

c. 예방

동물은 1년에 한 번 이상 광견병 백신을 접종하는 것이 최선의 예방책이다. 사람의 경우 만일 의심이 가는 개에게 물렸을 때에는 물린 부위의 피를 짜내고 즉시 비눗물로 세척한 후 병원이나 보건소에 가서 상담하는 것이 좋다. 사람을 물은 개는 광견병 예방주사를 접종했는지를 반드시 확인한 후 일정한 장소에 10일 동안 입원시켜 광견병 여부를 확인한다. 이는 광견병에 걸린 개가 1주일 이내에 죽게 되는 것이 일반적으로 10일 동안 경과해도 개에게 아무런 이상이 없으면 광견병은 의심을 하지 않아도 된다.

d. 예방백신 사용법

- 사독백신 : 3~4개월령 1차 접종 후 3~4주후에 2차 보강접종 하고 매년 동일한 방법으로 추가 접종함.
- 생독백신 : 3~4개월령에 근육주사 한 후 매년 1회씩 추가 접종한다(국내에서 생산되는 백신은 모두 생독백신이다.)

② 개 파보 바이러스 감염증(canine parvovirus infection) **: 개과 동물 감염증**

본 질병은 개와 늑대, 여우와 코요테 등의 개과 동물과 족제비, 밍크, 페렛 등의 족제비과 동물에 전염력과 폐사율이 매우 높은 질병으로 어린 연령의 개일수록, 백신 미접종의 개체일수록 증상이 심하게 나타나며, 심한 구토와 설사가 따르므로 강아지에게는 치명적인 질병이다.

a. 원인

개 파보바이러스가 원인체로 감염된 개의 변을 통해 접촉이나 경구적으로 전염이 이루어지며 주요 증상은 출혈성 장염의 형태로 많이 나타난다. 다행히 사람에 전파되지 않는다.

b. 증상

- **심장형 :** 3~8주령의 어린 강아지에서 많이 나타나며 심근 괴사 및 심장마비로 급사하기 때문에 아주 건강하던 개가 별다른 증상 없이 갑자기 침울한 상태로 되어 급격히 폐사되는 것이 특징이다.
- **장염형 :** 8~12주령의 강아지에서 다발하며, 구토를 일으키고 악취 하는 회색설사나 혈액성 설사를 하며 급속히 쇠약해지고 식욕이 없어진다. 강아지의 경우 설사에 의한 급속한 탈수로 인해 발병 24~48시간 만에 폐사되는 수가 많다.

c. 예방 및 치료

개 종합백신 DHPPL 예방접종이 최선의 방법이다. 파보바이러스 감염증도 다른 바이러스성 질병과 마찬가지로 일단 발병되면 치료가 쉽지 않으며 철저한 예방을 해야 하는 질병으로, 강아지에게 심장형으로 왔을 때는 급사하기 때문에 치료가 불가능하며, 장염형으로 나타났을 때는 구토와 설사로 많은 체액이 손실 되어 지속적인 체액공급이 필요하므로 전해질 제제를 투여해주는 것이 좋다. 또 세균에 의한 2차 감염을 막기 위해 항균제를 주사해주는 것이 좋으며 면역증강제를 투여해주는 것도 좋다. 그러나 가장 좋은 것은 사전에 예방을 해주는 것으로 파보백신을 미리 접종해서 강아지에게 면역력을 생기게 해주는 것이다. 그리고 철저한 소독으로 바이러스까지 잡는 소독약을 사용해서 견사 및 동물을 소독해주어서 질병의 전염을 막아야 한다.

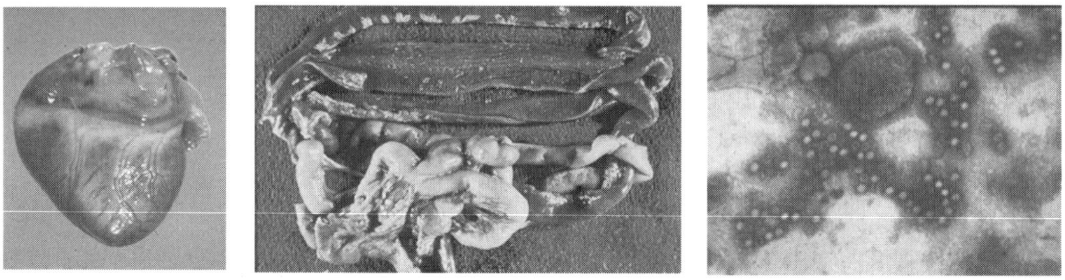

그림 7-1. 개 파보바이러스 감염증.
심장형(좌), 장염형(중간), 혈액설사 내 바이러스입자(우)

③ **개 홍역**(canine distemper) **: 개과 동물 감염증**

본 질병은 개와 늑대, 여우와 코요테 등의 개과 동물과 족제비, 밍크, 페렛 등의 족제비과 동물에 전염성이 강하고 폐사율이 높은 전신감염증으로서 눈곱, 소화기증상, 호흡기증상, 신경증상 등의 임상증상을 보이며 병이 경과하는데 소수의 사례에서는 발바닥이나 코가 딱딱해지고 균열이 생기는 경우도 있다. 일반적으로 개과와 족제비과의 4~5개 월령의 어린 동물 등이 많이 감염되며 임신한 모견이 홍역에 걸리는 경우에는 사산이나 허약한 강아지를 분만하게 된다.

a. 원인

Paramyxovirus 속의 Canine distemper virus가 원인체로서 혈청형은 한가지이며 눈물이나 콧물을 통한 공기 전파와 접촉 및 경구감염이 가능하다. 이 바이러스는 개과의 개, 여우, 이리, 너구리 및 족제비과의 족제비, 밍크, 스컹크, 페렛 등에 공통적으로 감염된다. 다행히 개 홍역은 사람에 전파되지 않으며 사람의 홍역 원인체와는 다르다.

b. 증상

흡입 감염된 canine distemper virus는 임파절을 통하여 혈류로 들어가 약 1주일간 증식하면서 바이러스혈증(viremia)을 일으키는데 약 50% 정도는 10일 이내에 항체가 형성되면서 2~3일간 가벼운 식욕감퇴, 결막 염, 발열 등의 증상을 일으키며 회복되는데 이를 1차 발증이라 한다. 바이러스에 노출된 후 14~18일 정도에 전신적인 증상(발열, 의기소침, 식욕감퇴, 침흘림)과 호흡기증상(혈액화농성 안루, 비루, 기침), 소화기증상(구토, 설사, 체중감소, 탈수증)을 보이며 폐사에 이른다. 간혹 보이는 두부의 경련 및 마비, 껌 씹는 것처럼 이빨의 부닥침(chewing), 보행실조, 의식을 잃고 누워서 자전거 페달을 밟듯이 허공에 발을 휘젓는 증상(pedaling) 등의 신경증상은 바이러스가 뇌에 침입한 경우에 나타나는 증상으로서 이러한 증상을 보이는 것은 예후가 좋지 않아 안락사를 시키는 것이 좋다. 다른 감염병과 다른 특이 사항으로 홍역은 사람의 간질과 같이 발작하는 신경증상 시기를 제외하고는 식욕이나 다른 활동이 정상적으로 보여 치료시기를 놓치는 경우가 많이 발생한다.

c. 예방적인 사양관리

개 종합백신 DHPPL 예방접종이 최선의 방법이다. 완전하지는 않지만 유일한 예방법은 소독과 정상적인 예방백신을 사용하는 것뿐이다. 다만 평상시에 항병력을 높게 유지하기 위하여 풍부한 단백질과 비타민, 미네랄 결핍이 없도록 사양관리를 하면 큰 도움이 될 것이다.

d. 개 홍역 감염 시의 대책

- 동물 몸에 직접 분무가 가능한 소독제 희석액을 견사, 주위 토양, 동물 자체에 1일 1회 이상 충분히 살포하며 면역증강제를 주사한다.
- 증상에 맞는 진통제, 해열제, 대사촉진제, 소화제, 2차 감염을 예방하는 항균제 와 손실된 체액을 보충해주는 아미노산+전해질 제제 등을 적절하게 사용하면서 에너지원을 지속적으로 보충해주는 방법을 택하면 좋은 결과를 유도 할 수도 있다.

④ **개 전염성 간염**(canine infectious hepatitis) **: 개과 동물 감염증**

본 질병은 개와 늑대, 여우와 코요테 등의 개과 동물과 족제비, 밍크, 페렛 등의 족제비과 동물에 감염되며 개의 홍역(canine distemper)과 유사한 증상을 나타내는 질병으로서 강아지 때 급사되는 경우를 제외하고는 사망률이 10% 정도로 가볍게 내과 하는 경우가 대부분이며 국내에서 판매되는 백신에 의하여 비교적 잘 방어가 되는 질병이다.

a. 원인

Canine adenovirus에 속하는 개 전염성간염 바이러스(infectious canine hepatitis virus) 감염이 원인이다. 병든 개의 오줌을 통해 배출된 바이러스에 접촉하거나 바이러스의 경구감염으로 전파된다. 다행히 이 바이러스는 사람에 전파되지 않고 사람의 감염 바이러스와는 종류가 다르다.

b. 증상

잠복기는 5일 정도 되며, 발병되면 고열이 나고 눈 점막의 충혈, 편도선의 부종, 그리고 구토나 설사가 발생될 수도 있다. 정도에 따라 황달이 나타나며 7일정도 지나면 회복기에 들어가는데 이때 눈의 각막이 희게 또는 자주 빛으로 흐려지는 경우가 많으나 2차 감염이 없는 한 회복되면 자연히 맑아진다.

c. 예방 및 치료

개 종합백신 DHPPL 예방접종이 최선의 방법이다. 병성이 약한 질병이기 때문에 치료가 대체로 쉬우며 개의 체력보강과 소화·식욕촉진을 위해 대사촉진제의 사용과 소화제, 면역촉진제 등을 주사해 주면 도움이 된다. 그리고 2차 세균감염 방지를 위해 광범위 항균제를 병행하는 것이 현명한 방법이다. 예방 및 치료시에는 동물 몸에 직접 뿌릴 수 있는 전문 소독약제를 희석하여 동물과 견사 주위에 살포하면 방역에 큰 도움이 된다. 물론 최대의 예방법은 DHPPL 종합백신을 정확한 시기에 접종하는 것이 중요하다.

⑤ **개 코로나 바이러스 장염**(Canine coronavirus infection) **: 개과 동물 감염증**

본 질병은 개와 늑대, 여우와 코요테 등의 개과 동물과 족제비, 밍크, 페렛 등의 족제비과 동물에서 전염성이 강하고 구토와 설사를 주 증상으로 한다. 개 파보 바이러스 감염증과 유사하여 개 파보 바이러스와 감별 진단이 필요하다. 다행히 사람에 감염되지 않는다.

a. 원인

1970년 초 독일에서 처음 개 코로나 바이러스(canine corona virus : CCV)를 분리하였으며 개과에 속하는 모든 동물에 감수성이 높고 실온에서 병든 개의 분변 내에 있는 병원체는 6개월 이상 감염력을 가진다. 그러므로 오염된 먹이나 분변을 섭취할 수 있는 불결한 장소에서는 소화기 감염이 쉽게 일어날 수 있다.

b. 증상

모체이행항체의 역가가 방어능력이하로 떨어지는 4~16주에 주로 발병하는데 뚜렷한 임상증상이 나타나기 전의 초기증상은 무기력, 발열, 식욕결핍이 나타나고 임상증상이 나타나는 시기(바이러스가 혈액 내에 나타나는)에는 장점막 섬모의 괴사와 탈락으로 분비성 설사와 구토증상을 보인다. 파보바이러스에 비하여 열이나 혈액변의 발생은 약하게 나타나고 때로는 복부 내 가스가 차서 통증을 보일 때도 있다.

c. 예방

개 코로나 바이러스 예방접종을 실시하는 것이 최선의 방법이다. 다른 바이러스 질병과 마찬가지로 철저한 예방이 우선이므로 대규모 사육이나 지저분한 시설에서는 소독을 철저히 하는 것이 최우선의 예방책이라고 할 수 있다. 또한 탈수에 대한 대책으로 전해질 제제를 투여하며, 세균의 2차 감염을 막기 위해 항균제를 투여하고, 면역증강제를 같이 투여하는 것이 좋다.

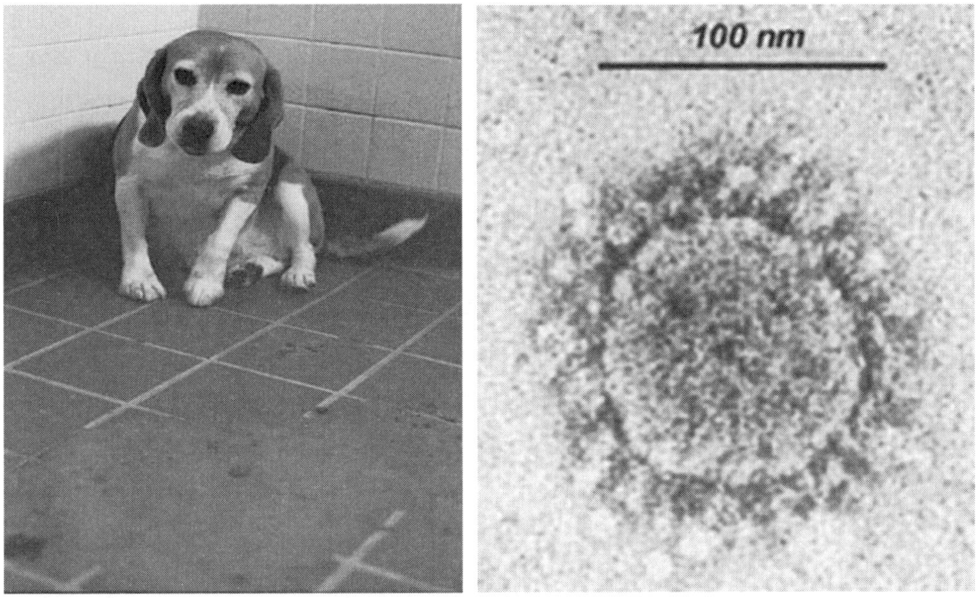

그림 7-2. 개 코로나바이러스 감염증. 설사(좌), 설사 분변 내 코로나바이러스(우)

⑥ **개 감기**(canine parainfluenza virus infection) **: 개과 동물 감염증**

본 질병은 개와 늑대, 여우와 코요테 등의 개과 동물과 족제비, 밍크, 페렛 등의 족제비과 동물에 감염되는 개의 감기로서 켄넬코프와 증상이 유사하지만 병원체가 다르다. 개의 감기는 개 파라인프루엔자 바이러스 감염에 의하며 다행히 사람에 감염되지 않는다. 그럼에도 불구하고 개가 감기에 걸리면 주인도 감기가 걸린 경우가 많은데 이는 집안 환경이 감기에 걸리기 쉬운 환경에 노출되어 있어 개와 주인 모두 감기가 걸린 것뿐이고 병원체는 다르다. 따라서 개에서 사람이 감기가 옮지는 않는다.

a. 원인

Canine parainfluenza 바이러스 감염이 원인이다. 호흡기 전파로 바이러스가 공기 중에 떠다니며 코로 들어온 바이러스에 의하여 감기가 유발된다. 다행히 이 바이러스는 사람에 전파되지 않고 사람의 감염 바이러스와는 종류가 다르다.

b. 증상

발병되면 열이 나고 눈 점막의 충혈, 콧물, 재채기 등의 증상을 보인다. 정도에 따라 진행되어 폐렴에 이를 수 있다.

c. 예방 및 치료

개 종합백신 DHPPL 예방접종이 최선의 방법이다.

⑦ **개 허피스바이러스**(canine herpesvirus infection) **: 개과 동물 감염증**

본 질병은 개와 늑대, 여우와 코요테 등의 개과 동물과 족제비, 밍크, 페렛 등의 족제비과 동물에 감염된다. 개에서 한 번 감염되면 어린 연령에 치명적인 허피스바이러스 감염증으로 유사산의 원인이 된다. 다행히 사람에 감염되지 않는다.

a. 원인

개 허피스바이러스(canine herpes virus) 감염에 의하여 발병된다. 개 허피스바이러스는 감염된 개체에 치유 없이 평생 감염이 유발되며 추운 겨울과 같은 스트레스 상황에 노출된 감염된 개는 체내에서 바이러스 증식이 일어나 체외 배출로 전파가 유발된다. 한국에서는 1992년 겨울 경기도 오산에서 진돗개에서 출산된 한 배 새끼가 출생 후 일주일 만에 폐사하여 부검 의뢰된 케이스를 서울대학교 수의학과에서 개 허피스바이러스 감염증으로 진단하고 바이러스를 국내 최초로 분리하 하였다(당시 개 허피스 바이러스 확인을 담당한 김옥진 박사는 현재 원광대학교 교수로 재직)

b. 증상

2주령 이하의 어린 강아지는 개 허피스바이러스의 전신 감염증으로 전신 장기 출혈과 괴사에 의하여 수포 형성, 고통스런 울부짖음 등의 증상을 보이다가 사망에 이른다. 나이든 개체는 감염 후 특이 증상 없이 평생 감염이 이루어져 전파를 유발하는 감염원이 된다.

c. 예방

현재 예방접종이 개발되어 있지 않아 감염된 개체와의 접촉 차단이 최선의 예방이다. 또한 추운 겨울에 출산하는 개체들은 따뜻한 보온에 주의하여야 한다.

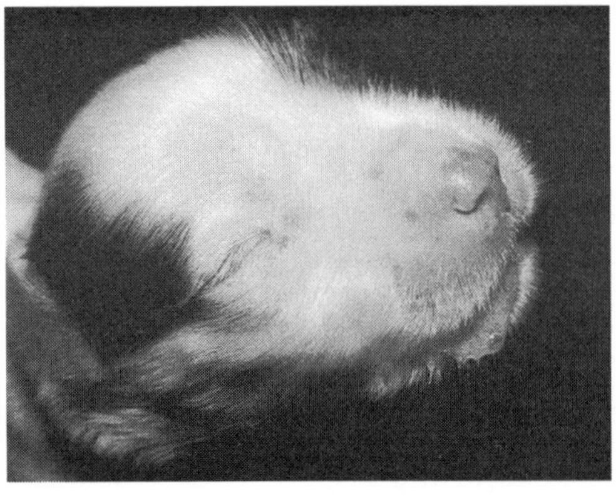

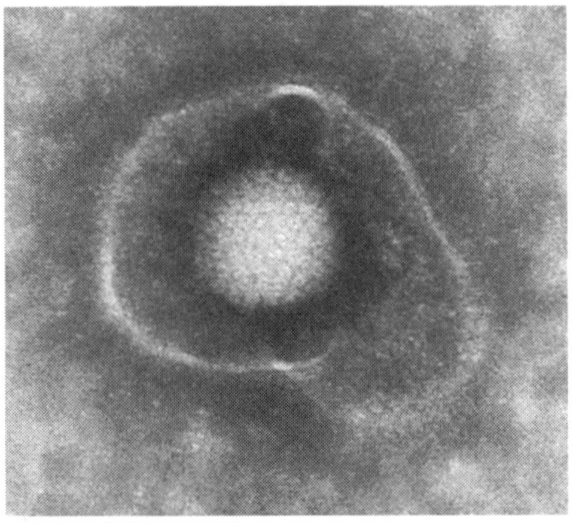

그림 7-3. 개 허피스바이러스 감염증. 피부 수포 형성(좌), 허피스바이러스 입자(우)

(2) 세균성 감염증

① 렙토스피라증(leptospirosis) : 인수공통감염병

1898년 이래 유럽 등지에서 많이 발생한 질병으로 갑작스런 고열, 오한, 황달 그리고 유산을 일으키는 등의 증상을 보이며, 사람에게도 전파되어 비슷한 증상을 보이는 인수공통전염병으로서 렙토스파이라 세균에 감염된 들쥐에 의하여 전파되는 질병이다.

a. 원인

Leptospira 세균인 「렙토스피라 케니콜라」 및 「렙토스피라 익테로헤모레지」라는 세균 감염에 의하여 발생되며 주요 감염 경로는 렙토스파이라 세균에 감염된 쥐의 오줌에 의해 전파되며 이 세균에 감염된 개나 소, 돼지와의 접촉도 원인이 된다. 또한 토양에 오염된 렙토스파이라 세균에 노출된 경우에 피부 상처 부위를 통하여 감염이 유발될 수 있다. 특히 주의해야 할 것은 사람에게도 감염되는 인수공통감염병으로 두통, 결막염, 황달, 유산 등을 일으키므로 철저하게 예방을 하여야 할 것이다.

b. 증상

개의 경우에는 렙토스피라증의 주요증상은 출혈형과 황달형으로 나눌 수 있으며 출혈형의 경우 41℃이상의 발열과 심한 구토가 있으며 뒷다리의 통증으로 다리를 절뚝거리기도 한다. 병이 진행되면 구강점막에 궤양이 형성되고 출혈성 설사를 일으키면서 저 체온이 되어 수일 내에 폐사에 이른다. 황달형의 경우도 비슷한 증상을 보이나 간의 손상에 의해 황달증상을 보이는 것이 특징적이다.

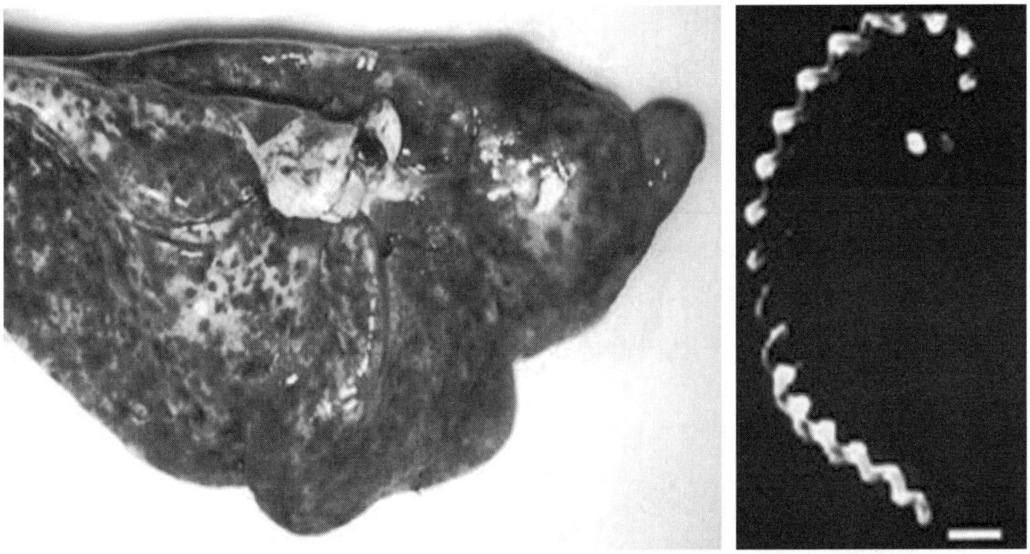

그림 7-4. 렙토스파이라 세균 감염에 의한 폐장 출혈(좌)과 렙토스피라 세균(우)

c. 예방 및 치료

개 종합백신 DHPPL 예방접종이 최선의 방법이다. 과거에는 치료가 어려운 병으로 알려졌으나 최근에 와서는 강력한 광범위 항균제가 개발되면서 치료가 용이하게 되었다. 의심되는 증상을 보이는 경우는 동물병원에 내원하여 치료를 받도록 한다.

② **켄넬코프**(kennel cough) **: 개과 동물 감염증**

본 질병은 개와 늑대, 여우와 코요테 등의 개과 동물과 족제비, 밍크, 페렛 등의 족제비과 동물에 감염된다.

a. 원인

보데텔라 브롱키셉티카*(Bordetella bronchiseptica)* 세균이 관여해서 일어나는 급성호흡기 질병으로 Parainfluenza virus의 복합감염이 일어나 증상이 발생하는 것으로 알려져 있다. 번식장(kennel)과 같이 집단 사육하고 환기가 잘 안 되는 불결한 사육환경에서 키우는 개들의 경우에 집단적으로 발생한다.

b. 증상

어린 강아지에게서 심한 증상을 나타내며 나이든 개에도 감염이 된다. 수양성 비루와 폭발적인 건성기침이 특징적이며 연속적인 기침 후에 구토가 뒤따른다. 목에 가시가 걸린 것처럼 캑캑 거리며 심한 경우에 토하기도 하여 목에 가시가 걸린 것으로 잘못 판단하기도 한다.

초기에는 발열증상이 보이지 않다가 세균이 2차 감염이 이루어지면서 체온이 39~40까지 급속히 올라갔다가 정상화되며 세균에 의한 폐렴이 유발되기도 한다.

c. 예방 및 치료

Kennel cough 예방접종이 최선의 방법이다. 의심되는 증상을 보이는 경우는 동물병원에 내원하여 치료를 받도록 한다.

③ **개 부루셀라병**(canine brucellosis) **: 인수공통감염병**

유산을 제외한 특별한 임상증상을 나타내지 않고, 진단상 어려움이 많고, 항상 보균동물로 존재함으로써 집단적으로 사육하고 있는 번식장에서는 매우 중요한 전염병이다. 사람에도 감염될 수 있는 인수공통감염병으로 발생시 신고의 의무가 있는 법정전염병이다.

a. 원인체

*Brucella canis*에 의해서 야기되지만 이 균 외에 *B. abortus, B. suis, B. melitensis*에 의한 감염도 보고된 바 있다.

*Brucella canis*는 Brucella속의 0.5~0.7 x 0.6~1.5um 크기의 그람 음성의 비운동성인 작은 간균으로 숙주 세포내 기생하는 세균이다. Brucella배지, 혈액배지, Tryptic soy agar

에서 3~5일간 호기성 및 CO2 배양시 모두 발육한다. 직경 1~1.5mm의 반투명 소집락을 형성하며 Mucoid 상으로 된다.

b. 감염경로

이 질병의 전파방법은 주로 유산 후 유산태아나 유산물질, 질 분비물로 부터 부루셀라균의 흡식이나 섭식에 의해서 이루어진다. 또한 감염 후 3~11주 사이의 정액에는 많은 수의 균이 있으므로 좋은 감염원이 될 수 있다.

c. 증상

*B. canis*는 암캐의 경우 임신된 자궁에만 감염되어 태반의 상피세포에 국소화(colonizing)하여 태아조산 및 유산을 일으킨다. 암캐는 때때로 임신 전 기간에 그리고 한배 새끼의 모든 생존태아나 죽은 태자에게 모두 전파함으로써 생존태아의 경우라도 대개 수 시간 또는 수일안에 죽는다. 임신하지 않는 암캐는 대개 임상증상을 나타내지 않지만 자궁분비물 또는 오줌을 통해서 계속해서 원인균을 배설한다.

d. 예방 및 치료

유사산을 보이는 경우 브루셀라 감염 의심으로 진단을 시도하는 것이 좋으며 브루셀라 의심 동물과 접촉을 피하는 것이 좋다. 번식장의 경우에 철저한 견사 소독이 요구된다. 브루셀라 세균은 세포내 기생하기 때문에 치료가 어렵다. 또한 법정전염병이기 때문에 진단되면 신고를 하여야 한다.

④ **개 라임 병**(canine Lyme Disease, canine Borreliosis) **: 인수공통감염병**

진드기에 의하여 전파되는 질병으로 사람에 감염이 일어나는 인수공통감염병이다. 다행히 한국에서 보고되지 않은 질병으로 미국에서는 많은 발생이 일어나고 있다.

a. 원인체

Borrelia burgdorferi 세균에 의하여 감염이 일어난다. 나선모양의 스파이로헤트 세균이며 그람 음성의 세균으로 야생 쥐, 다람쥐와 같은 야생 설치류 및 사슴에 존재하는 세균으로 알려져 있다.

b. 감염경로

개와 사람에 전파는 진드기 일종인 deer tick(Ixodid)에 의한다.

c. 증상

감염된 개는 열과 식욕부진, 임파절 종창, 관절염 및 보행 장애 등의 증상을 보인다. 심한 경우 콩팥의 손상으로 사망에 이른다. 사람의 경우에도 발열과 관절 통증 및 종창 등의 증상이 보고되어 있다.

d. 예방 및 치료

진드기 예방을 하고 유행 시기에는 진드기 접촉 위험이 있는 산행을 줄이는 방법으로 예방을 한다. 의심되는 증상을 보이는 경우는 동물병원에 내원하여 치료를 받도록 한다.

(3) 기생충 감염증

대부분의 기생충 감염은 개와 사람에 모두 감염될 수 있는 인수공통감염병이다. 따라서 개의 기생충에 대한 구충과 예방은 공중보건학적으로 매우 중요하다고 할 수 있다.

① 심장사상충(Heartworm)

심장사상충(Heartworm, *Dirofilaria immitis*)은 현재 가장 광범위하게 퍼져있는 기생충으로 사람에게는 중간 숙주인 모기를 통해 전염된다. 사람의 사상충증은 유충이 죽어 폐 내에 전색을 형성하는 것으로 알려져 있는데 이러한 경우는 드물게 발생되며 대개 무증상이다. 그러나 폐전색이 형성되면 방사선 사진에서 결절로 나타나며 정확한 진단을 위해서는 외과적으로 생체검사와 조직학적인 평가를 받아야하는 문제를 일으킨다. 사람의 사상충증 예방은 개의 심장사상충을 줄여나가는 것이므로 모든 심장사상충을 치료하는 것이 바람직하다. 또한 심장사상충의 예방은 사람의 사상충증 발현률을 현격히 줄일 것이다.

a. 원인충

심장사상충*(Dirofilaria immitis)*은 온대지방의 개의 우심실과 폐동맥에 기생하는 사상충(絲狀蟲)으로 길이는 암컷 25~30cm, 수컷 12~16cm이다.

b. 생활사(life cycle)

암수 성충의 교미에 의하여 산출(産出)된 마이크로필라리아 (microfilaria)는 비 감염기 마이크로필라리아로서 감염견의 혈액 속에서 2년간 생존케 되며 모기의 흡혈에 의하여 모기체내(말피기관)로 이동한 후 2회의 탈피과정을 거쳐 감염기 자충(제3기) 으로 성장하게 되며 이 감염기 자충이 모기의 흡혈로 다시 개의 피부에 침투 → 피하 조직에서 67~80일간 생존하면서 2회 탈피과정을 거쳐 제 5기 유충으로 변한다. 제5기 유충은 정맥벽을 통하여 천공 → 혈관 → 폐동맥 정착 단계를 거치게 된다. 체내의 암컷 성충은 약 7년간 생존하면서 마이크로필라리아를 산출하여 지속적인 전염원이 된다.

c. 증상

3가지 유형의 증상을 보이는데 다수의 성충이 일시에 죽어서 폐동맥을 막아 생기는 증상으로서 호흡곤란, 운동기피, 발작성 실신, 객혈 등의 증상이 관찰되며 말기에는 복수, 하복부의 피하부종, 흉수 등을 볼 수 있는 유형의 폐성심증과 돌발적인 쇠약, 식욕감퇴, 혈색소뇨증, 호흡곤란, 복수 등의 증상을 보인 후 수일이내에 폐사하는 간 기능부전증후군증이 있고 기침 객혈, 숨을 거푸 쉬는 소리를 내는 알레르기성 증상으로 구분된다. 폐성심증과 간기능 부전증후군증은 청진시 심내 잡음, 제2심음 분열음이 있다.

d. 예방

중간 매개체인 모기의 활동기 동안 감염이 우려될 시에는 매월 1회씩 심장사상충 구충제 이보멕틴 제제를 투여 한다.

e. 태반감염

감염견의 혈액 속에 있는 마이크로필라리아는 태반을 통하여 이행이 되나 비감염 기에 해당되어 발병하지 않으나 출생 후 모기의 흡혈에 의하여 감염을 받을 수 있다.

f. 치료 방법

의심되는 증상을 보이는 경우는 동물병원에 내원하여 치료를 받도록 한다.

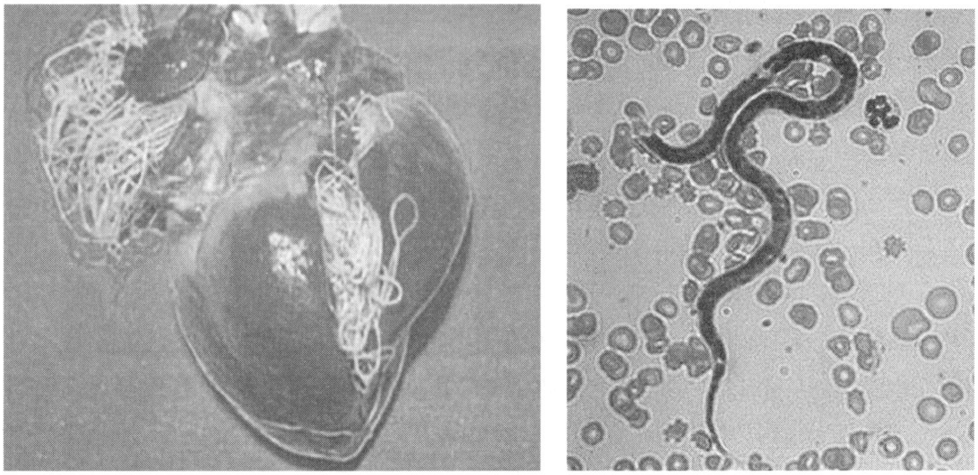

그림 7-5. 심장사상충 심장 내 성충(좌), 혈액 내 유충(우)

② **원충감염**(protozoa infection)

a. 지알디아증(Giardia infection)

- 주원인은 *Giardia canis*이며 2 개의 핵과 편모를 가진 이자형의 원충으로서 개의 상부 소장에 기생하면 돌발적으로 악취가 나는 수양성 설사와 식욕감퇴를 주 증상으로 하는 급성형과 만성적으로 흡수장애를 일으키는 만성형으로 구분된다.
- 지알디아 람블리아(*Giardia lamblia*)는 인간 및 다른 포유동물의 소장에 기생하며 전 세계적으로 존재하는 원충이며 풍토성 또는 전염성 장관질환과 설사를 유발한다.
- 감염은 섭취한 포낭의 소장에서 영양체로 부화되어 일어나며 혈관을 타고 퍼지지는 않고 장관 상피에 붙어 있다. 개나 고양이의 지알디아(giardia)가 사람에 감염된다는 명

확한 결론이 내려진 것은 아니지만 예방적으로 관리하는 것이 좋다.

- 분변으로 배출되는 포낭은 열이나 건조한 상태에서는 견디지 못하나 신선한 물에서는 수개월간 생존 가능하다. 염소 소독 수돗물에서 저항한다.
- 지알디아 감염증은 선진국이나 개도국이나 모두 흔하다.
- 사람 사이의 전파는 개인위생이 나쁜 공공장소나 동성연애자 사이에서 일어날 수 있다. 음식을 익혀 먹고 물을 끓이거나 정수함으로 예방할 수 있다.
- 의심되는 증상을 보이는 경우는 동물병원에 내원하여 치료를 받도록 한다.

b. 트리코모나스증

- 비위생적인 견사에서 사육되는 자견에 *Trichomonas* spp 편모를 가지며 운동성이 있는 원충이 감염되어 발생하는 질병으로서 수양성 설사를 유발하는 원인이 된다.
- 의심되는 증상을 보이는 경우는 동물병원에 내원하여 치료를 받도록 한다.

c. 크립토스포리디아증(Cryptosporidium infection)

- 콕시디아 속 원충인 크립토스포리디움(Cryptosporidium)의 중요한 보균가축은 소이지만 개와 고양이의 분변에서도 검출되며 이 원충은 많은 동물을 감염시키고 감염된 동물의 대변으로 나온 낭포체는 전염성 가지고 있다.
- 낭포체는 꽤 단단하며 소독약제중 염소 소독제제에는 저항성을 가지고 있다고 보고되고 있다. 사람이나 동물의 분변 내에 전염성 낭포체와의 접촉을 최소화하는 것이 전염을 예방하는 최선의 길이다. 사람이 경구적으로 낭포체(oocysts)를 섭취하면 부화하여 포자소체 (sporozoite)가 되고 이 포자소체는 장관상피 세포로 가서 감염을 일으킨다.
- 사람에서는 무증상이나 자연 치유되는 경향을 보이기도 하지만 심한 경우 위험할 수도 있으며 일단 감염되면 가족 구성원간의 접촉, 동물의 분변에 의한 오염, 의료인 간의 접촉 등으로 전파된다 한다.
- 최근에 정상인이나 AIDS 환자 등의 면역결핍증 환자에서 설사를 유발하는 것으로 보고되고 있다.

③ **톡소플라즈마증(Toxoplasma infection)**

톡소플라즈마증은 편성 세포내 원충인 톡소플라스마 곤디*(Toxoplasma gondii)*의 감염에 의해 발생하며 대부분의 조류 및 포유동물에서는 불현성감염을 일으키지만 간혹 설사를 유발하거나 유산, 폐염, 건염, 안증상, 중추신경증상 등을 일으켜 디스템퍼와 혼돈될 수 있는 질병이다. 사람에 감염되면 인체의 면역능력에 따라 무증상에서 뇌염, 폐렴 등의 증상을 나타낼 수 있으면 급성형으로 나타나거나 만성화 할 수 있다.

a. 생활사(life cycle)

이 원충은 비고양이 생활사와 고양이 생활사로 구분되며 비고양이 생활사는 쥐 양, 돼지 등의 중간 숙주 내에서 일어나는 무성의 타키조이트(tachyzoite) 형태로서 온혈동물에 기생하지만 고양이가 종숙주이다. 톡소플라스마 곤디(*T. gondii*)는 침투는 하지만 분열하지 못하는 적혈구를 제외하고는 모두 포유류의 세포 내에서 성장 가능하다. 이 기생충의 주 생활사는 고양이와 그 먹에서 이루어진다. 인체의 감염은 트로포조이트 (trophozoites)에 감염된 음식을 섭취하거나 고양이의 분변으로부터 나온 낭포체 (oocyst)를 먹게 되어 발생한다.

b. 병원성

사람이 임신기간 중에 감염된다면 태아의 1/3 정도가 태반 감염될 수 있다고 보고되고 있다. 태반감염이 되면 사산되거나 신생아의 안구 질환을 야기 시킬 수 있다. 고양이 또한 trophozites의 섭취에 의한 경구감염으로서 감염후 1~2일부터 oocyste를 분변 내로 배설하며 급성 감염기 동안 고양이는 하루에 1억 개의 기생충을 배출한다. 바로 이러한 이유 때문에 임신한 산모는 고양이의 분변에 접촉하지 않아야 할뿐더러 고양이 분변통은 하루에 한 번씩 철저하게 세정해야 하는데 산모를 시켜서는 안 된다.

c. 치료

의심되는 증상을 보이는 경우는 동물병원에 내원하여 치료를 받도록 한다.

④ **아메바증(Entamoeba infection)**

- 아메바란 무성생식으로 기생하는 원충류로서 크기가 10~60μ정도인 이질아메바(*Entamoeba histolytica*)가 개, 고양이, 쥐, 돼지 등에 감염되어 대부분 무증상으로 경과되지만 급성으로 진행되는 경우 소화기관내에서 궤양을 일으키며 점액성 설사를 유발하기도 한다.
- 세계인구의 약 10% 정도가 *E. histoltica*에 감염되어 있는 것으로 보고되고 있으며 전파는 오염된 물, 음식 혹은 손에 살아있는 포낭을 섭취함으로 감염되는 것으로 알려져 있다.

⑤ **바베시아증(Babesia infection)**

- 진드기 매개성 주혈원충증(住血原蟲症)으로서 *Babesia canis, Babesia gibsoni* 등의 원충이 문제가 되며 주 증상으로는 발열, 빈혈증상, 혈색소뇨, 황달이 특정인 증상을 보이며 종대된 간이나 비장 등이 촉진된다. 인간이 감염되면 초기에는 비특이적인 발열 질환으로 나타난다. 바베시아는 적혈구 안으로 들어가 말라리아와 형태적으로 유사하게 보인다. 야생동물과 가축에서의 바베시아 감염은 전 세계적으로 발생한다.

• 의심되는 증상을 보이는 경우는 동물병원에 내원하여 치료를 받도록 한다.

(4) 외부 기생충

① 개 선충(scabies)

• 주원인은 개 선충*(Sarcoptes scabies)*의 감염으로 옴이라고도 불리는 증상을 유발한다. 개 선충에 감염된 개는 가려움에 피부를 긁고 긁는 상처에 감염된 세균에 의하여 피부에 염증이 유발된다. 인수공통감염병으로 사람도 감염되며 감염된 피부에 오돌도돌한 빨간 돌기들이 생기고 가려움증을 느끼게 된다.
• 개 선충의 예방은 정기적인 피부 위생 관리가 필요하며 개 선충 오염 빗이나 클리퍼의 사용에 주의하고 감염된 개와의 접촉을 피하여야 한다.
• 피부를 긁으면 동물병원에 내원하여 진단 후 치료를 요한다.

② 개 모낭충(demodex)

• 주원인은 개 모낭충*(Demodex canis)*의 감염으로 모낭충에 감염된 개는 모낭 안에 기생충 감염에 의한 염증으로 털이 빠지고 가려워 긁은 피부에 2차 세균감염으로 염증이 유발된다.
• 모낭충은 개선충에 비교하여 보다 치료가 어려워 장기 치료가 요구되며 흔히 재발이 유발되기 때문에 관리에 주의를 요한다.

③ 귀 이(Ear mite)

주원인은 ear mite의 감염으로 증상이 유발된다. 귀 속에 귀지와 염증을 유발하며 가려워 긁기 때문에 귀에 2차 세균 감염이 일어난다. 정기적인 귀 청소와 위생적 관리로 예방할 수 있다.

④ 이(lice) 및 벼룩(flea)

주원인은 이와 벼룩으로 이와 벼룩의 감염은 위생적 관리로 예방할 수 있다. 외부 기생충을 예방하는 약제들이 다양하게 개발되어 있어 편리하게 이용할 수 있다.

(5) 내부 기생충 감염증

개는 태반을 통하여 기생충에 감염되어 생후 20~25일 정도면 벌써 성충이 되어 충란을 배출시키는가 하면 신체의 면역 능력을 저하시켜 백신에 의한 항체가 형성에도 지장을 초래한다. 감염기 유충은 각 장기를 뚫고 다녀 통과한 부분에 염증을 유발하고 간이나 뇌에도 영향을 끼치게 되는 등 소모성 질환의 근본 원인으로서 작용한다. 개의 기생충은 일반적으로 충란에서 성충이 되는데 3주일 정도가 소요되어 개가 종숙주인 기생충은 장내에서 증식이 되면서 생활사를 갖게 된다. 일반적으로 기생충의 종류를 류형(類形)으로 분류하면 다음과 같이 분류 할 수 있다.

① **선충류**(線蟲類)

선 형태의 모양을 한 견회충*(Toxocara canis)*, 견소회충*(Toxocara leonina)*, 개편충*(Trichuris vulpis)* 등이 있으며 구충류(鉤蟲類)는 갈고리가 있는 형태를 갖춘 견십이지장충*(Ancylostoma caninum)*, 비경구충*(Uncinaria stenocephais)* 이 있다.

② **조충류**(條蟲類)

납작한 선모양의 형태를 한 기생충으로서 긴촌충*(Diphyllobothrium latum)*, 촌충*(Echinococcus spp.)*, 일반조충(*Taenia* spp.), 두상조충*(Taenia pisifomis)*, 고양이 조충*(Taeniataenia formis)*, 다두조충(*Multiceps* spp.) 등이 있다.

③ **흡충류**(吸蟲類)

창형흡충*(D. lanceolatum)*, 묘흡충*(O. tenuicollis)*, 간흡충*(Fasciola hepatica)*, 페디스토마*(P. westermanii)* 등이 있다.

④ **회충증**

- 개에 있어서 가장 많이 감염된 선충류로서 모견의 체조직에 잠재하던 3기 자충이 임신말기(42일경)에 태반을 통과 태아에 감염되거나 아니면 분만 후 약 30일 정도 모견의 유즙을 통하여 배설되어 포유 자견이 감염됨으로 생후 20일이면 대부분의 자견이 회충에 감염된 것으로 보아야 한다.
- 회충이나 개 편충같은 선충류가 감염되어 있으면 강아지에서는 빈혈이 심하게 나타나고 등은 야위나 복부는 팽팽하게 커진다. 생후 2~3주령의 강아지는 반드시 기생충 구제를 10일~15일 간격으로 최소 3회 이상 반복 투여하도록 하고 모견은 포유 중에는 자견과 동시에 구충제를 투약한다.
- 선충류의 감염이 심하면 영양탈취 및 유충의 채내이행으로 인한 기계적 자극에 의해 쇠약, 설사, 빈혈, 기침 등의 증상을 나타내며 피부병, 간장장애, 복막염 등을 일으키기도 한다. 어린이들이 흙을 먹는 습관과 위생관념의 미흡 때문이겠지만 1~5세정도의 어린이들에게 자주 발견되는 개회충증은 충란을 입으로 섭취하여 유발되는 것으로서 섭취된 충란이 유충이 되면 인체의 장관 벽을 뚫고 지나가며 여러 조직을 이행하고 다닌다.

- 이들은 인체 내에서 정상적인 생활사를 갖출 수 없기 때문에 인체 면역계에 의해 파괴되지만 그전까지는 장관 내 이행이 지속된다. 대부분은 무증상으로 진행되지만 중추신경계와 심근에 호산성 육아종성 반응을 일으키기도 한다.
- 드물게는 발열, 체중감소, 기침, 폐, 발진 등과 더불어 전안구염, 포도막염, 맥락막염 등을 일으키고 실명하게 된다는 보고서도 있다.
- 이러한 이유로 공공장소에서는 분변 처리에 관심을 기울여야 할 것이며 보호자에게 개회충의 생활사를 알려주고 인체 감염성을 교육하여 분변 등에 오염되지 않도록 주의시킬 필요가 있다.

⑤ **구충증**

견십이장충 등의 충란이 외부에서 부화한 감염기 자충이 경피감염(피부를 통하여 감염), 또는 경구감염을 통하여 증상을 일으키며 주요 임상 증상으로는 흑변, 심혈성 빈혈, 피부소양증 등이 있다

⑥ **조충증**

- 촌충(Tapeworm) 또는 충충류(Cestode)인 편절 기생충으로서 개 조충(Diylidium canium)은 개에서 아주 흔하며 중간숙주는 벼룩이다. 사람의 경우 우연히 이 유충을 지닌 벼룩을 섭식하여 발생하는 것으로 보고되고 있다.
- 조충이 기생할 때에도 선충의 기생시와 비슷한 증상을 나타내며, 특히 이러한 조충은 사람 특히 어린아이에 감염되는 경우가 많지만 대개 무증상으로 경과하고 소수의 경우에만 심한 복통, 소화장애, 오심, 구토증상을 일으키며 경우에 따라서는 신경증상을 일으키기 때문에 철저히 구제를 해야 한다.
- 조충이 있을 때에는 대변이나 항문주위의 털에 쌀알 크기만한 촌충의 편절들을 볼 수 있으며, 특징적인 증상으로는 장염이 심하게 나타나며 항문이 심하게 가려워 엉덩이를 땅에 끄는 행동을 하기도 한다.

⑦ **포낭충증**

- 국내에서는 문제가 되지 않는 질병으로서 주로 양을 방목하는 목야지에서 사육되는 개들이 감염원이 될 수 있다.
- 단방조충, 다방조충(*E. granulosus, multilocularis*) 등의 충란을 섭식하여 감염된다. 인체에 섭식된 충란은 문맥순환을 거쳐 간, 폐 등 여러 장기에 포낭을 형성한다.
- 포낭충낭(echinococcal cyst)은 천천히 자라나는데, 공간점유 효과가 나타나기 전까지는 무증상이지만 포낭이 터지면서 황달, 발열, 소양감, 두드러기, 호산구 증가증, 과민반

응으로 급사하거나 흉통, 각혈 등의 증세를 보인다.

- 사람은 이 포낭을 수술로 제거해야 하며 전 세계적으로 분포하는 것으로 알려져 있으며, 양이 중간숙주 역할을 한다.
- 개는 종숙주이며 개의 분변으로 나온 충란은 바로 감염을 갖는다.
- 양과 개가 같이 있는 곳에서는 단방조충과 다방조충의 역학과 공중보건학적 관리에 관심을 갖고 주기적으로 변 검사를 통해 충란의 확인을 받아야하고 감염된 개는 반드시 치료한다.

⑧ **장기 유주증**(visceral larva migrans)

- 기생충은 알에서 부화하여 애벌레를 거쳐 기다란 성충으로 자라는데, 애벌레인 유충이 몸속에서 간이나 콩팥 등 장기로 옮겨 다니는 수가 있다. 이것을 장기 유주증이라고 부른다.
- 단순한 기생충 감염보다 위험해서 유충이 유주해간 장기를 손상시키기도 한다. 대부분 선충류인 개회충(*Toxocara canis*, roundworm)의 알을 먹게 되면 감염되는데, 학교에 다니기 전의 어린 아이들(1~5세 령)에게 쉽게 감염된다.
- 개의 개회충 알이 사람의 입속에 들어가면 인체에서 알이 부화하여 유충이 되고 몸속의 장관벽을 뚫고 지나가며 여러 조직으로 돌아다니게 된다.
- 개회충은 사람의 몸속에서는 정상적인 생활사를 가지지 못하고 인체 면역에 의해 죽게 되지만 그전까지는 장기들 속을 돌아다니게 된다. 대부분은 증상이 없지만 때에 따라 유충이 뇌나 심장 까지 침범해서 위험한 경우도 있다. 증상은 몸에 열이 나고 체중이 빠지고, 기침을 하거나 피부 발진이 있을 수 있고 눈에 통증을 일으킬 수도 있다. 유충이 눈에 들어간 경우에는 실명하게 된다.
- 기생충에 감염된 강아지는 감염된 강아지 생후 21일 째부터 충란을 분변으로 배설하게 된다. 개회충은 대부분 태반감염을 통해 강아지에게 감염되므로 생후 2~3주령의 강아지와 어미 개는 반드시 기생충 치료해야 한다.

⑨ **피부 유주증**(cutaneous larva migrans)

십이지장충(Hookworm)으로 알려진, 개 구충(*Ancylostoma caninum*), 브라질구충(*A. braziliense*) 등의 유충은 장기 유주증으로 사람의 피부로 파고드는 경우가 있다. 이들 기생충의 유충은 특정한 효소를 분비하며 피부나 점막을 녹이고 뚫고 들어가게 된다. 강아지 역시 경피감염, 경구감염, 경유방감염 등으로 감염되기 때문에 어미개의 젖을 통해 쉽게 유충을 섭취하게 된다.

⑩ **곰팡이 감염증**

피부 곰팡이 감염증은 진균에 의하여 유발되며 인수공통감염병으로 사람 피부에도 감염이 유발된다. 다양한 곰팡이에 의하여 피부 병변이 유발되며 세균과 외부 기생충 감염증과 감별 진단이 필요하다. 우드 램프에 의하여 피부에 자외선을 쬐어 형광을 발하는 것을 확인하여 피부 곰팡이 감염증을 진단할 수 있다. 피부를 긁어 도말하여 현미경으로 관찰하여 곰팡이 포자를 관찰하는 것으로 진단하기도 한다. 곰팡이는 치료가 어렵고 흔히 재발하기 때문에 주의를 요한다.

2. 병원체의 예방

1) 기생충의 예방 및 치료

자연환경에 널리 분포되어 있어 다양한 전파방법으로 감염되는 기생충의 감염예방을 단순한 구충제로만으로는 어려움이 있어 기생충의 기초적인 생활사를 평소에 알아두어야 할 필요가 있으며 다음과 같은 요령으로 관리하면 구충은 물론 건강한 개의 상태를 유지 할 수 있을 것이다.

① 조속한 분변 청소 및 위생적 처리
② 동물 자체 및 주변 정기적인 소독
③ 청결하고 영양이 풍부한 먹이급여
④ 이, 벼룩, 모기 등의 해충 구제
⑤ 쥐의 구제
⑥ 선충류 및 조충류, 흡충류 구충이 가능한 종합구충제

일반적인 구충프로그램으로 신생 자견 15일, 25일, 40일령 쯤 구충을 실시한 후 집안에서 키우는 개는 2개월마다 야외에서 키우는 개는 월 1회씩 연속 구충하는 것이 현명하다.

2) 예방접종

(1) 생독과 사독백신

임상적인 감염증을 일으키는 바이러스나 세균의 균종을 분리하여 면역형성을 위한 백신을 제조하는데 그 제조과정에서 살아있는 상태로 계대(繼代)한 후 약독화(弱毒禍)하여 제조한

백신중 바이러스 백신은 생독백신, 균 백신은 생균백신이라 말하며 이와는 반대로 이들을 포르말린 등의 화학적 처리를 하여 사멸시킨 후 그 세포를 이용하여 제조한 백신을 사독 혹은 사균백신 또는 불활화백신이라 칭한다. 두 가지 제조방법에 의하여 만들어진 백신은 각각의 장단점이 있어 그 목적에 따라 제조 방법은 선택된다. 일반적으로 생독백신의 경우 접종 후 3주정도 되면 최고도의 면역을 획득하게 되며 사독(사균) 백신은 10일에서 21일 간격으로 보강 접종을 한다. 현제 시판되는 백신은 대부분 안전하여 권장량의 2~3배의 백신을 접종하여도 큰 부작용이 발생되지 않을 뿐 아니라 생독 백신의 경우에도 1/2 정도의 백신으로도 모체이행 항체의 소실 시기를 잘 맞추면 면역 형성이 되니 접종 시에 좀 흘렸다고 다시 재접종 할 필요는 없을 것이다.

① 생독(생균) 백신 장점

- 모체이행항체의 소멸 시기에 접종하면 1회 접종으로 면역력이 생성된다.
- 제조비용이 사독에 비하여 상대적으로 적어 값이 저렴하다.
- 면역이 형성된 경우 사독에 비하여 면역 지속기간이 길다.
- 냉동 건조 되어있어 냉장고에서 동결이 되어도 사용이 가능하다.
- 생독 백신은 적은 바이러스량으로 감염방어능력을 형성한다.

② 사독(사균) 백신 장점

- 안정성이 높고 겔 또는 오일로 제조되어 사용이 용이하다.
- 생독백신에 비하여 냉장보관이 용이하다.
- 개발하는데 오래 걸리지 않는다.
- 보강접종으로 면역증강효과가 크다.
- 유효 항원만 정제 추출함으로써 부작용 경감과 면역원성 향상된다.

(사독 백신은 반드시 2~3주의 간격을 맞추어주어야 효과가 있다.)

(2) 개 종합백신(DHPPL)

일반적으로 비교적 간섭 현상이 덜하고 표적장기(target organ)가 다른 백신을 사용자가 쓰기 편하게 몇 개씩 묶어 DHP, DHPP, DHPPL, DHPPLL, DHPPCL로 명하는 혼합백신이 생산되고 있다. 국내에 주로 사용되는 종합백신은 DHPPL로서 개 홍역, 개 간염, 개 감기, 개 파보장염, 렙토스피라 감염증과 같은 5종 병원체에 대하여 예방할 수 있다.

그러나 우리는 사랑하는 개를 위하여 가능한 최소한 혼합되어있는 백신을 사용하는 것이 현명하다는 것을 인식하여야 할 필요가 있다. 특히 표적장기(target organ)가 같은 백신은 반드시 별도로 백신을 하는 것이 유리하며 파보백신처럼 생독과 사독백신이 각각 개발되어있는 경우에는 반드시 최소 15일 정도의 간격을 두고 사용하는 것이 현명하다.

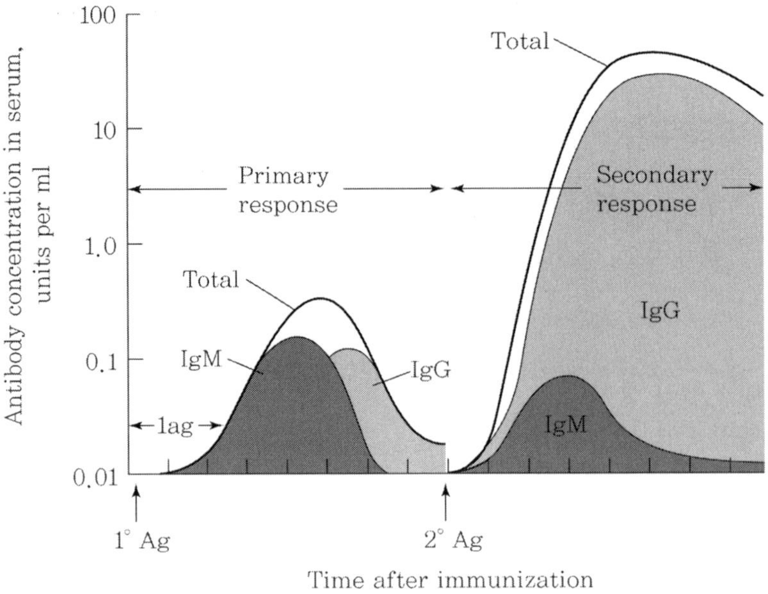

그림 7-6. 반복 접종에 의한 방어 항체 양의 혈중 내 증가

(3) 모체이행항체(母體移行抗體)

개는 분만 직후 일반 비유기 젖보다 더 진한 형질의 젖을 분비하는데 이를 가리켜 「초유」라고 하고 그 초유에는 모견이 살아오면서 체험한 질병에 대한 면역물질과 백신 접종에 의하여 형성된 면역물질이 함유되어있어 이를 모체이행항체라고 부르며 그 항체의 수준을 계수화 시켜 놓은 것을 항체가(抗體價)라고 한다. 모체이행항체에 의한 항체 획득은 자신의 노력이 아닌 젖을 통한 항체 획득이라는 의미로 「수동면역」이라 하고 그 반면에 백신에 의한 항체 형성은 바이러스의 체내 증식에 의하여 형성된 항체라고 하여 「능동면역」이라고 한다. 모체이행항체는 질병 별로 항체가 수준이 달라 반감기에 의하여 어떤 질병은 방어 항체가 수준 이상으로 남아있는데 비하여 어떤 질병은 이미 방어 항체가 수준 이하로 저하되어 바이러스에 노출되면 감염이 된다. 일반적으로 충분한 항체를 소유한 모견의 초유를 충분히 먹은 자견의 경우라 하더라도 생후 주령이 늘어나면서 모체이행 항체가 소실되어 12 주령이 넘어가면 완전 소실로 면역공백이 생기게 된다. 대부분 방어항체가 수준 이하로 모체이행항체가 소실되기 전에 백신을 접종하는 것이 좋다. 개체에 따라 모체이행 항체 소실 시기가 다르지만 일반적으로 젖을 떼는 6주 이후부터 예방접종을 시작하도록 권장하고 있다. 1회 접종으로 병원체를 막아낼 수 있는 충분한 방어항체가 체내에 생성되지 않기 때문에 2~4주 간격으로 3~5회 정도의 기본 백신 접종 프로그램이 요구되고 있다.

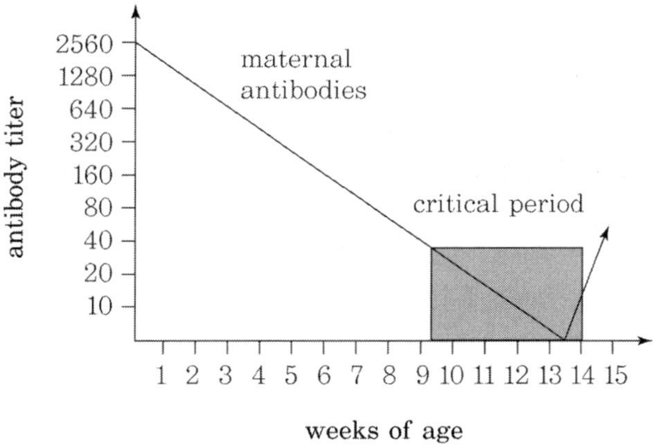

그림 7-7. 출생된 강아지 혈액내 개 파보바이러스에 대한 모체 이행 항체의 소실

(4) 예방접종의 종류와 접종 프로그램

모체이행항체가 소실되기 이전인 생후 6주령부터 예방접종을 실시하여 방어항체 수준을 끌어올리기 위해서 표 8-1과 같은 백신을 프로그램에 따라 반복 접종을 한다.

표 7-1. 개 예방접종의 종류와 접종 프로그램

백신 종류	예방 목적 질병	접종 프로그램
종합백신 (DHPPL)	개 홍역, 개 간염, 개 감기, 개 파보장염, 렙토스피라	• 생후 6주부터 2~4주 간격으로 5회 접종 • 이 후 매 년 1회 보강접종
코로나 장염	Canine corona virus	• 생후 6주부터 2~4주 간격으로 2~3회 접종 • 이 후 매 년 1회 보강접종
켄넬코프	*Boardetella brochiceptica* Parainfluenza virus	• 생후 8주부터 2~4주 간격으로 2~3회 접종 • 이 후 매 년 1회 보강접종
광견병	Rabies virus	• 생후 3~4개월령 1회 접종 • 이 후 6개월 마다 보강접종

3. 고양이 질병

1) 고양이 바이러스 전염병

(1) 광견병(Rabies) : 인수공통감염병

광견병 바이러스 감염에 의하여 유발되며 광견병에 걸린 야생동물 또는 다른 동물에 의해 물릴 때 생긴 상처로 체내에 들어온 바이러스가 신경세포를 타고 뇌로 들어가 뇌세포를 손상시켜 신경마비와 광폭증상을 보이다 치명적으로 사망한다.

(2) 고양이 범백혈구감소증(Feline panleukopenia, FPV) : 고양이과 동물의 감염증

고양이과 동물들에만 감염이 이루어진다. 고양이 홍역(distemper) 또는 고양이 전염성 장염이라고 불리기도 하는 바이러스 질환으로 고양이 파보바이러스 감염에 의한다. 혈액속에 모든 백혈구가 감소하는 것으로, 심한 장염을 일으키는 것이 특징이다. 초기에는 발열과 식욕부진이 나타나고 물도 먹지 않으며 구토나 탈수를 일으키고 계속해서 설사를 하는 경우가 있다. 적절한 치료를 받으면 거의 한 주간 이내에 식욕이 회복되지만 새끼의 경우나 합병증을 가지고 있는 경우에는 사망률이 높다. 원인이 되는 파보바이러스는 저항력이 강하고, 통상적인 소독으로는 효과를 기대할 수 없다.

(3) 고양이 백혈병바이러스 감염증(Feline leukemia virus, FeLV) : 고양이과 동물의 감염증

고양이과 동물들에만 감염이 이루어진다. 레트로바이러스에 속하는 고양이 백혈병바이러스 감염에 의해 유발된다. 백혈구에 암이 유발되는 것으로 이 병에 걸린 고양이의 타액에는 대량의 바이러스가 존재하므로 같은 식기로 먹던가, 몸을 서로 핥는 것으로 감염된다. 2마리이상 기르는 경우는 정기적으로 검사를 하고, 이 바이러스를 가지고 있는 것을 알게 되면 고양이의 사인에 크게 연관된 병으로, 감염되면 임파 B종이나 백혈병을 일으킬 수 있다. 또, 증상이 나타나지 않은 채 전적으로 쇠약해져 여러 가지 증세를 나타내는 소위 후천성 면역부전 상태가 되며 다른 병을 합병하는 경우도 있다.

(4) 고양이 바이러스성 호흡기 질환

2개의 바이러스(비기관염바이러스, 칼리시바이러스)에 의해 발생하는 경우가 많다.

① 고양이 비기관염(Feline rhinotracheitis) **: 고양이과 동물의 감염증**

고양이과 동물들에만 감염이 이루어진다. 고양이 허피스 바이러스(Feline herpesvirus)감염에 의한다.

② 고양이 칼리시바이러스(Feline calicivirus) **: 고양이과 동물의 감염증**

고양이과 동물들에만 감염이 이루어진다. 고양이 칼리시 바이러스(Feline calicivirus)감염에 의한다. 이것들은 공통된 증상이 많으며, 반드시 구별된다고는 할 수 없다. 재채기, 결막염, 콧물, 기침, 침 흘림, 구내염 등이 나타나며 발열을 하며 식욕이 없어진다. 한번 걸려도 면역이 있는 기간이 짧고, 재감염되는 병이다. 전염력이 강한 병으로 증상이 가라앉아도 바이러스를 장시간 체내에 가지고 있다거나 가벼운 증상으로 감염이 지속되거나 또 만성축농증으로 변하는 경우도 있다.

(5) 고양이 전염성 복막염(Feline infectious peritonitis, FIP) : 고양이과 동물의 감염증

고양이과 동물들에만 감염이 이루어진다. 고양이 코로나바이러스가 원인으로 생기는 병으로 전신의 장기를 침입한다. 복막염으로 인해 복수가 차거나, 가슴에 물이 차는 경우가 있다. 또 복수나 물이 가슴에 차지 않는 경우도 있으며, 눈이나 뇌에 이상이 생기는 경우도 있다. 병이 진행해도 비교적 식욕이 있는 경우가 많으며, 증상이 나타난 고양이는 서서히 소약해지고 회복의 기미가 없어져 버린다.

(6) 고양이 면역결핍증 바이러스(Feline immunodeficiency virus, FIV) : 고양이과 동물의 감염증

고양이과 동물들에만 감염이 이루어진다. 고양이 면역결핍바이러스가 원인으로 생기는 병으로 면역 저하로 만성 구내염, 치은염, 기도염, 임파절 부종, 설사와 빈혈 증상을 보인다.

2) 클라미디아 : 인수공통감염병

Chlamydia Pschittasi 감염에 의한다. 사람에서 결막염이 유발된다.

3) 기생충

대부분의 고양이 기생충은 인수공통감염병이다.

(1) 톡소플라즈마

원충에 의한 전염병으로 사람과 고양이에 공통된 인수공통감염병이다. 원충은 고양이 몸어딘가를 침입, 발열, 폐렴, 설사, 간장애(황달) 등의 여러 가지 증세를 일으킨다.

① 생활사와 형태

반달형 모양의 원충으로 원충의 동물계와 식물계의 중간 단계에 해당하는 생물이다.

② 인체감염경로

- **후천성 감염** : 식육(食肉) 중에서 외계에 분산하여 흙이나 식품 중에서 경구섭취. 잘 익혀지지 않은 상태의 돼지고기. 고양이 분변에서 유래한 것

• **선천성 감염** : 톡소플라즈마 원충에 감염된 임산부에서 태반을 통하여 태아에 감염

③ **병원성**

모체로부터 감염된 신생아에서는 뇌수종, 뇌염 등의 치명적인 증상을 일으킨다. 임산부의 경우에 유산, 사산 등의 치명적인 결과를 얻을 수 있어 고양이를 사육하는 가정에서는 임산부가 있는 경우에 톡소플라즈마 구충에 각별한 주의가 요망된다.

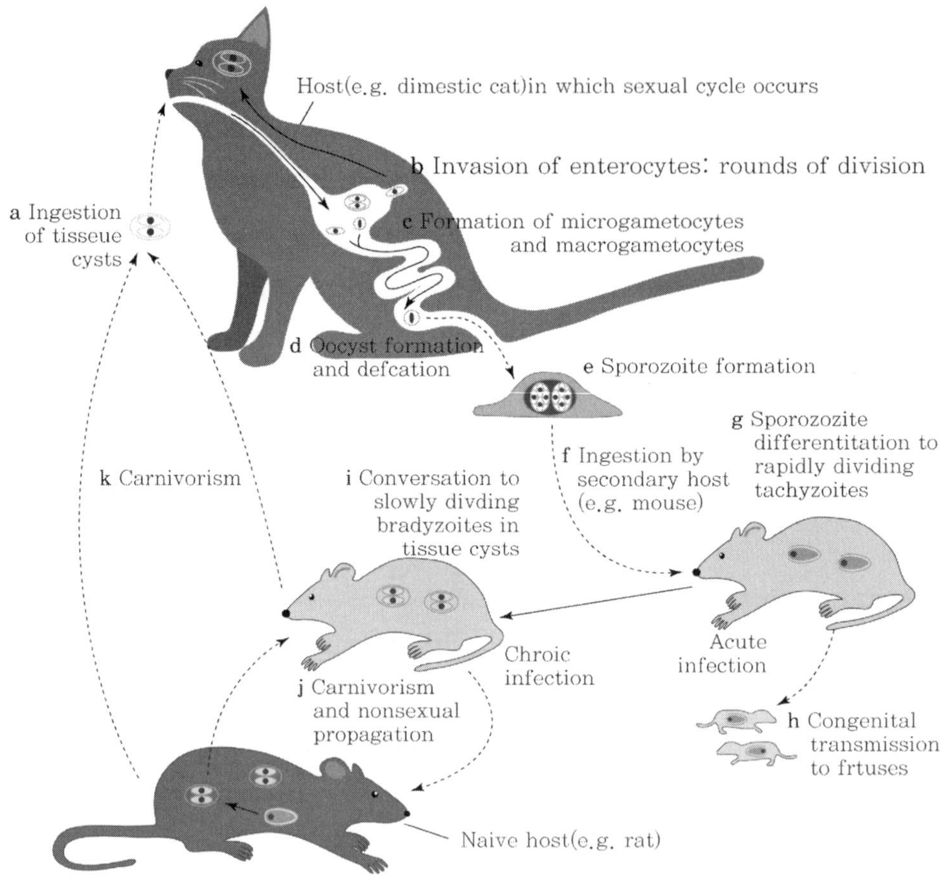

The Toxoplasma gondii life cycle
Export Reviews in Molecular Medicine ©2001 Cambridge University Press

그림 7-8. 톡소플라즈마 기생충의 life cycle

(2) 회충

① **생활사와 형태**

고양이 회충은 고양이가 회충 충란에 오염된 음식물이 등의 섭취를 통하여 전염된다. 섭취 후 회충의 알(egg)은 부화하여 자충이 되어 소장을 뚫고 복강으로 나와 다시 간장이나 피

하로 파고들어 간다. 그리고 다시 폐를 거쳐 기관지를 지나 다시 소장에 들어가서 회충으로 성장한다. 이렇게 회충의 자충은 고양이의 몸을 돌아다니면서 성장해 가기 때문에 내부장기는 치명적인 손상을 입게 된다. 또한 고양이회충은 어미의 태반을 거쳐서 자궁에 있는 태아에 감염될 수 있다. 드물지만 고양이의 몸을 돌고 있는 중에 뇌로 이행되어 자라는 경우도 있다.

② **예방 및 치료**

회충감염은 어린 고양이에게 특히 피해가 크기 때문에 어린 고양이는 동물병원을 방문하여 건강진단과 분변검사를 받아 보아야 한다. 생후 4~6주경에 구충한 후 생후 4개월이 되면 3주 간격으로 구충제를 투여한다.

(3) 조충

고양이조충은 길이가 15~40cm로 체절을 가지고 있으며 고양이의 소장에 기생한다. 오이씨 모양의 편절 또는 조충 자신이 신축운동을 하면서 항문을 통해 기어 나온다.

배설된 알(egg)을 쥐(또는 토끼)의 입을 통해 쥐의 몸 안으로 들어간다. 그 쥐를 고양이가 잡아먹게 되면 소장벽에 기생하여 성충이 된다.

쥐나 토끼가 중간 숙주로 전염의 매개가 된다. 또한 조충의 전염은 벼룩이나 이와 관련이 있는데, 조충의 알은 벼룩에게 잡아 먹혀 그 안에서 발육한 뒤 벼룩이 성숙하여 흡혈을 할 때 감염능력을 가지게 된다.

고양이가 자기의 몸을 핥을 때 감염된 벼룩이 입으로 들어가 감염을 일으키게 된다.

(4) 콕시디움 감염증

몸이 약한 고양이가 감염되면 증상이 특히 심하며 장에 많은 병변을 일으킨다. 감염 후 3~5일 정도의 잠복기를 거친 뒤 수양성(watery) 설사가 시작되고 식욕 저하 또는 아무것도 먹지 않고 심한 점액성 혈변을 배출한 후 결국 사망하게 된다.

고양이 변을 통해 배출이 되므로 변은 바로 치워야 하며, 고양이 식기나 용품은 뜨거운 물로 열탕 소독을 하여 다른 고양이가 감염되지 않도록 주의를 해야 한다.

(5) 벼룩 감염증

만약 많은 수의 벼룩이 고양이 몸에 기생하여 장기간에 걸쳐 다량의 피를 흡혈하면 빈혈이 생길 수도 있다. 또한 벼룩에 흡혈했던 부분은 빨갛게 일어나며 알러지를 일으켜 고양이가 가려워 할 수도 있다.

벼룩 알러지는 벼룩의 수에는 관계가 없이 한 마리의 벼룩이라도 흡혈을 하면, 벼룩의 타액 때문에 전신적인 알러지 반응을 일으킬 수 있다. 또한 벼룩은 조충(유충) 감염을 일으키기도 한다.

(6) 외이염과 귀진드기 감염증

① 원인

귀 안에 작은 개선충이라고 하는 일종의 진드기가 기생하여 일어나는 병이다. 귀속에서 암갈색의 귀지가 보이며 매우 전염력이 강하여 다른 고양이에게 옮기고, 심하게 긁으면 머리나 귀에 상처가 생길 수 있으며 이혈종으로 진행될 수도 있다.

② 증상

고양이의 귀가 세균, 귀진드기, 진균(곰팡이) 등에 감염이 되면 심하게 머리를 흔들거나 몹시 가려워한다. 심한 악취가 나며 지저분한 더러운 귀지가 쌓여 있다. 치료가 되지 않으면 중이염, 내이염으로 진행될 수도 있다.

4) 진균(곰팡이) 감염증

(1) 곰팡이성 피부병

① 원인과 증상

주로 털 관리가 제대로 되지 않아 곰팡이에 감염되어서 발생하는 피부병이다. 증상은 털이 많이 빠지고 가려움증을 동반하며 몸 전체로 번진다. 또한 피부에서 하얀 비듬이 많이 떨어진다.

② 예방

고양이의 털은 섬세하고 촘촘하기 때문에 털에 남아 있는 습기는 곰팡이성 피부병을 일으킬 수 있다. 털의 청결과 건조가 무엇보다 중요하다. 그러므로 평소에 햇볕을 많이 받도록 해야 하고, 고양이 주변 환경이 통풍이 잘 되게 해 준다.

털이 빠져 있는 곳만을 부분적으로 치료를 하면 재발할 수 있다. 전신치료가 원칙이다. 먹는 약, 약용 샴푸와 연고를 함께 치료를 해야 빠른 효과를 볼 수 있다.

4. 전염병의 예방접종

1) 고양이 예방접종 종류

고양이 종합백신 국내에서 3종백신이 주로 사용되며, 4종백신 또한 일부 이용되고 있다.

① 3종 종합백신

- **고양이 범백혈구감소증**(Feline panleukopenia virus, FPV)과 바이러스성 호흡기질환으로 **고양이 바이러스성 비기관염**(Feline viral rhinotracheitis, FVR), **고양이 칼리시 바이러스** (Feline Calici virus, FCV)의 3개 병원체에 대한 예방

② 4종 종합백신

- **3종 종합백신 병원체** + **고양이 백혈병 바이러스**(Feline leukemia virus)의 4개 병원체에 대한 예방

③ 단독백신

- **고양이 전염성 복막염** (Feline infectious peritonitis, FIP)
- **고양이 광견병** : Rabies virus 예방
- **클라미디아** : *Chlamydia pschittasi* 병원체 예방
- **고양이 면역결핍 바이러스** (Feline immunodeficiency virus, FIV) : lentivius 일종

2) 고양이 예방접종 스케쥴

- 고양이 백신은 **생후 8주령**부터 접종하는데, **종합백신**은 흔히 3종 백신으로 **「백혈구감소증**(FPV)**+바이러스성 호흡기질환**(FVR, FCV)**」**의 3개 병원체에 대한 백신이 혼합되어 있는 제재를 많이 사용하며, 생후 8주부터 접종을 시작하여 **3-4주간격**으로 **3회**를 실시한다.
- 이후 매 1년에 한번 이상 추가접종을 해주며 종합백신 추가접종 시에는 고양이 **백혈병 바이러스** 검사를 필수적으로 해주어야 한다.
- 12주령에 **고양이 백혈병 바이러스** 백신 1차 접종, 16주령에 2차, 이후 1년에 1회 추가 접종한다.
- 고양이 **전염성복막염**과 **고양이 광견병** 예방주사는 생후 16주령에 1차 접종한 후 매년 추가 접종을 한다.

• **고양이의 기생충** 감염은 때로 사람에게도 옮겨 질 수 있기 때문에 기생충 검사 후 건강 상태에 따라 구충제를 먹여야 한다.

표 7-2. 고양이 예방접종의 종류와 접종 프로그램

연 령	백 신 종 류
6~8주령	1차 : 3종종합백신 「백혈구감소증(FPV) + 바이러스성 호흡기질환(FVR, FCV)」
12주령	2차 : 3종종합백신 「백혈구감소증(FPV)+바이러스성 호흡기질환(FVR, FCV)」 1차 : 백혈병 (FeLV)
16주령	1차 : 전염성복막염 (FIP), 광견병 (rabies) 2차 : 백혈병 (FeLV) 3차 : 3종종합백신 「백혈구감소증(FPV)+바이러스성 호흡기질환(FVR, FCV)」
매년	3종종합백신 「백혈구감소증(FPV)+바이러스성 호흡기질환(FVR, FCV)」, 백혈병, 광견병

* FPV : 고양이 백혈구감소증, FVR : 고양이 바이러스성 비기관염, FCV : 고양이 칼리시바이러스, FeLV : 고양이 백혈병, FIP : 고양이 전염성복막염

Chapter 08

치료도우미 동물의 복지

Ⅰ. 동물복지 개요

Ⅱ. 치료도우미동물의 복지

Ⅲ. 치료도우미견의 행동과 복지 평가

I

동물복지 개요

학습목표 1. 동물복지의 개념을 이해할 수 있다.
2. 동물보호법에 대해 알 수 있다.

1. 동물복지(Animal Welfare)의 개념

동물복지는 인간이 동물에 미치는 고통이나 스트레스 등의 고통을 최소화하며, 동물의 심리적 행복을 실현하는 것이다.
OIE(세계동물보건기구)에 따르면 동물복지는 '동물이 건강하고, 안락하며, 좋은 영양 및 안전한 상황에서 본래의 습성을 표현할 수 있으며, 고통, 두려움, 괴롭힘 등의 나쁜 상태를 겪지 않는 것'으로 정의하고 있다.
미국수의학협회에서는 **동물복지**(animal welfare)는 동물의 복리를 보장하는 윤리적 책임으로서 보다 구체적으로 '동물에게 청결한 주거환경의 제공, 관리, 영양제공, 질병예방 및 치료, 책임감 있는 보살핌, 인도적인 취급, 필요한 경우의 인도적인 안락사 등 동물의 복리와 관련한 모든 것을 제공하는 인간적인 의무'라고 정의하고 있다.

1) 동물의 5대 자유

1979년 영국의 '농장동물복지위원회(Farm Animal Welfare Council : FAWC)'는 동물의 복지를 위하여 표 1과 같은 '동물의 5대 자유(Five Freedoms)'를 제시하였다.

FAWC의 '동물의 5대 자유'에 의하면 동물복지(animal welfare)는 바로 동물복리(animal well-being)라고 할 수 있다. 이 복리를 보장하기 위해서는 동물에게 불필요한 고통을 가하지 않고, 신체적 및 정신적 건강을 유지할 수 있는 환경을 마련하고, 그들을 보살펴주어야 한다. 결국 동물복지를 보장하는 것은 인간의 의무인 것이다 한국에서도 '동물보호법'이 1991년 제정되어 동물의 보호와 복지를 위한 세부 규정들을 두고 운영되고 있으며, 그 동안 '동물보호법'은 여러 번의 개정을 통하여 동물복지 향상을 위한 법률로 완성도를 높이고 있다. 동물보호법의 제 3조에 '동물보호의 기본원칙'이 명시되어 있는데, 이 조항들은 FAWC의 '동물의 5대 자유'와 내용을 담고 있다. 즉, 한국의 '동물보호법'의 기본 원칙은 '동물의 5대 자유'를 지켜주는 것이라 할 수 있다.

동물매개치료에 중재 도구로 활용되는 치료도우미 동물 또한, 이러한 이유로 동물복지의 준수와 고려가 필요하다 할 수 있다.

표 8-1. 동물의 5대 자유

1. 배고픔과 갈증으로부터의 자유(Freedom from hunger and thirst)
2. 불안으로부터의 자유(Freedom from discomfort)
3. 통증, 부상 또는 질병으로부터의 자유(Freedom from pain, injury or disease)
4. 정상적인 행동 표현의 자유(Freedom to express normal behaviors)
5. 공포와 고통으로부터의 자유(Freedom from fear and distress)

2. 동물보호법

1) 동물보호법 연혁

국내 동물복지에 대한 법률은 동물보호법[법률 제13023호, 2015.1.20., 일부개정]에 따라 준수해야 할 동물복지를 규정하고 있다.

동물보호법은 동물에 대한 학대행위의 방지 등 동물을 적정하게 보호·관리하기 위하여 필요한 사항을 규정함으로써 동물의 생명보호, 안전 보장 및 복지 증진을 꾀하고, 동물의 생명 존중 등 국민의 정서를 함양하는 데에 이바지함을 목적으로 한다.

동물보호법은 국내에서 1991년 처음 제정된 이후로 동물복지에 대한 세계 흐름에 따라 요구되는 사항들을 반영하여 〈표 8-2〉와 같이 여러 차례의 개정을 거쳐 오늘 날의 동물보호법이 완성되었다.

표 8-2. 동물보호법 연혁

1. 동물보호법[시행2015.1.20] [법률 제13023호, 2015.1.20, 일부개정]
2. 동물보호법[시행2014.8.14] [법률 제12051호, 2013.8.13, 일부개정]
3. 동물보호법[시행2014.3.24] [법률 제12512호, 2014.3.24, 일부개정]
4. 동물보호법[시행2014.2.14] [법률 제12051호, 2013.8.13, 일부개정]
5. 동물보호법[시행2013.4.5] [법률 제11737호, 2013.4.5, 일부개정]
6. 동물보호법[시행2013.3.23] [법률 제11690호, 2013.3.23, 타법개정]
7. 동물보호법[시행2013.1.1] [법률 제10995호, 2011.8.4, 전부개정]
8. 동물보호법[시행2012.7.1] [법률 제10995호, 2011.8.4, 전부개정]
9. 동물보호법[시행2012.2.5] [법률 제10995호, 2011.8.4, 전부개정]
10. 동물보호법[시행2010.11.26] [법률 제10310호, 2010.5.25, 타법개정]
11. 동물보호법[시행2008.2.29] [법률 제8852호, 2008.2.29, 타법개정]
12. 동물보호법[시행2008.1.27] [법률 제8282호, 2007.1.26, 전부개정]
13. 동물보호법[시행2005.2.10] [법률 제7167호, 2004.2.9, 타법개정]
14. 동물보호법[시행1998.6.14] [법률 제5443호, 1997.12.13, 타법개정]
15. 동물보호법[시행1998.1.1] [법률 제5454호, 1997.12.13, 타법개정]
16. 동물보호법[시행1996.8.8] [법률 제5153호, 1996.8.8, 타법개정]
17. 동물보호법[시행1991.7.1] [법률 제4379호, 1991.5.31, 제정]

2) 동물보호법 주요 내용

동물보호법에 규정된 동물보호의 기본원칙과 적정 사육 관리에 대한 사항은 〈표 8-3〉과 같다.

표 8-3. 동물보호법의 주요 내용

1) 제 1장 제3조 (동물보호의 기본원칙)
누구든지 동물을 사육·관리 또는 보호할 때에는 다음 각 호의 원칙이 준수되도록 노력 하여야 한다.
① 동물이 본래의 습성과 신체의 원형을 유지하면서 정상적으로 살 수 있도록 할 것
② 동물이 갈증 및 굶주림을 겪거나 영양이 결핍되지 아니하도록 할 것
③ 동물이 정상적인 행동을 표현할 수 있고 불편함을 겪지 아니하도록 할 것
④ 동물이 고통·상해 및 질병으로부터 자유롭도록 할 것
⑤ 동물이 공포와 스트레스를 받지 아니하도록 할 것

2) 제 2장 제7조 (적정한 사육·관리)
① 소유자 등은 동물에게 적합한 사료와 물을 공급하고, 운동·휴식 및 수면이 보장 되도록 노력하여야 한다.
② 소유자 등은 동물이 질병에 걸리거나 부상당한 경우에는 신속하게 치료하거나 그 밖에 필요한 조치를 하도록 노력하여야 한다.
③ 소유자 등은 동물을 관리하거나 다른 장소로 옮긴 경우에는 그 동물이 새로운 환경에 적응하는 데에 필요한 조치를 하도록 노력하여야 한다.
④ 제1항부터 제3항까지에서 규정한 사항 외에 동물의 적절한 사육·관리 방법 등에 관한 사항은 농림축산식품부령으로 정한다.
[개정 2013.3.23, 제11690호(정부조직법)]

3) 반려동물의 사육 · 관리에 필요한 기본적 사항

반려동물을 기르기로 결정하고 분양받았다면, 애완동물을 잘 돌봐서 그 생명과 안전을 보호하는 한편, 자신의 애완동물로 인해 다른 사람이 피해를 입지 않도록 주의해야 한다.

이를 위해서 애완동물의 소유자와 소유자를 위해 애완동물의 사육 · 관리 또는 보호에 종사하는 사람(이하 "소유자 등"이라 함)은 다음과 같은 사항을 지키도록 노력해야 한다(「동물보호법」 제7조, 「동물보호법 시행규칙」 〈표 8-4〉).

표 8-4. 동물보호법 시행규칙

기준	세부내용
일반적 사항	1. 애완동물에게 적합한 사료의 급여와 급수 · 운동 · 휴식 및 수면을 보장할 것 2. 질병에 걸리거나 부상당한 경우 신속한 치료와 그 밖의 필요한 조치를 취할 것 3. 애완동물을 관리하거나 다른 동물우리로 옮긴 경우에 새로운 환경에 적응하는 데 필요한 조치를 취할 것 4. 동물의 소유자 등은 동물을 사육 · 관리할 때에 동물의 생명과 그 안전을 보호하고 복지를 증진하기 위하여 성실히 노력할 것 5. 동물의 소유자 등은 동물로 하여금 갈증 · 배고픔, 영양불량, 불편함, 통증 · 부상 · 질병, 두려움과 정상적으로 행동할 수 없는 것으로 인하여 고통을 받지 않도록 노력할 것 6. 동물의 소유자 등은 사육 · 관리하는 동물의 습성을 이해함으로써 최대한 본래의 습성에 가깝게 사육 · 관리하고, 동물의 보호와 복지에 책임감을 가져야 합니다.
사육환경	1. 애완동물의 종류, 크기, 특성, 건강상태, 사육 목적 등을 고려해서 최대한 적절한 사육환경을 제공할 것 2. 사육공간 및 사육시설은 애완동물이 자연스러운 자세로 일어나거나 눕거나 움직이는 등 일상적인 동작을 하는 데 지장이 없는 크기일 것
건강관리	1. 애완동물의 종류, 크기, 특성, 건강상태, 사육 목적 등을 고려해서 최대한 적절한 사육환경을 제공할 것 2. 사육공간 및 사육시설은 애완동물이 자연스러운 자세로 일어나거나 눕거나 움직이는 등 일상적인 동작을 하는 데 지장이 없는 크기일 것

II

치료도우미 동물의 복지

학습목표 1. 동물매개치료 활동에서 고려해야 할 동물복지 가이드라인을 이해할 수 있다.
2. 치료도우미 동물들에 일어날 수 있는 동물복지 문제들을 알 수 있다.

1. 치료도우미 동물들의 동물복지에 대한 고려

1) 동물매개치료 활동에서 고려해야 할 동물복지 가이드라인

치료도우미동물로서 동물의 사용에 대한 윤리적 고려에 대한 관심이 증대되고 있다(Serpell et al., 2006). 역사를 통해 살펴보면 사람들은 동물을 다양한 목적으로 이용해왔다. 식량, 섬유, 스포츠, 장신구, 노동력 또는 반려동물로서 사람의 목적에 맞게 선택되어 동물이 이용되어왔다. 동물들 또한 고통, 두려움, 스트레스, 신체적 손상을 피하고 싶어 하고 종류에 따라 특성이 다르지만 동물들 자신의 필요와 욕망과 목표를 찾아 살고 싶어 한다(Serpell et al., 2006).

사람과 동물의 이해가 충돌되는 경우 도덕적 문제들이 발생한다. 사람들의 동물이용이 동물에게 고통과 두려움, 손상을 입히거나 동물들이 그들 자신의 필요와 목표를 희생하게 되는 경우 이러한 충돌이 생긴다.

지난 10년 이상 동안 동물매개치료와 동물매개활동에서 Delta society (현재 Pet Partners)와 같은 단체들은 활동에 포함되는 동물들의 스트레스와 손상을 최소화하기 위하여 노력해왔다(Hines & Fredrickson, 1998).

현재 동물매개치료는 폭발적으로 성장하여 다양한 경우에 이루어지고 있다. 이러한 빠른 성장 때문에 활동에 포함된 동물에 대한 제도적이고 전반적이 위해성 평가 제도가 마련되지 않은 상황에서 동물매개치료가 수행되는 경우들이 있다. 동물매개치료 활동에 포함된 동물들이 원하지 않는 것, 따라 하기 힘든 일들에 강요되는 것은 없는지 고려하여야 한다.

동물매개치료는 사람 대상자의 치유 목표를 달성하기 위하여 계획된 프로그램을 치료도우미동물이 활동하는 것이다. 어떠한 경우도 동물매개치료의 활동 과정에 치료도우미동물의 복지가 제한되거나 침해 받는 일이 발생해서는 안 된다. **동물매개치료는 치료도우미동물의 복지를 최우선으로 보장한 상태에서 프로그램이 수행되어야 한다.**

한국동물매개심리치료학회에서는 동물매개치료 활동에서 고려되어야 하는 치료도우미동물의 복지에 대하여 〈표 8-5〉과 같은 가이드라인을 마련하고 있다.

표 8-5. 동물매개치료 활동에서 고려해야 할 동물복지 가이드라인

치료도우미 동물과 활동을 수행함에 있어 가장 중요한 것은 **치료도우미동물의 복지 상태를 고려**하는 것이다.
치료도우미동물이 **스트레스 징후가 나타나면 즉시 활동을 중단하고 휴식**을 취하게 하면서 그에 대한 불만 표시나 실망을 하지 않도록 한다. 더욱 긍정적인 보상과 함께 칭찬을 치료도우미 동물에 주고 다음 세션에서는 즐겁게 치료 활동에 함께 임하도록 필요한 조치를 강구해야 한다.
동물매개치료 활동 시 치료도우미동물들은 프로그램 활동 과정 동안에 스트레스와 임상증상에 대한 밀착 모니터링이 수행되어야 한다. 중간에 **치료도우미동물이 피로 증상을 표현하거나 활동 거부를 할 때는 즉시 활동을 중단하고 휴식**을 취하여야 한다.
치료도우미동물의 **활동시간은 45분 전후가 가장 적합**하며, 시간은 처음에는 20분 정도에서 점차 늘려 가는 것이 바람직하다.

[출처] 한국동물매개심리치료학회 치료도우미동물 복지 가이드라인(www.kaaap.org)

2) 치료도우미동물을 위한 윤리 지침

치료도우미동물을 위한 5가지 윤리적 환경은 〈표 8-6〉과 같다. **치료도우미동물의 학대 또는 심한 스트레스 상황은 어떠한 경우도 용납되어서는 안 된다.**

표 8-6. 치료도우미동물을 위한 5가지 윤리적 환경

1	치료도우미동물로 이용되는 모든 동물들은 학대, 불편, 질병으로부터 신체적 정신적으로 보호되어야 한다.
2	동물에 대한 적절한 건강관리가 항상 제공되어야 한다.
3	치료도우미동물은 활동하는 장소에서 멀리 떨어진 곳에서 조용한 휴식을 취할 수 있는 장소가 있어야 한다.
4	대상자와의 상호작용으로 치료도우미동물의 역할을 다 할 수 있도록 동물의 능력을 유지하도록 해야 한다.
5	치료도우미동물의 학대 또는 심한 스트레스 상황은 **어떠한 경우도** 용납되어서는 안 된다.

〈표 8-7〉은 대상자와 치료도우미동물의 요구를 비교·검토하여 윤리적 결정을 내리는 과정으로, 동물매개심리상담사는 동물매개치료 프로그램 계획 단계에서 치료 목표 달성을 위해 치료도우미동물이 수행해 주어야 하는 일들에 대한 사항(인간 요구)을 확인하고, 동물복

지를 위한 치료도우미동물의 기본 요구(동물 요구)를 확인한 후, 인간과 동물의 요구를 비교하여 우선시 되어야 되는 요구를 결정한다.

사람 대상자의 필요 사항들을 확인하기위해 '대상자가 치료도우미동물에게서 필요한 것이 무엇인가?, 대상자가 치료도우미동물과 함께 얼마나 많은 시간을 보내기를 원하는가?, 동물과 함께하는 접촉과 시간의 상태는 무엇인가?'를 확인한다.

치료도우미동물의 필요 사항들을 확인하기위해 '적절한 돌봄, 애정, 조용한 휴식 시간'에 대한 검토를 한다. 이후 **사람 대상자와 치료도우미동물의 필요 사항들을 비교하는 데** 심각한 정신적 또는 신체적 손상과 같은 사람 대상자의 강력한 필요사항들만이 치료도우미동물의 기초적 필요사항 보다 우선될 수 있다. 그러나, **어떠한 경우도 치료도우미동물의 학대 또는 심한 스트레스 상황은 용납되어서는 안 된다.**

표 8-7. 대상자와 치료도우미동물의 요구 비교 · 검토 내용

번호	상 황	내 용
1	인간 요구의 확인	대상자가 치료도우미동물에게 요구하는 것
		대상자가 동물과 함께하는 시간
		동물과 보내는 접촉하는 시간의 본질
2	동물의 가장 기본적인 요구 확인	적절한 관리, 애정, 조용한 휴식시간
3	인간과 동물의 요구 비교	• 가장 저항하기 어려운 인간의 요구 (예를 들어, 심각한 정신적 또는 신체적 상해)는 동물의 기본적인 요구들보다 우선시 될 수 있다. • **어떠한 경우도** 치료도우미동물의 학대 또는 심한 스트레스 상황은 용납되어서는 안 된다.

〈표 8-8〉은 **치료도우미 동물을 위한 윤리적 결정 내리기 과정의 고려 사항**이다.

동물매개심리상담사는 동물매개치료 프로그램을 수행하면서 치료도우미동물의 스트레스와 학대 여부를 항상 모니터링하여야 한다.

중재활동이 부당하게 동물이 스트레스를 받는다면, 동물매개심리상담사는 활동 세션이나 상호반응을 중지해야만 한다. 동물매개심리상담사는 하루에 여러 번 치료도우미동물을 위한 휴식 시간을 제공해야 한다.

치료도우미동물들은 활동할 수 있는 나이를 고려하여야 한다. 나이가 든 동물은 복지를 위하여 은퇴를 시키고 휴식이 있는 삶을 살 수 있도록 한다.

대상자가 고의든 고의가 아니든 치료도우미동물을 학대하는 상황에서는, 동물의 기본 권리를 존중하여, 활동을 중단하여야 한다. 동물매개심리상담사는 대상자가 치료도우미동물

을 학대할 것으로 예상되는 경우에는 활동 과정에서 치료도우미동물의 복지를 지키기 위해 주의를 기울여야 한다. 치료도우미동물이 학대를 받거나 스트레스를 받는 것으로 판단이 될 때는 대상자와의 상호반응 활동이 즉시 중단되어야 한다. 대상자가 동물이나 사람을 학대할 위험성을 가지고 있는 경우에는 동물매개심리상담사는 활동 전에 대상자에게 동물학대에 따른 법적 처벌이 가능하다는 점을 알려주어야만 한다.

대상자가 치료도우미동물을 심각하게 학대하는 경우에 대상자는 동물학대법을 위반한 것이다. 이러한 학대를 경험한 치료도우미동물은 사람을 돕는 자신의 능력이 심각히 손상 받게 된다.

어떠한 경우도 치료도우미동물의 학대 또는 심한 스트레스 상황은 용납되어서는 안 된다.

표 8-8. 치료도우미 동물을 위한 윤리적 결정 내리기 과정의 고려 사항

번호	상 황	고려 사항
1	심한 스트레스	만약 대상자가 동물에게 과도하게 스트레스를 준다면 동물매개심리상담사는 그 세션이나 상호작용을 일시 중지시켜야 한다.
2	휴식시간	치료도우미동물을 이용하는 동물매개심리상담사들은 동물에게 하루에 여러 번씩 "휴식시간"을 제공해야 한다.
3	노령화와 스트레스	나이든 동물들과 엄청난 스트레스에 직면한 동물들은 그들의 서비스 규모를 줄이거나 은퇴하여 휴식을 취하게 하여야 한다.
4	치료도우미동물에 대한 학대	그것이 의도적이든 부주의에 의한 것이든 대상자가 치료도우미동물을 학대의 대상으로 삼는 환경에서는 활동이 중단되어야 한다. 활동 중단이 치료도우미동물과 대상자와의 관계 단절을 의미한다고 하더라도 동물의 기본적인 요구들은 존중되어야 한다.
		동물매개심리상담사가 보기에 대상자가 동물을 학대할 가능성이 있다고 의심되는 경우라면 동물의 복지와 권리를 보호하도록 예방 대책을 취해야 한다.
		스트레스나 학대의 어떤 증거이든 명확해졌을 때 동물매개심리상담사는 대상자와 치료도우미동물의 관계를 종료시켜야 한다.

3) 동물매개치료 또는 활동에 이용되어지는 동물들의 돌봄과 관리에 대한 윤리적 지침

치료도우미동물의 돌봄과 관리에 대한 윤리적 원칙은 〈표 8-8〉과 같다. 치료도우미동물은 동물복지가 보장된 환경에서 동물매개치료 활동을 수행할 수 있도록 동물매개심리상담사는 기본 윤리 원칙을 숙지하고 이를 보장할 수 있도록 환경을 마련하여야 한다.

표 8-9. 치료도우미동물의 돌봄과 관리에 대한 윤리적 원칙

치료에 활용되는 모든 동물들은 학대, 불편 및 신체적이나 정신적 스트레스 받는 것으로부터 자유로워야 한다.
적절한 건강관리가 항상 제공되어야 한다.
활동을 하지 않는 시간에는 조용하고 안락한 장소에서 휴식을 취할 수 있어야 한다.
수의사에 의해 모든 동물들의 질병 예방 관리가 수행 되어야 한다.
사람 대상자들과의 상호반응은 동물의 능력이 유용한 치료 매체로 활용될 수 있도록 구성되어야 한다.
치료도우미동물의 학대 또는 스트레스 상황은 사람 대상자의 심각한 상해, 학대를 피하기 위해 부득이 일시적으로 허락되는 경우를 제외하고는 어떠한 경우도 허락되지 않는다.

---

2 치료도우미 동물들에 일어날 수 있는 동물복지 문제들

1) 동물행동학적 또는 사회적 필요들을 제공하지 못하는 것

기본적인 식량, 물, 보호에 대한 신체적 요구들뿐만 아니라 대부분의 치료도우미 동물들은 가능한 언제든지 제공 받아야만 하는 사회적, 행동학적 필요들을 갖는다(Dawkins, 1988).

초기 돌보는 사람들에 의해 이러한 사회적, 행동학적 필요들이 이해는 동물소유와 이용에 참여하는 윤리적 의무의 한 부분이다.

다른 종류들은 다른 사회적, 행동학적 필요들을 가질 수 있다 (Mason & Men이, 1993). 초기 돌보는 사람들에 의해 이러한 사회적, 행동학적 필요들의 이해는 동물소유와 이용에 참여하는 윤리적 의무의 한부분이다.

다른 종류들은 다른 사회적, 행동학적 필요들을 가질 수 있다 (Mason & Men이, 1993). 하나의 동물에 대한 특별한 사회적, 행동학적 상호반응의 가치를 판단하는 것은 때때로 어렵다.

일반적으로 한 동물이 특별한 행동이나 사회적 상호반응을 수행하도록 강하게 자극되어져야한다면 수행하기 위한 동기가 박탈(deprivation)의 기간을 증가로 나타난다면, 활동과 상호반응은 동물복지를 유지하는데 중요하다는 것을 알려준다.

박탈(deprivation)의 공통적인 지표는 비정상적으로 자주 장소를 바꾸는 활동들, 정형행동(streotypies) 또는 자해(self-mutilation)을 수행하는 동물들을 포함한다 (Brooom & Johnson, 1993). 모든 동물들은 항상 어떤 대상자로부터 어떤 형태의 학대와 위험을부터 안전하여야 한다. 만약 치료도우미 동물이 스트레스를 받거나 지치면 활동하는 환경에서 치료도우미 동물은 안전한 휴식처를 찾을 수 있어야만 한다.

동물매개치료에서 이용되는 동물들은 실제적인 대상자 접촉으로부터 휴식을 가질 필요가

있다. 치료와 활동 동물들은 고통, 손상, 질병으로부터 자유로워져야만 한다. 모든 동물들은 그들의 적용에 잘 유지되어야만 한다.

만약 동물이 아프게 보이거나 스트레스를 받거나 지치거나 해보이면 의료적 주의가 주어져야만 한다.

보조와 치료를 위한 동물들을 위해서 복지문제는 건강 돌봄 기관에 거주하거나 복지시설 또는 요양원과 같은 기관들에서 상주하거나 많은 시간을 보내는 동물들은 복지문제가 일어날 수 있다.

부적절한 계획, 선택, 공헌, 감독은 동물들에게 부적절하게 돌보아질 수 있다 (Hines & Fredrickson, 1998).

케이지에 갇혀있는 소형 포유동물들, 새, 파충류는 무관심 또는 부적절한 돌봄의 위험이 크다. 가축화되지 않은 동물들은 가축화된 동물들 보다 더 특별한 요구가 필요하다. 부적절한 돌봄은 부적합하게 먹이고 물을 적절히 주지 않고, 깨끗하게 유지되지 않는 것으로 정의될 수 있다.

비만이 발생할 정도로 과도한 먹을 것을 제공하는 것이 먹을 것을 적게 주는 것만큼이나 부주의한 돌봄이다.

동물에게 운동할 수 있는 기회를 제공하는 것은 개체가 기회의 이익을 얻는 것을 독려하는 것 없이 충분하지 않다.

동물매개치료에서 다른 문제는 동물이 나이를 먹기 시작할 때 일어날 수 있다.

치료활동에 포함되는 동물의 활동 시간은 단축 되어져야만 한다. 이것은 동물매개심리상담사와 치료도우미동물 둘 다에 조정과 분열의 원인이 된다. 치료도우미동물의 정신사회적 고려와 필요를 포함하는 우리의 생각들을 잘 짜이도록 돕기 위하여 가이드라인들이 고려를 위한 특정지침으로 공식화 되어져 왔다. 이러한 지침들은 작은 의료기관 뿐 아니라 대규모 기관 기초 프로그램에서 제공되는 동물매개치료 활동에 적용되어야 한다.

복지문제는 개와 같은 동물들이 보육원의 환경풍부화가 수행된 환경에서 길러지는 경우에도 발생할 수 있다. 최종 훈련을 위해서 수개월 동안 개별적으로 갇혀지는 경우에도 발생할 수 있다(Habrecht, 1995).

사회적이고 신체적 환경에 갑작스런 변화는 동물들에게 매우 큰 스트레스를 줄 수 있다 (Coppinger & Zuccotti) 그리고 그들의 복지에 대한 영향 뿐 아니라 성공적인 훈련과 장소를 결정하는 치료도우미동물들은 그들의 삶 동안 연속적인 주인과 핸들러와 관계를 맺는 변화된 상태 때문에 위험에 처해질지 모른다.

이러한 동물들의 대다수는 선천적으로 사회적인 개체들로 선택된다. 동물들은 내적으로 다른 개체들과 사회적인 상호반응을 찾으려고 동기 받는다.

그들은 그들의 파트너인 사람들과 강한 유대감을 갖는다. 다른 특성과 경험을 가진 다른 핸들러들과 연계를 참아내면서 소유를 위한 동기는 이러한 개체들에 특별히 스트레스를 줄지 모른다. 자유롭게 사는 동물들과 반대로 대부분의 치료도우미 동물은 시스템 안에 갇혀 지내야 한다. 그 곳에서 그들의 사회적 삶을 뛰어넘어 조정할 것이 거의 없고 즐겁지 않은 사회적 개입을 피할 수 없다.

그들의 사회적 신체적 환경을 극복하지 못하는 동물들은 신체적 정신적 건강에 부작용을 가질 수 있다(Hubrecht et al., 1992).

불행히도 동물매개치료 프로그램 계획자들과 실행자들은 때때로 동물의 요구 필요에 대한 지식이 부족할 수 있다.

수의사는 참여 동물의 건강유지와 백신을 통한 면역획득을 도와줄 수 있고 참여자들은 청소 먹이주기 물주기를 훈련자들은 하루 1시간 동안 행동을 조정해주고 기금모금, 기관장 누구든지 동물의 사회적 건강을 위해 특별한 책임을 다할 수 있다.

2) 치료도우미동물 선택과 양육

대부분의 가축은 길들여지지 않은 동물에 비교하여 스트레스를 주는 상황을 잘 인내한다. 심지어 완전히 갇혀있는 상황조차도 인내한다(Hemmer, 1990).

길들여지지 않은 품종은 훈련이 어렵고 훈련되어진 특성이 있어도 쉽게 잃어버린다. 유인원들과 같은 특정 품종은 지능이 높고 사회적으로 조절한다 (Cheney & Seyfarth, 1990).

이는 그들을 잠재적으로 사람들을 위한 사회적 동반자로서 신뢰할 수 없고 안전하지 않도록 만든다.

이러한 요소들의 모두는 길들여지지 않은 품종을 동물매개치료 프로그램에 덜 적합하다. 또한 더욱 복지 문제가 유발될 가능성이 높다. 이 점이 심각한 장애를 가진 사람들을 돕기 위해 원숭이를 훈련하고 사용하려고 노력하는 것을 설명해준다. 이런 경우에 이러한 프로그램들은 원숭이를 중성화수술과 외과적으로 견치를 발치하는 것이 도움을 줄수 있다. 원숭이들은 원격조정 전기충격 목줄을 입는 것이 요구되어지기도 한다. 이러한 이유는 동물의 잠재적인 공격성과 신뢰할 수 없는 행동을 조절하는 방법으로 사용하여 공급될 수 있다. 분명히 그러한 극단적인 도구들의 사용은 그러한 동물들을 이용하여 동물매개치료 프로그램을 운영하여야 하는지, 동물복지와 윤리적인 의문을 제기한다.

동물매개치료에 선택된 동물들은 그들의 행동을 다소 조정하여야 될 필요성이 있다. 그들은 길들여져야 하고 비자연적 기술을 가르쳐야 할 지 모른다. 이것은 스포츠와 사역견을 훈련시키는데 사용되어지는 다른 과정이다. 스포츠와 사역견은 보상을 제공하는 것으로 행동을 조정한다(Coppinger et al., 1998).

모든 가축이 치료도우미 동물이 되는데 적합한 것은 아니다. 사실상 개들이 장애를 가진 사람들을 위한 광범위한 일들을 수행하도록 믿을 만하게 훈련되어진 유일한 길들여진 동물일지 모른다.

그럼에도 개들 중에서 이런 동물매개치료 활동에 적합한 정도차이가 매우 크다.

청각도우미개와 같은 도우미개들은 보호소에서 선발되어질 수 있다. 많은 수의 그레이하운드가 치료도우미동물로 선택되어질 수 있다. 그 이유는 그레이하운드가 도우미 일에 가장 적합하기라 보다는 경주용 개로 선발된 개체를 제외하고 나머지는 안락사 되는 현실 때문에 배려되어지는 것이다. 이와 같이 동물의 사용에 유기견 보호소나 도태되는 동물의 이용이 동물복지 차원에서 유익한 것이다. 비록 동물매개치료 운영진에서 이러한 동물의 이용이 신뢰성에 의심을 갖는다. 최근에 도우미동물 단체들의 절반은 도우미 동물을 유기견보호소에서 산발하고 있다. 1년에 버려지는 4~5백만 두 중에서 적합한 개를 선발하는 것은 주요 문제이지만, 청각도우미와 치료도우미 개는 크기에 제한이 없기 때문에 선태에 제한을 줄여줄 수 있다. 그러나 아직 체계화된 과학적 선발 기준에 대한 연구가 없어 선발에 주관적 판단이 많이 작용하기 때문에 어려움이 있다.

3) 발달 상태와 과정의 주의 기울이기 실패

유전, 환경 발육 영향사이 차이를 고려한 많은 도우미 동물 프로그램들 중에 혼동이 있다. 예를 들어 고관절 이형성에 환경적 요인이 없다는 문헌을 볼 수 있다. (Orthopedic Foundation for Animals, 1998). 그러한 문장은 잘못되었다. 배아발달 관점에서 유전과 환경사이에 상호작용이 있다(Serpell, 1987). 고관절이형성은 유전적 인자에 발달 단계에서 여러 가지 환경요소들이 작용하여 일어나는 병적 현상이다.

많은 경우에 유전자 보다 오히려 환경이 보다 원인제공을 한다. 행동도 또한 그렇다.

생명주기의 후기에 겪은 경험보다 초기에 경험이 보다 큰 영향을 주고 오래 지속되는 것으로 알려져 있다 (Serpell & Jagoe, 1995). 이와 같이 초기 어린 연령의 환경요소가 중요함에 따라 도우미 개의 출생 후 8주를 보내는 곳에 대한 고려가 심각히 되어야 함을 알 수 있다.

소독이 잘된 견사는 어린 강아지의 취약한 면역 시스템에 위험 병원체를 제거하여 도움을 줄 수 있다. 또한 이 시기가 치료도우미견의 사회화에 중요한 시기이다. 훌륭한 도우미 개를 양육하기 위해서는 영향을 많이 주는 어린 연령 강아지의 외부 환경과 영향 요소 인자에 대하여 잘 조절해야 한다.

4) 부적절 또는 비인본적 훈련방법 사용

훈련은 외부 체벌과 외부 보상을 통하여 많이 이루어진다. 예를 들어 원하는 방향으로 이동하면 훈련 중인 개에게 보상을 해주고 원하지 않는 방향으로 이동하면 체벌을 하는 방식을 반복하면 지시에 의해 원하는 방향으로 이동하도록 개를 훈련시킬 수 있다. 이런 훈련 프로그램에서 2가지 중요한 열쇠가 자주 고려되어지고 있지 않다.

첫째 동반자로서 개가 성공적인 이유는 개들은 사람과 사회적 상호반응의 보상을 위한 작업에 준비가 되어 있다는 점이다.

둘째 특정 품종의 개들은 양치기 또는 사냥을 좋아하는 선천성 품성을 가지고 있으며 그런 행동에 보상을 필수로 하지는 않는다는 점이다.

치료도우미견 전문가들은 특정 임무를 수행하려는 내적 동기유발이 되지 않는 개를 훈련시키는 것은 어렵다고 한다.

사실상 훈련사들에게 주어진 문제는 개들을 단순히 지치게 하는 단시간 훈련방법을 중단해야한다는 점이다(Coppinger & Schneider, 1995).

5) 비현실적인 기대

치료도우미동물들이 그들의 이용자들을 위한 복잡하거나 신체적으로 요구되는 일들을 수행하도록 평상시 요구되어지는 것은 아니다.

반대로 치료도우미동물들은 복잡한 명령에 복종하고 복지문제를 위한 잠재성을 만드는 상대적으로 도전적인 신체 활동을 수행하도록 기대되어진다.

Coppinger 등(1998)은 어떤 치료도우미견 프로그램은 치료도우미견에 부담을 갖도록 비현실적인 기대를 내세운다고 하였다. 동물보호론자들은 치료도우미견이 휠체어를 끌거나 문을 열어주는 것이 치료도우미견에게 신체적 무리를 주고 반복하면 신체적 손상을 초래한다고 주장한다.

6) 잘못 설계된 장비와 시설의 사용

Coppinger 등(1998)은 치료도우미견들이 수행하는 요구 맡은 임무를 물리적 분석에 의해 장애인들이 사용하는 기구나 시설들에 의해서 도우미들이 다칠 수 있다는 점을 밝히고 있다.

예를 들어 휠체어를 끌거나 문을 여는 것을 수행하는 도우미 개들은 이가 손상되거나 신체 손상이 될 확률이 있다. 소음이 큰 시설에 사육된 도우미 개들은 청각에 장애가 유발될 수 있다(SAles 등, 1997).

7) 최종 사용자 문제

치료도우미견을 이용하는 사용자의 일부가 충분한 경험이 없거나 잘못된 지식을 가지고 있어 문제가 유발될 수 있다. 이러한 경우 사용자는 개들을 부적절한 명령과 체벌, 잘못된 형태의 보상 등이 주어질 수 있다 (Coppinger 등, 1998). Hines와 Frederickson(1998)은 치료도우미견에 적절한 훈련과 사용자에 대한 올바른 교육이 없으며 동물매개치료 활동효과도 좋지 않다고 하였다.

장애를 가진 사람들을 돕기 위해 훈련과 사회화된 동물들의 사용은 동물과 사람의 상호 이익이 되는 파트너십의 극대화라 할 수 있다. 그러나 종종 이러한 활동이 사람에 이익은 분명한 반면, 동물에 이익이 불분명한 경우가 있다(Serpell et al., 2006).

사실 동물매개치료 활동이 동물에 스트레스와 긴장을 주는 경우가 종종 발생한다. 이러한 점 때문에 우리는 동물매개치료 활동에서 일어날 수 있는 동물복지 문제점들을 살펴보고자 하였다. 그 결과, 다음과 같은 권장사항들을 고려하였다.

표 8-10. 치료도우미동물에 일어날 수 있는 동물복지 문제점들에 대한 지침

1. 동물매개치료 활동에 치료도우미동물을 육성하기 위해 특별한 사회와 행동 필요를 고려한 교육이 필요하다. 사회화 행동 박탈의 결과들을 회피하는 것뿐만 아니라 그들이 맡은 사회화 환경 자극의 정도를 극복하는 정도를 허용하는 것까지 둘 다 고려하여 교육이 필요하다.
2. 치료도우미동물을 양육하고 훈련하는 과정동안 보호자로부터 훈련사, 또는 핸들러에 보내지는 과정에 동물이 느낄 수 있는 사회적 유대감의 붕괴로 인한 스트레스를 경감시킬 수 있도록 미리 고려되어져야 한다.
3. 야생동물 재활프로그램과 같은 예외적 상황 이외에는 길들여지지 않은 종류들은 동물매개치료 활동에 사용하지 않는다. 유기견보호소에 수용된 동물들 중에서 적절한 치료도우미동물을 선택하여 육성하는 노력은 동물복지 측면에서 기여할 수 있다.
4. 치료도우미견의 현재상태가 부적합하면 동물매개치료 활동에 활용해서는 안 된다. 치료도우미동물은 발육단계에서부터 활동에 적합하게 육성될 수 있도록 주의를 기울여 육성해야만 한다.
5. 치료도우미동물의 훈련에 체벌이나 스트레스를 주는 훈련법을 사용하지 않도록 대체 훈련법이 개발되어져야 한다.
6. 동물복지를 향상시킬 수 있는 동물친화적 장비들과 동물시설들이 계획되고 구축되어져야만 한다.
7. 치료도우미동물들의 적절한 돌봄에 대하여 치료도우미동물 최종 사용자인 펫파트너와 동물매개심리상담사에 대한 지속적인 교육 프로그램이 이루어져야만 한다.

III

치료도우미견의 행동 및 복지 평가

학습목표 1. 치료도우미견 행동을 이해할 수 있다.
2. 치료도우미견 복지를 평가할 수 있다.

1. 치료도우미동물들의 행동 및 복지 평가

동물들 또한 고통, 두려움, 스트레스, 신체적 손상을 피하고 싶어 하고 종류에 따라 특성이 다르지만 동물들 자신의 필요와 욕망과 목표를 찾아 살고 싶어 한다(Serpell et al., 2006).

사람과 동물의 필요와 요구되는 이해가 충돌되는 경우 도덕적 윤리 문제들이 발생한다. 사람들의 동물 이용이 동물에게 고통과 두려움, 손상을 입히거나 동물들이 그들 자신의 필요와 목표를 희생하게 되는 경우 이러한 충돌이 생긴다. 지난 10년 이상 동안 동물매개치료와 동물매개활동에서 Delta society(현재 Pet Partners)와 같은 단체들은 활동에 포함되는 동물들의 스트레스와 손상을 최소화하기 위하여 노력해왔다 (Hines & Fredrickson, 1998).

1) 치료도우미동물 행동학

(1) 개의 생리 상태

개의 정상 생리 상태는 〈표 8-11〉과 같다. 스트레스를 받는 경우, 이와 같은 정상 생리 상태와 다른 현상을 보이게 된다.

표 8-11. 건강한 개의 상태

식욕 및 원기	귀의 움직임이 활발하고, 식욕이 왕성하며, 외부자극에 민감하다.
보행	걸음걸이가 활기차고 자세가 바르다.
체온 및 맥박	평균정상 체온은 38~39℃내외이며, 정상맥박은 70~120회/분, 호흡수는 20~25회/분이다.
비만정도	몸이 풍만하고 좌골단의 뼈를 감지할 수 있다.
동작	꼬리의 움직임이 활발하고, 눈은 충혈되지 않으며 움직임이 활발하다.
비경 및 점막	비경은 점액이 나와 축축하게 젖어있고, 콧구멍과 눈꺼풀 안의 점막은 붉지 않으며 입안에는 거품이 흐르지 않고 점막에 궤양이 없다.
피부와 피모	피모는 윤택하고 밀도가 높으며 피부의 탄력이 좋다.
배변상태	변은 설사나 변비가 아니며, 오줌에는 피나 점액이 없고, 항문과 외음부가 깨끗하다.

(2) 개와 고양이의 감정과 자세

동물매개치료에 이용되는 치료도우미동물은 얼굴 표정, 눈빛, 자세, 소리로 자신의 상태와 다음 행동을 나타낸다. 동물도 본능적으로 생존하려는 욕구가 있기 때문에 일차적인 두려움과 공격성을 가지며 이차적인 감정인 애정과 슬픔, 고통과 같은 감정이 있고 표현한다. 치료도우미동물로 널리 이용되는 개와 고양이의 감정과 자세는 다음과 같다.

표 8-12. 개의 감정과 자세

구 분		표정과 자세
부정적 행동	공격적	• 귀를 앞으로 세우고 귀를 당겼다가 내리면서 공격한다. • 눈은 고정된 채로 상대를 주시한다. • 입술은 올라가며 입을 벌리고 콧등에 주름이 생긴다. • 머리는 높이 들어 올리고 몸이 경직되며 긴장한다. • 몸의 중심을 앞쪽으로 기울이며 공격 자세를 취한다. • 털을 엉덩이부터 목까지 세운다. • 앞다리는 공격 방향으로 향한다. • '으르렁' 거리는 소리를 낸다.
	공포심 (두려움)	• 귀를 뒤로 눕혀 내리면서 눈을 크게 뜨고 고정되어 있다. • 머리를 조금 숙이고 입이 약간 열려있다. • 털은 목 위로 세워져 있다. • 몸의 중심이 뒤쪽에 있고 꼬리를 다리사이에 넣는다. (그레이하운드는 예외임) • 덜덜 떨고 소변을 자주 눈다. • 도망치려고 준비하며 우는 소리를 낸다.
	복종적	• 귀와 눈을 아래로 내리고 있다. • 머리를 숙이고 뒤로 당겨 수평을 이룬다. • 털이 아래로 향하고 꼬리를 흔들거나 내린다. • 우는 개도 있다.

구 분		표정과 자세
	수동적	• 머리를 내리고 귀가 쳐진다. • 꼬리를 바짝 붙이고 옆으로 누워 있다. • 소변을 눈다.
긍정적 행동	활동적 (쾌활)	• 귀가 올라가 있고 눈의 움직임이 활발하다. • 털이 몸에 편평하게 약간 뒤쪽으로 향해 있다. • 입은 긴장감이 없다. • 앞발을 들어올리기도 한다. • 꼬리를 위로 향하고 크게 흔든다. • 헐떡거리기도 하고 짖거나 울기도 한다.
	신중함	• 귀를 세우고 눈을 자주 움직인다. • 머리를 올리고 긴장감이 없다. • 털이 편평하고 균일하게 분포되어 있다. • 꼬리는 수평을 이루고 천천히 좌우로 움직인다. • 울거나 짖는 소리를 내지 않는다. • 눈을 지그시 감고 긴장을 풀고 편안한 자세를 취한다.

[출처] Delta society, 현재 Pet Partners (2000).

표 8-13. 고양이의 표정과 자세

구분			표정과 자세
공포심 두려움			• 긴장감이 있고 땅에 엎드려 웅크리고 있는다. • 귀를 뒤로 붙이고 머리보다 낮게 내린다. • 눈의 동공이 커지고 상대를 강하게 응시한다. • 콧수염을 뒤로 젖히고 꼬리를 활발하게 움직인다.
부정적 행동	공격성	방어적	경우에 따라 공격성을 보인다.
			귀를 뒤로 붙인다.
			동공이 확대되고 강하게 응시한다.
			등을 구부리고 동작이 빨라진다.
			앞발을 들고 땅을 내리친다.
			이를 드러내고 성난 소리를 낸다.
		공격적	공격의향을 보인다.
			귀를 높이 세우고 머리를 천천히 돌린다.
			눈의 동공이 수축되고 목표물을 주시한다.
			콧수염이 앞으로 펼쳐진다.
			털이 등에서 꼬리까지 세워진다.
			몸이 길게 펴지고 발톱을 내밀면서 앞발을 올린다.
			입술이 위축된다.
	복종적		귀를 뒤로 붙이고 턱을 앞발 사이에 넣는다.
			눈을 아래로 내리고 눈맞춤없이 동공이 작아진다.
			눈꺼풀이 감기고 콧수염을 얼굴쪽으로 향하게 한다.
			꼬리를 내린다.

[출처] Delta society, 현재 Pet Partners (2000).

2) 치료도우미견이 스트레스를 받았을 때 이를 어떻게 알 수 있을까?

치료도우미견을 관리하는데 있어 스트레스에 대한 반응을 정확하고 신속하게 인지하는 것은 매우 중요한 요소 중 하나이다. 개들은 자신의 스트레스를 몸짓언어(body language)로서 표현하는 것이 일반 적이기 때문에 〈표 8-14〉의 증상을 주의 깊게 관찰하여 대응해야 될 것이다.

표 8-14. 치료도우미견의 스트레스 증상

• 팬팅(헐떡거림, Panting) 및 침흘림	• 강박행동
• 탈모	• 설사, 장운동 과다
• 오줌 지림	• 입술 핥기
• 기침	• 재채기
• 동공확대	• 떨기
• 몸 흔들기	• 하품
• 울음	• 물건 물어뜯기
• 으르렁거림	• 발바닥 땀 증가(바닥에 땀 발자국)
• 행동 감소 또는 과다	• 반복적인 발톱 긁기 및 핥기
• 눈 맞춤 회피하고 멍하게 있음	• 식욕 감소
• 보호자 또는 핸들러 뒤에 숨기	• 가구 밑에 숨기

[출처] http://cwanimalbehavior.com

개가 혀를 내 놓고 헐떡이며 침을 흘리는 현상은 일반적으로 가장 쉽게 관찰 가능한 현상인데, 보통 생리적인 체열 발산(날씨가 덥거나 운동을 할 때 특히 심함)과 스트레스를 받은 경우에 병적으로 나타난다. 특히, 시추, 퍼그, 불독 그리고 페키니즈 등과 같은 단두종(brachycephalic dog breeds)인 경우에 심하다. 건강상의 병적으로 헐떡임이 심한 이유는 선천성 심장질환, 빈혈이나 일산화탄소 중독과 같은 혈액학적 질병, 호흡기계 문제(특히 상부기도 또는 하기부기도의 합병증), 호르몬 이상(갑상선기능저하증, 쿠싱병), 기타 통증, 출혈, 발열 증상 등과 밀접한 관련이 있다.

표 8-15. 치료도우미동물의 스트레스 반응

개	• 불안해한다. • 몸을 흔든다. • 헐떡거리고 침을 흘린다. • 눈동자가 커진다. • 지나치게 눈을 깜박 거린다. • 주의 산만하고 혼란스러워 한다. • 눈 맞춤을 피한다. • 하품을 자주한다.	토끼	• 몸이 경직되고 꼬리가 올라간다. • 눈이 커지고 흰자를 많이 보인다. • 귀를 뒤로 젖힌다. • 울음 소리를 낸다. • 사람을 피한다. • 호흡이 빨라진다. • 입술을 핥는다. • 접촉을 피한다.

	• 털이 많이 빠진다. • 울음소리를 낸다. • 입술을 핥는다. • 사람을 피한다. • 자리를 피한다. • 명령에 따르지 않는다. • 배뇨현상을 보인다.		
고양이	• 주의가 산만하고 불안해한다. • 사람에게 매달린다. • 수동적으로 행동한다. • 명령에 따르지 않는다. • 방어적 태도를 가진다. • 털이 많이 빠진다. • 눈동자가 커진다.	**새**	• 깃털을 곤두세운다. • 사람을 피한다. • 배설하는 횟수가 증가한다. • 쪼는 행동을 반복한다. • 멀리 쳐다본다. • 평소와는 다른 소리를 낸다.

출처 : Delta society, 현재 Pet Partners (2000).

3) 치료도우미동물의 스트레스 대처 방안

동물이 이상행동을 나타낼 때는 그것이 스트레스 때문인지 주위 환경의 영향인지를 파악해 보아야 한다. 예를 들어 너무 덥거나 갈증을 느낄 때도 헐떡거리는 증상이 나타난다. 동물이 스트레스로 말미암은 증상이 나타날 때 취할 수 있는 조치는 〈표 7-16〉과 같다(Delta society, 현재 Pet Partners, 2000).

표 8-16. 치료도우미동물의 스트레스 대처 방안

1	즉시 분리하고 쉬도록 하여 안정시킨다.
2	증상이 없어질 때까지 매개치료를 중단한다.
3	자주 증상이 나타날 때는 정밀검사를 하여 적합성 여부를 판정한다.
4	나이가 많은 동물은 은퇴시킨다.
5	치료 활동 후에는 몸을 가볍게 마사지해 준다.

4) 치료도우미견의 활동 시 동물복지 고려

치료도우미견과 시설을 방문하여 활동을 수행함에 있어 가장 중요한 것은 치료도우미견의 복지상태를 고려하는 것이 가장 우선되어야 한다.

치료도우미견이 스트레스 징후가 나타나면 즉시 활동을 중단하고 휴식을 취하게 하면서 그에 대한 불만 표시나 실망하지 말고 더욱 긍정적인 보상과 함께 칭찬을 하고 즐겁게 치료 활동에 함께 임하도록 조치를 강구해야 할 것이다.

또한 훈련 과정에서 미리 활동 전, 후에 치료도우미견이 가장 좋아하는 것과 싫어하는 것을 확실하게 상기할 수 있게 훈련을 하고, 상황에 따라 대처를 하면서 부정적인 판단보다 더 잘할 수 있을 것이라는 긍정적인 생각으로 즐겁게 개와 활동에 임하되, 중간에 치료도우미견이 피로나 활동 거부를 할 때는 즉시 이후 활동계획을 중단하고 휴식을 취하여야 한다. 또한 치료견의 활동시간은 45분 전후가 가장 적합하며, 시간은 처음에는 20분 정도에서 점차 늘려가는 것이 바람직하다. 그러나 항상 기억할 것은 치료활동이 개에게 즐거워야하고 다음에 또 기대감을 가질 수 있게 활동에 대한 동기부여가 확실히 되어야 한다.

한편, 치료 활동을 수행함에 있어 급격한 환경변화나 활동 방법이 바뀌지면 개에 혼란이 되기 때문에 일관성을 갖추어야 하고, 항상 치료도우미견의 행동 변화를 유심히 관찰하여 한다. 또한 정기적인 건강 검진과 위생 안전에 주의를 기울여야 된다.

표 8-17. 동물매개 치료활동 시 동물복지 고려

요구분야	지표 내용
동물복지	• 공간(활동 공간 및 휴식, 일상생활 공간 등) • 보호관리(건강위생; 피부-피모 관리, 백신 및 구충 등) • 영양관리 • 적절한 놀이와 휴식 안정화 • 기본적인 생리적 욕구와 행동의 자유 해결
동물매개심리상담사	• 펫파트너 자질과 소양 • 생명윤리와 동물사랑 • 기본예절과 대인간 소통능력 • 심리학적 기초소양 • 동물에 대한 이해와 케어능력

5) 동물복지 평가를 위한 과학적 접근 방법

동물복지를 평가하는 일이 매우 중한 요소인 것을 모두 잘 알고는 있지만 지금까지 동물의 복지를 잘 먹고 잘살 수 있게 보장 하는 일 정도로 예측할 뿐 명백한 기준이 설정되지 못하고 있다. 따라서 Agostino sevi(2009)는 동물기반의 복지측정의 경우 각종 스트레스에 대한 동물들의 반응이 개체별로 이전 경험이나 유전적인 특성 그리고 생리적 상태에 따라 모두 달라지기 때문에 매우 복잡하다고 주장하였다.

동물복지를 평가하기 위해서는 다양한 학문적인 접근방법이 요구되는데 번식, 행동학, 내분비모니터링, 면역 및 병리학 등의 각종 매개변수가 완전하게 신뢰성을 가져야 될 필요성이 있다.

복지평가를 위한 핵심적인 요소들로 생물학적 효율성, 행동검사에 대한 반응성, 스테로

이드 호르몬 분비, 백혈구 반응(임파구와 호중구의 비), IgG생성 및 사토카 인 분비능, 염증반응(체세포수나 C-RP 등) 등을 중심으로 조사를 한다.

사람과의 친밀성(관계) 즉, Human-animal interaction과 BCS(body condition score), 피부와 모발 상태, 청결, 파행(lameness), 상처 그리고 행동이상 등이 농장에서의 복지평가 주된 요소가 된다.

6) 동물매개치료 활동에 있어 기초 소양 교육

동물매개치료는 동물과 사람이 함께 환자를 대상으로 하는 심리적인 안정과 치료 효과를 증대하는데 목적이 있기 때문에 사전에 대상자의 요구를 충분히 이해하기 위한 선행조사, 해당 전문가(의사 및 간호사 등) 및 보호자와의 충분한 소통이 이루어진 후 동물매개치료를 위한 프로그램 안을 작성하여 체계적인 접근이 이루어져야 할 것이다. 동물매개치료를 수행함에 있어서 수단이 되는 치료도우미견에 대한 사전 훈련과 동물복지에 기초한 동물매개심리상담사의 소양교육이 반드시 수반되어야 한다. 〈표 7-18〉은 Assistance Dogs Europe(ADE*u*)에서 제공한 동물매개치료 활동 펫파트너에 대한 최소한의 기준이다. 동물매개치료 활동에 참여하는 펫파트너는 치료도우미견과 참여하는 사람 모두에게 존경과 감사하는 마음으로 참여하는 것은 물론 동물복지적인 관점에 치료도우미동물의 건강과 안정화를 위해 노력할 것을 강조하고 있다.

표 8-18. 공인된 치료도우미견과 함께 활동하는 펫파트너의 최소한의 기준

자질을 갖춘 펫파트너는 아래 내용에 대한 책임을 져야 한다.

1. 활동에 참여하는 개를 존중하고 사랑을 가지고 다루어야 한다.
2. 프로그램에 참여하는 모든 대상자와 기관 스텝들을 존중하는 마음으로 대하여야 한다.
3. 활동에 참여하는 개의 자연적 행동을 유지해 주어야 한다.
4. 활동에 참여하는 개의 배설물을 깨끗이 치워야 한다.
5. 요구되어지는 적합한 신분증을 가지고 있어야 한다.
6. 활동에 참여하는 개는 잘 미용이 되고 잘 관리되어져야 한다.
7. 활동에 참여하는 개의 건강을 잘 유지해주어야 한다.
8. 활동에 참여하는 개의 정기 건강검진과 예방접종을 실시해야 한다.
9. 활동에 참여하는 개는 목줄을 해야 한다.
10. 활동에 참여하는 개는 프로그램 수행 과정 동안에 통제될 수 있고 편안하게 유지될 수 있도록 해주어야 한다.
11. 활동에 참여하는 개는 적절한 훈련을 마치고 수의학적 평가를 받아 인증을 받고, 유지될 수 있도록 관리하여 정기적인 재평가를 통과하여야 한다.
12. 활동에 참여하는 개는 자신의 보호자와 팀워크를 형성하고 펫파트너 인증을 받도록 한다.
13. 펫파트너는 인증된 개의 공적 활동에 대한 책무를 이해하고 개인적인 욕심에 의한 활동을 자제하여야 한다.

[출처] Assistance Dogs Europe; ADEu

7) 동물복지 평가

동물매개치료는 다른 대체의학적 방법과 다르게 살아있는 동물이 중재의 도구로 활용되기 때문에, 동물복지를 준수하도록 노력하여야 한다. 한국동물매개심리치료학회에서는 〈표 8-19〉과 같은 동물복지 평가서를 마련하여 모든 동물매개치료 활동 시, 치료도우미견의 복지가 지켜지고 있음을 확인할 수 있도록 하고 있다.

표 8-19. 한국동물매개심리치료학회 동물복지 평가서

동물복지 평가서

년　　월　　일

1. 동물매개치료 회기 전 동물복지 평가

	Yes	No	평가
회기 30분 전에 내담하고자는 시설에 도착하였는가?			
도착하여 충분한 휴식을 취하고 있는가?			
휴식을 취할 시 물 급여와 사료 급여는 충족되었는가?			
휴식을 취하며 대소변을 볼 수 있게 해주었는가?			
휴식을 취하는 공간이 너무 좁지는 않은가?			
스트레스를 줄 수 있는 자극은 없었는가?			

2. 동물매개치료 회기 중 동물복지 평가

	Yes	No	평가
회기를 시작하며 내담자와 첫 대면 시 자극요인은 없었는가?			
내담자가 회기 중에 동물을 꼬집지는 않았는가?			
내담자가 동물의 털을 세게 잡아당기지는 않았는가?			
내담자가 동물의 신체를 때리지는 않았는가?			
내담자가 동물에게 함부로 대하지는 않았는가?			
내담자가 소리를 지르며 동물의 학대하진 않았는가?			
회기 중에 물 급여와 대소변 문제를 해결해 주었는가?			
동물이 스트레스를 받아 힘든 경우 휴식 시간을 주었는가?			
동물이 스트레스를 심하게 받을 때 프로그램을 중단했는가?			
주위 환경이 동물에게 스트레스를 주는지 파악되었는가?			
기본 복종훈련 반복 시 스트레스 정도를 평가할 수 있는가?			

3. 동물매개치료 회기 후 동물복지 평가

	Yes	No	평가
회기 후에 충분한 휴식을 취할 수 있게 도와주었는가?			
물 급여와 사료급여, 간식 급여를 해 주었는가?			
스트레스로 인한 증상을 파악하고 평가하였는가?			
신체 이상 시 즉시 동물병원으로 진료를 받으러 갔는가?			

※ 1,2,3의 동물복지 평가에 의하여 치료도우미동물(　　)의 동물매개치료 회기에 동물복지가 이루어지고 있음을 인정합니다.

20　년　　월　　일

담당자　　　　　　　(인)

Chapter 09

치료도우미의 위험요소 관리

Ⅰ. 위험요소 관리

I

위험요소 관리

학습목표 1. 동물매개치료 과정의 위험 요소를 알 수 있다.
2. 위험 요소의 예방 및 관리 방법을 알 수 있다.

1. 동물매개치료 과정의 위험 요소

AAA/AAT의 최대 걸림돌은 동물로부터 올 수 있는 전염병인 인수공통전염병 (zoonosis), 전염병 문제 등의 안전성이다. 개와 고양이로부터 감염될 수 있는 주요 인수공통전염병의 종류와 특징은 Table 1과 같다. 1997년에 Emmett는 AAT 프로그램 수행으로 "질병이 전염된 보고 사례는 없다"고 하였다 (Emmett, 1997). AAA/AAT 과정동안 핸들러들은 환자와의 접촉을 위하여 비누를 가지고 손을 철저히 씻어야 한다. 치료도우미 동물 또한 예방접종 프로그램에 따라 최근 백신이 접종되어야 하고 질병이나 기생충이 없도록 철저한 관리가 필요하며, AAA/AAT 활동 전 24시간 안에 목욕을 시키도록 한다. 치료도우미 동물은 항상 활동사가 조절할 수 있도록 목줄이나 이동장을 사용하여 제한되어져야 한다. 본 논문에서는 AAA/AAT를 수행하는 동안에 발생할 수 있는 위험요소의 분석과 이에 대한 대응 지침의 마련에 대하여 알아보고자 한다.

AAA/AAT의 최대 걸림돌은 동물로부터 올 수 있는 전염병인 인수공통전염병 (zoonosis), 전염병 문제 등의 안전성이다. 개와 고양이로부터 감염될 수 있는 주요 인수공통전염병의 종류와 특징은 Table 1과 같다. 1997년에 Emmett는 AAT 프로그램 수행으로 "질병이 전염된 보고 사례는 없다"고 하였다 (Emmett, 1997). AAA/AAT 과정동안 핸들러들은 환자와의 접촉을 위하여 비누를 가지고 손을 철저히 씻어야 한다. 치료도우미 동물 또한 예방접종 프로그램에 따라 최근 백신이 접종되어야 하고 질병이나 기생충이 없도록 철저한 관리가 필요하며, AAA/AAT 활동 전 24시간 안에 목욕을 시키도록 한다. 치료도우미 동물은 항상 활동사가 조절할 수 있도록 목줄이나 이동장을 사용하여 제한되어져야 한다. 본 논문에서는

AAA/AAT를 수행하는 동안에 발생할 수 있는 위험요소의 분석과 이에 대한 대응 지침의 마련에 대하여 알아보고자 한다.

1) 동물매개치료에 관한 수의학적 지침

치료도우미동물은 활동 중 돌발 상황과 같은 예기치 않은 가해와 사고에 의한 상해를 입을 수 있다. 인수공통감염병은 동물매개치료에서 수의사의 철저한 감독과 소독 및 예방조치를 받지 못한다면 참여 대상자들과 핸들러에게 감염되고 건강의 문제를 유발할 수 있다. 또한 참여 대상자들이 치료 도우미 동물에 대한 특정 알레르기 반응은 문제의 소지가 있기 때문에 사전에 철저하게 준비되고, 알맞은 동물을 선택해야 한다.

최근에는 동물매개치료 적용기관에서 수의사를 고용하여 치료동물의 건강상태, 치아관리, 피부건강, 목욕의 적합성 여부, 기생충이나 전염병의 여부를 정기적으로 검사하고 있다. 외국의 동물매개치료를 적용하는 병원의 치료 도우미동물은 이러한 과정을 거쳐서 활동하고 있다(Gerhardt, 2000). 따라서 건강의 위해가 고려되는 동물은 동물매개치료 프로그램에 참가할 수 없다. 또한, 동물에게 위해를 가하는 환자라고 판명되는 경우에도 도우미 동물의 복지에 따라서 동물매개치료 프로그램에 대상이 참가하지 않게 판단한다. 치료 활동에 이용되는 모든 동물은 신체적 정신적 둘 다에서 학대, 불편, 스트레스로부터 자유로워야 한다. 매개치료 상황에서 매개치료 동물의 특성을 잘 파악한다면 동물이 나타내는 행동을 관찰하며 필요한 조치를 대비할 수 있다. 그러므로 동물매개치료 활동을 효과적으로 수행할 수 있으며 위험을 사전에 예방할 수 있다. 매개치료동물은 동물매개치료의 프로그램 종류에 따라서 차이는 있으나 도우미동물의 가장 큰 복지문제는 스트레스가 대부분이기 때문에 인간과 동물의 상호복지를 위한 동물매개치료의 치료 도우미동물의 수의학적 질병과 스트레스 인식과 관련된 위험요소의 가이드라인을 제시하고자 한다.

(1) 미국의 동물매개치료 수의사 역할

미국의 동물매개치료 활동에서 수의사는 활동 동물들의 건강과 복지를 모니터링 하는 역할을 담당하게 된다. 수의사는 활동 동물들의 수용시설과 건강, 돌봄 및 행동에 대한 기준의 질문들에 조언할 수 있으며, 인수공통감염병을 예방할 수 있기 때문에 중요한 역할을 담당하고 있다(김옥진, 2012). 특히 동물매개치료 수의사의 역할은 치료 도우미동물의 건강에 미치는 영향에 대한 과학적인 이론의 제시와 평가와 기록을 위한 프로그램에 조언자의 역할을 수행할 수 있다. 미국의 동물매개치료는 수의사의 참여로 전문적인 지식을 가지고 활동에 참여하는 치료 도우미 동물들의 건강과 복지에 대하여 모니토링하며, 사람에게 전염될 수 있는 인수공통감염병의 문제에 대해서 사전에 예방하는 역할을 수행할 수 있어서 동물매개치료의 위험성을 배제하는 큰 조력자로 평가된다.

동물매개치료에서 발생하는 인수공통전염병의 문제점을 예방하기 위해서는 환자와 동물의 전염병 검사, 전염병 관리에 대한 지침 및 발생한 사고와 상해에 대하여 즉시 보고할 수 있는 프로토콜이 첨부된 지침이 문서화 되어야 한다(Schantz, 1990). 수의사는 이러한 치료 도우미 동물의 대상에 알맞은 적합성의 평가와 전염병 예방 등의 건강관리의 역할을 담당 할 수 있다.

수의사는 동물매개치료 도우미동물의 적합성에 대한 프로토콜을 제시 할 수 있다. 치료 도우미동물은 성격이나 행동에 대한 평가를 거쳐서 선발되고 훈련되어야 하고, 치료동물은 환자를 위한 특수 치료기구들에 접근하지 않고, 알약 등을 먹지 않도록 훈련되어야 한다(Dossey, 1997).

미국의 동물매개치료 도우미 동물에게 제시하는 수의사의 지침에 따르면 치료 도우미동물은 기생충 검사와 피부병에 대한 검사와 처치를 철저하게 받아야 하고 필수적으로 요구되는 예방접종이 이루어져야 한다. 미국의 치료 도우미동물은 공식적인 선발을 통해 자격증을 받은 치료 도우미 동물만 요구된다.

치료 도우미동물은 병원 내 환자의 음식 준비 또는 서비스를 위한 구역에는 제한을 받게 된다. 전염병 관리 과정은 치료동물과 접촉한 사람은 손을 철저하게 씻는 것을 원칙으로 한다.

또한 목표의 성취도를 평가하고 환자의 필요에 더 적합한 동물매개치료활동 프로그램을 개발하기 위한 평가를 하는 것도 수의사의 역할이다(Barba, 1995). 동물매개치료 활동에 대한 평가는 환자의 신체적 개선도 중요하지만, 정신적 개선의 결과에 중점을 두고 평가해야 한다(Findling, Pohlmann & and Rose, 1980).

표 9-1. 미국 동물매개치료 수의사의 역할

외국
• 동물매개치료 도우미동물의 건강과 복지의 모니토링 • 수용시설과 건강, 돌봄과 행동에 대한 지침 • 인수공통감염전염병 예방 • 동물의 건강증명서 발급 • 모든 활동에 한명 이상의 수의사를 포함

표 9-2. 치료도우미 동물에 관한 지침

1	동물매개치료에 참여하는 치료동물은 등록되어 있어야 한다.
2	치료도우미 동물은 건강, 태도, 성격, 훈련에 대한 검사를 통과하여야 한다.
3	치료도우미 동물은 건강하여야 하고 최근까지 예방접종이 빠지지 않고 접종되어있어야 한다. 자격증을 가진 수의사에게 의한 치과 검사와 피부병에 대한 검사를 포함한 건강검사를 반드시 매년 실시하여야 한다.

4	치료도우미 동물의 건강에 대한 검진 기록이 작성되어 보관되어야 한다.
5	치료도우미 동물은 병원 내 이동이나 병원 밖으로 이동 시 이동장을 이용하거나 짧은 목줄로 통제가 가능하도록 한다. 치료동물은 식별할 수 있는 목줄을 하도록 한다.
6	방문 전 치료도우미 동물은 알레르기 원인 물질을 줄여주는 성분이 함유된 샴푸를 사용하여 목욕을 시키도록 한다.
7	가정의 반려동물이 방문할 경우에는 진행 담당자에 의한 주의사항을 들어야 한다. 방문에 참여하기 전에 위생과 행동에 의한 지침이 필요하다.
8	치료도우미 동물이 환자와 만날 때는 반드시 1인 이상의 진행담당자, 핸들러, 병원스텝 등의 동물매개치료 프로그램 구성원이 함께 있어야 한다.

표 9-3. 전염관리

1	동물매개치료 프로그램으로 유발될 수 있는 전염관리에 관련되는 정책과 과정의 지침서를 개발하여야 한다.
2	동물매개치료 참여 구성원들에게 전염병 예방 및 관리 훈련을 제공하여야 한다.
3	새로운 동물매개치료를 진행하기 전 검토와 허가를 수행한다.
4	환자와 치료도우미 동물 사이에 발생할 수 있는 결과의 형태를 예상하고 전염병의 예방의 조언을 제공한다.
5	방문하는 치료도우미 동물의 질병에 관련된 지침을 개발한다.
6	위생장갑, 소독제, 손 세척을 위한 물품을 구비하고 항시 준비를 지시한다.
7	동물매개치료 프로그램 동안 발생할 수 있는 상해와 사고를 미리 예측하고 예방한다.
8	최근 인수공통전염병 등이 발병한 구역에 대한 주의와 프로그램 진행담당자에게 조언한다.
9	동물매개치료 참여 구성원들에게 사전에 조사해야 할 검사와 샘플링을 조언해준다.
10	동물매개치료 활동 동안 전염병과 사고에 관련되는 업무일지를 작성한다.

표 9-4. 동물매개치료 참여하는 환자의 권장사항

적합한 참여 대상 환자	참여가 부적합한 환자
장기 입원 환자	비장적출환자, 개의 침에 상재하는 dysgeni fermenter type 2에 감수성이 높아져 패혈증을 유발하게 된다.
울혈성 심장 질환, 심근경색 증 환자, 노인성 질환	개 알레르기가 있는 환자
장기이식 환자를 포함하는 면역저하 환자의 경우에는 의사의 동의를 구해야 한다.	결핵이 있는 환자
병원 스텝 또는 동물매개치료 진행 담당자가 환자의 적합성을 결정한다.	원인불명의 발열 환자
환자의 상처는 동물매개치료 프로그램 동안 반투과성의 붕대를 이용하여 상처부위를 덮도록 한다.	항생제내성균 감염환자

표 9-5. 동물매개치료 환자의 적합성 판단기준

적합성 판단 기준 (Eligibly Criteria)	**금기** (contraindications)
의식이 혼미하거나 무의식 환자의 경우에는 보호자의 동의가 필요하다.	• 동물에 알러지 반응이 있는 환자 • 개방 창상 또는 화상환자 • 개방 기도절개술 환자 • 면역저하환자 • 흥분 또는 공격성 환자 • 격리 병동 환자 • 동물에 대한 공포감을 가지고 있는 환자
상처나 화상 환자는 치료동물의 방문 때 상처나 화상 부위가 치료동물과 직접 접촉이 되지 않도록 보호되어야 한다.	
기관절개술을 받은 환자는 산소공급장치 등이 직접 접촉되지 않도록 치료동물과 보호되어야 한다.	
집중치료를 받는 중환자의 경우 환자와 장비들에 주의하여야 될 사항에 대하여 담당 간호사의 충분한 안내를 받아야 한다.	
아동 환자의 경우 보호자로부터 방문에 대한 구두 동의와 치료에 대한 동의서를 받아야 한다.	

표 9-6. 병원지침

1	치료 도우미동물은 병원의 감염관리부서에서 출입을 제한하는 구역에 출입해서는 안 된다.
2	동물매개치료 프로그램 활동 과정 동안 치료 도우미 동물의 배변과 배뇨현상에 대해서 즉시 관리하고 소독제 등을 미리 준비한다.
3	프로그램 과정동안 치료 도우미동물의 접촉 전후 손을 씻고 위생관리를 하여야 한다.
4	환자가 입원 전에 키우던 반려동물의 방문이나 치료도우미 동물의 방문은 병원 동의를 받은 접견실에서 전염병 관리에 안전하게 진행되어야 한다.
5	상처를 가진 환자들은 치료 도우미 동물과의 직접접촉을 막기 위하여 시트 등을 준비한다.
6	치료 도우미동물이 방문 시간은 동물의 상태와 환자의 요구에 따라서 정한다.
7	프로그램 진행 담당자는 모든 동물매개치료 프로그램 활동 과정 동안 방문을 모니토링 하도록 한다.

표 9-7. 확인사항대조표

1	동물매개치료의 필요성에 대하여 현재 존재하는 다른 치료와 조화롭게 진행되는가를 평가한다.
2	실제적이고 측정 가능한 목표를 정하고 동물매개치료가 실현이 가능한 정도로 훈련의 정도와 시설기관의 재정과 요건을 파악한다.
3	프로그램을 진행하려는 시설의 담당자에게 허락을 취득하고 프로그램을 제작할 때 충분히 상의한다.
4	프로그램을 적용하려는 대상자들의 신체적 정신적 문제를 사전에 검토하자.
5	수행하고자 계획하는 시설의 기존의 동물들과 관련된 규칙을 확인하자.
6	활동 동물들의 거주시설이 복지와 위생이 확립되어 있는지 검토하자.
7	동물매개치료 운영자와 핸들러에게 치료 도우미 동물의 훈련과 관련된 프로토콜을 개발하여 지침 하도록 하자.
8	인수공통감염병의 위험도를 평가하고 발생 위험도를 사전에 최대로 예방하는 방법을 개발하자.
9	프로그램 수행 후 성공과 실패를 평가하자.

동물매개치료의 적용에 가장 큰 고려사항은 많은 의료 전문가들이 의료시설에 치료 도우미동물의 반입을 반대한다는 것이다. 특히 면역 저하 우려가 있는 환자는 큰 반대를 겪게 된다. 이러한 반대는 인수공통전염병에 대한 염려가 크기 때문이다. Hines(1996)는 동물매개치료 과정 동안에 발생하는 인수공통전염병은 문서화로 만들어진 지침으로 위험을 감소시킬 수 있다고 말했다. 동물매개치료에 대한 외국의 현황은 엄격한 치료동물의 선발과 훈련, 및 핸들러가 지켜야 할 지침서를 수의사의 조언에 따라서 갖추고 있다. 그뿐만 아니라 병원에 일반 반려동물이 방문하였을 때 의 지침서를 갖추고 있다. 인수공통전염병에 대한 염려는 수의사에 의한 도우미동물의 정기적인 예방접종, 월 1회 내부기생충 구충, 정기적으로는 외부기생충 예방 및 검사, 알레르기 감소 물질 함유 샴푸로 정기적 목욕 등의 지침서 내용을 따르면서 최소화시킬 수 있다.

미국의 많은 병원은 동물매개치료를 적용하고 있고, 동물매개치료 적용기관들은 수의사를 고용하여 치료 도우미동물이나 방문동물의 건강상태, 치아관리, 피부건강, 목욕의 적합성 여부, 기생충이나 전염병의 여부를 정기적으로 검사한다. 이러한 검증 절차를 거쳐서 병원에 방문하게 된다(Gerhardt, 2000). 미국의 병원들이 동물매개치료의 프로그램에 대한 적합성에 대한 판단의 지침을 따르고 있다. 모든 환자가 동물매개치료에 합류할 수 없는 것은 다양한 환자들의 상태에 따라서 동물과의 접촉이 금기되는 경우가 발생하기 때문이다.

표 9-8. 개인 반려동물의 병원 방문 시 수의학적 지침

- 일부 병원이나 기관에서는 개인 반려동물의 방문에 대하여 아래와 같은 지침을 사용한다.
- 방문 전 24시간 반려동물은 목욕을 하여야 한다.
- 반려동물은 예방접종 프로그램에 따라 빠지지 않고 최근 예방 접종까지 실시되어야 한다.
- 병원 내로 이동하거나 외부로 반려동물이 이동하려면 훈련된 직원을 동반하여야 한다.
- 반려동물은 환자 주인과만 접촉 할 수 있다.
- 방문은 시간에 제한을 두어야 한다. (보통 1주에 30분)
- 병원이나 기관의 정책은 청각도우미견, 시각안내견, 발작검출견과 같은 도우미견을 보호하는 내용이 포함된 미국장애인법에 저촉되지 않아야 한다.

출처 : Connor & Miller. (2000).

2) 치료 도우미동물의 수의학적 복지 지침

동물매개치료에 이용되는 치료 도우미 동물들은 오랜 시간 불안정한 상태에서 휴식을 취하지 못하거나 대상자와 핸들러의 거칠고 과격한 행동이 많은 스트레스를 받는 주요 원인이 되기도 한다. 동물은 스트레스를 받으면 심리적, 신체적, 행동적 증상을 보이게 된다. 동물이 이상 행동을 나타낼 때는 그것이 스트레스 때문인지 주위 환경의 영향인지를 파악해 보아야 한다. 동물이 스트레스의 반응으로 이상행동을 보이게 된다면, 동물매개치료를 진행하는 핸들러는 신속하게 스트레스를 받아 나타나는 동물의 증상을 파악하여 활동에서 즉시 분리하고 안정을 시키며, 이상 증상이 없어질 때까지 매개치료를 중단해야 한다. 그러므로 치료 도우미동물의 스트레스 신호를 알아차리고 적절한 대처를 하기 위해 동물의 스트레스 증상에 대한 가이드라인을 제시하고자 한다.

(1) 치료 도우미동물의 스트레스 증상

동물이 이상행동을 나타낼 때는 그것이 스트레스 때문인지 주위 환경의 영향인지를 파악해 보아야 한다. 예를 들어 너무 덥거나 갈증을 느낄 때도 헐떡거리는 증상이 나타난다. 동물이 스트레스로 말미암은 증상이 나타날 때 취할 수 있는 조치는 다음과 같다(Delta society, 2000).

표 9-9. 치료 도우미동물의 스트레스의 대처방안

1	즉시 분리하고 쉬도록 하여 안정시킨다.
2	증상이 없어질 때까지 매개치료를 중단한다.
3	자주 증상이 나타날 때는 정밀검사를 하여 적합성 여부를 판정한다.
4	나이가 많은 동물은 은퇴시킨다.
5	치료 활동 후에는 몸을 가볍게 마사지해 준다.

표 9-10. 치료 도우미동물의 스트레스 반응

개	· 불안해 한다. · 몸을 흔든다. · 헐떡거리고 침을 흘린다. · 눈동자가 커진다. · 지나치게 눈을 깜박 거린다. · 주의 산만하고 혼란스러워 한다. · 눈 맞춤을 피한다. · 하품을 자주한다. · 털이 많이 빠진다. · 울음소리를 낸다. · 입술을 핥는다. · 사람을 피한다. · 자리를 피한다. · 명령에 따르지 않는다. · 배뇨현상을 보인다.	토끼	· 몸이 경직되고 꼬리가 올라간다. · 눈이 커지고 흰자를 많이 보인다. · 귀를 뒤로 젖힌다. · 울음 소리를 낸다. · 사람을 피한다. · 호흡이 빨라진다. · 입술을 핥는다. · 접촉을 피한다.
고양이	· 주의가 산만하고 불안해한다. · 사람에게 매달린다. · 수동적으로 행동한다. · 명령에 따르지 않는다. · 방어적 태도를 가진다. · 털이 많이 빠진다. · 눈동자가 커진다.	새	· 깃털을 곧두 세운다. · 사람을 피한다. · 배설하는 횟수가 증가한다. · 쪼는 행동을 반복한다. · 멀리 쳐다본다. · 평소와는 다른 소리를 낸다.

출처 : Delta society, (2000).

매개치료에 이용되는 치료 도우미 동물은 얼굴 표정, 눈빛, 자세, 소리로 자신의 상태와 다음 행동을 나타낸다. 동물도 본능적으로 생존하려는 욕구가 있기 때문에 일차적인 두려움과 공격성을 가지며 이차적인 감정인 애정과 슬픔, 고통과 같은 감정이 있고 표현한다. 치료 도우미동물로 널리 이용되는 개와 고양이의 감정과 자세는 다음과 같다.

표 9-11. 개의 감정과 자세

구 분		표정과 자세
부정적 행동	공격적	· 귀를 앞으로 세우고 귀를 당겼다가 내리면서 공격한다. · 눈은 고정된 채로 상대를 주시한다. · 입술은 올라가며 입을 벌리고 콧등에 주름이 생긴다. · 머리는 높이 들어 올리고 몸이 경직되며 긴장한다. · 몸의 중심을 앞쪽으로 기울이며 공격 자세를 취한다. · 털을 엉덩이부터 목까지 세운다. · 앞다리는 공격 방향으로 향한다. · '으르렁' 거리는 소리를 낸다.
	공포심 (두려움)	· 귀를 뒤로 눕혀 내리면서 눈을 크게 뜨고 고정되어 있다. · 머리를 조금 숙이고 입이 약간 열려있다. · 털은 목 위로 세워져 있다. · 몸의 중심이 뒤쪽에 있고 꼬리를 다리사이에 넣는다. (그레이하운드는 예외임) · 덜덜 떨고 소변을 자주 눈다. · 도망치려고 준비하며 우는 소리를 낸다.
	복종적	· 귀와 눈을 아래로 내리고 있다. · 머리를 숙이고 뒤로 당겨 수평을 이룬다. · 털이 아래로 향하고 꼬리를 흔들거나 내린다. · 우는 개도 있다.
	수동적	· 머리를 내리고 귀가 쳐진다. · 꼬리를 바짝 붙이고 옆으로 누워 있다. · 소변을 눈다.
긍정적 행동	활동적 (쾌활)	· 귀가 올라가 있고 눈의 움직임이 활발하다. · 털이 몸에 편평하게 약간 뒤쪽으로 향해 있다. · 입은 긴장감이 없다. · 앞발을 들어올리기도 한다. · 꼬리를 위로 향하고 크게 흔든다. · 헐떡거리기도 하고 짖거나 울기도 한다.
	신중함	· 귀를 세우고 눈을 자주 움직인다. · 머리를 올리고 긴장감이 없다. · 털이 편평하고 균일하게 분포되어 있다. · 꼬리는 수평을 이루고 천천히 좌우로 움직인다. · 울거나 짖는 소리를 내지 않는다. · 눈을 지그시 감고 긴장을 풀고 편안한 자세를 취한다.

출처 : Delta society, (2000).

표 9-12. 치료도우미 고양이의 표정과 자세

구분			표정과 자세
공포심 두려움			· 긴장감이 있고 땅에 엎드려 웅크리고 있는다. · 귀를 뒤로 붙이고 머리보다 낮게 내린다. · 눈의 동공이 커지고 상대를 강하게 응시한다. · 콧수염을 뒤로 젖히고 꼬리를 활발하게 움직인다.
부정적 행동	공격성	방어적	경우에 따라 공격성을 보인다.
			귀를 뒤로 붙인다.
			동공이 확대되고 강하게 응시한다.
			등을 구부리고 동작이 빨라진다.
			앞발을 들고 땅을 내리친다.
			이를 드러내고 성난 소리를 낸다.
		공격적	공격의향을 보인다.
			귀를 높이 세우고 머리를 천천히 돌린다.
			눈의 동공이 수축되고 목표물을 주시한다.
			콧수염이 앞으로 펼쳐진다.
			털이 등에서 꼬리까지 세워진다.
			몸이 길게 펴지고 발톱을 내밀면서 앞발을 올린다.
			입술이 위축된다.
	복종적		귀를 뒤로 붙이고 턱을 앞발 사이에 넣는다.
			눈을 아래로 내리고 눈맞춤없이 동공이 작아진다.
			눈꺼풀이 감기고 콧수염을 얼굴쪽으로 향하게 한다.
			꼬리를 내린다.

출처 : Delta society, (2000).

표 9-13. 건강한 개의 상태

구분	상태
식욕 및 원기	귀의 움직임이 활발하고, 식욕이 왕성하며, 외부자극에 민감하다.
보행	걸음걸이가 활기차고 자세가 바르다.
체온 및 맥박	평균정상 체온은 38-39°C내외이며, 정상맥박은 70-120회/분, 호흡수는 20-25회/분이다.
비만정도	몸이 풍만하고 좌골단의 뼈를 감지할 수 있다.
동작	꼬리의 움직임이 활발하고, 눈은 충혈되지 않으며 움직임이 활발하다.
비경 및 점막	비경은 점액이 나와 축축하게 젖어있고, 콧구멍과 눈꺼풀 안의 점막은 붉지 않으며 입안에는 거품이 흐르지 않고 점막에 궤양이 없다.
피부와 피모	피모는 윤택하고 밀도가 높으며 피부의 탄력이 좋다.
배변상태	변은 설사나 변비가 아니며, 오줌에는 피나 점액이 없고, 항문과 외음부가 깨끗하다.

출처 : 이형구, 김범수, 김옥진, 김병수, 마영남. (2010).

표 9-13. 증상에 따른 질병의 예측

증상	예측 질병
설사	급성 및 만성질환, 디스템버, 파라티프스, 식중독, 회충증 등
변비	디스템버 초기, 항생제 과다투여, 장의 유착, 복수증 등
혈변	콕시듐성 장염, 파보바이러스성 장염, 살모렐라성 장염, 렙토스피라증, 십이지장충, 편충증 등
기침	전염성 기관지염 등
동작의 둔화	구루병, 슬개골 탈구 등
식욕감퇴	급성위염, 자궁축농증, 위궤양, 위장 이물질 등.
구토	위염, 뇌염, 뇌막염, 복막염, 톡소프라스마, 간질환 등
귀를 긁거나 털음	외이염, 귀 개선충증 등
엉덩이 비빔	항문낭 질환, 촌충증 등
눈동자 흐려짐	망막손상, 안구내 출혈, 안검염 등
탈모, 경련	농가진, 모낭염, 여드름, 개선충증, 모낭충증, 진드기, 피부사상균증, 식이과민증, 담마진과 혈관부종, 지루성 피부염, 피부낭포, 갑상선기능저하
침흘림, 악취	치주질환
통증	구루병, 슬개골 탈구 등

출처 : 이형구 외 (2010).

(2) 치료 도우미동물의 인수공통전염병

동물매개치료 확산의 최대 고려사항은 동물로부터 올 수 있는 감염병인 인수공통감염병(Zoonosis) 문제이다. 많은 의료진이 장기요양시설 등의 의료시설에 치료동물의 반입을 반대하는 것은 특히 면역 저하 우려가 있는 환자는 더 큰 반대를 하게 된다. 이러한 반대는 치료동물로부터 올 수 있는 상해(물리거나 할퀴게 되는 것) 또는 알레르기보다 인수공통전염병에 대한 염려로부터 시작된다.

개의 인수공통전염병의 종류와 증상은 다음과 같다. 광견병은 개의 바이러스 감염증으로 모든 온혈 포유동물에 감염되는 치명적인 법정전염병으로서 사람이나 다른 동물을 물었을 때 타액을 통해 전파되어 사람에게는 공수병을 일으킨다. 렙토스피라증은 세균성 감염증으로 1898년 이래 유럽 등지에서 많이 발생한 질병으로 갑작스러운 고열, 오한, 황달 그리고 유산을 일으키는 등의 증상을 보이며, 사람에게도 전파되어 비슷한 증상을 보이는 인수공통감염병으로서 렙토스파이라 세균에 감염된 들쥐에 의하여 전파되는 질병이다. 브루셀라병은 세균성 인수공통감염병으로 유산을 제외한 특별한 임상증상을 나타내지 않고, 진단상 어려움이 많고, 항상 보균동물을 통해 존재함으로써 집단적으로 사육하고 있는 번식장에서는 매우 중요한 전염병이다. 라임병은 세균성 인수공통감염병으로 진드기에 의하여 전파되는 질병으로 사람에 감염이 일어나는 인수공통감염병이다. 심장사상충은 기생충 감염증으로 현재 가장 광범위하게 퍼져 있는 기생충으로 중간 숙주인 모기를 통해 전염된다. 선충류는 내부 기생충 감염증으로 선 형태의 모양을 한 견회충, 견소회충, 개편충 등이 있으며 구충류는 갈고리가 있는 형태를 갖춘 십이지장충, 비경구충이 있다. 인수공통감염병의 조충류는 납작한 선모양의 형태를 한 기생충으로서 긴촌충, 촌충, 일반조충, 고양이 조충, 다두조충 등이 있다. 흡충류의 인수공통감염병으로는 창형흡충, 묘흡충, 간흡충, 페디스토마 등이 있다.

표 9-14. 개의 주요 인수공통전염병

병명	병원체	감염경로	사람에서의 증상
광견병	Rabies virus	감염된 개에게 물린 경우	두통, 불안감, 경련, 사망
렙토스피라증	*Leptospora* inerrogans	감염동물의 요충으로 나온 병원체가 물과 토양을 오염시키고, 이를 접촉하는 경우 감염된다.	발열, 두통, 근육통, 구토, 출혈, 황당, 신부전
파스튜렐라증	Pasteurella spp.	감염동물에 물리거나, 입맞춤 등에 의해 직접 감염된다.	국소적인 통증, 발적, 종창
부르셀라증	*Bruella Canis*	유산태아 등의 접촉	오한, 발열, 두통, 근육통
라임병	*Borrelia burgdorferi*	감염동물을 흡혈한 진드기에 의해 감염된다.	윤곽이 명료한 홍반, 관절염
톡소카라증	*Toxacara canis*	견회충란을 섭취	발열, 근육통, 소아에서는 시력장애가 온다.
분선충증	분선충	오심지역에서 휴지기를 보내는 제3기 유충의 경피 감염	설사, 점액성 혈변
심장사상충증	견사상충	감염동물을 흡혈한 모기에 물린 경우.	기침, 발열, 흉통
개조충	개조충	감염 유충을 가지고 있는 벼룩을 섭취하는 경우.	통상적으로 무증상이지만 소아에서는 소화기 장애가 보인다.
개선충	진드기	감염동물과 직접접촉	피부 가려움증, 구진
벼룩교상	개벼룩, 고양이 벼룩	오염 환경중의 번데기	심한 가려움, 발적
피부진균증	Microsporum spp,. Trichoophyton spp.	감염동물과의 직접적인 접촉	두부, 팔, 다리, 피부에 원형 홍반, 소수포

출처 : 김옥진, 김병수, 황인수 (2007).

(3) 인수공통전염병 기생충 예방

인수공통전염병의 기생충 예방 및 치료법은 다양한 전파방법으로 감염되는 기생충의 감염 예방은 단순한 구충제의 투여만으로는 예방에 어려움이 있다. 기생충 감염은 어린 동물에게 특히 피해가 크기 때문에 어린 동물은 동물병원을 방문하여 건강진단과 분변검사를 받아보아야 한다. 생후 4~6주경에 구충한 후 생후 4개월이 되면 3주 간격으로 구충제를 투여해야 한다. 심장사상충 예방을 위해서는 모기가 발생하는 계절에 심장사상충 예방제를 월 1회 경구 투여한다. 구충 관리와 건강한 동물의 상태를 유지 할 수 있는 지침서는 〈표 9-15〉와 같다.

표 9-15. 기생충의 예방 및 치료

1	조속한 분변 청소 및 위생적 처리
2	동물 자체 및 주변 정기적인 소독
3	청결하고 영양이 풍부한 먹이급여
4	이, 벼룩, 모기 등의 해충 구제
5	쥐의 구제
6	선충류 및 조충류, 흡충류 구충이 가능한 종합구충제 투여

(4) 개의 예방접종

모체이행항체가 소실되기 이전인 생후 6주령부터 예방접종 하여 방어항체 수준을 끌어올리기 위해서 백신을 프로그램에 따라 반복 접종을 하여 인수공통감염을 예방하게 된다. 인수공통전염병의 예방접종 목적은 동물의 전염병에 대한 방어능력을 길러주어 전염병을 사전에 예방하고자 하는 것이다. 예방약을 구입할 때는 반드시 약품에 표시된 유효기간을 확인해야하며, 사독백신은 접종하기 전까지 2-5°C의 냉장고에 보관하고 생독백신은 냉동실에 보관해야 한다. 예방접종을 할 때는 일회용 주사기를 사용하고 주사기나 주사침을 소독약으로 사용하면 접종 효과가 없을 수도 있다. 종합백신과 광견병 예방주사는 같은 날 접종하지 말고, 2주 이상 간격을 두며, 접종한 1주일 정도는 스트레스로부터 멀리해주는 것이 좋다(이형구 외, 2010). 백신프로그램의 내용은 〈표 9-16〉에 제시하였다.

표 9-16. 백신예방접종 프로그램

질병	연령	회수	보강접종
DHPPL (홍역, 전염성 간염, 파보바이러스성 장염, 파라인플로엔자, 렙토스피라)	생후 6주부터 2-4주 간격	2-3회 접종 (18주까지 접종)	매년 1회
코로나 장염	생후 6주부터 2-3회 간격	2-3회 접종 (18주까지 접종)	매년 1회
전염성 기관지염	생후 6주부터 2-4주 접종	2-3회 접종 (18주까지 접종)	매년 1회
광견병	생후 3-4개월령	1회 접종	매 6개월

(5) 치료 도우미동물의 위생 관리

동물매개치료는 엄격한 치료 도우미 동물의 선발과 훈련 과정을 거칠 뿐 아니라 위생관리에 대한 지침을 따라 철저한 관리를 받아야 한다. 동물매개치료 프로그램 과정 동안에 인수공통감염병의 배제를 확실할 수 있도록 고려해야 한다. 동물로부터 사람에게 감염될 수 있는 감염병인 광견병, 앵무병, 살모넬라, 톡소플라즈마, 캠필로박터, 지알디아 감염증과 같은 동물로부터 안전한 대책이 마련되어야 한다. 프로그램 참여 수의사에 의해 이러한 인수공통감염병은 예방될 수 있고 문제가 없음을 검사하여 확인할 수 있다.

치료 도우미 동물들은 적절히 예방접종이 실시되어야하고 그에 따른 증명서를 첨부하여야 한다. 만약 활동 동물이 시설에 거주한다면 치료 도우미 동물의 먹는 것과 음수, 사육시설, 미용과 운동이 적절히 이루어지는지 감독이 이루어져야 한다. 치료 도우미 동물들과 관련된 소음과 배설물 문제도 해결방안이 마련되어 있어야 한다.

인수공통감염병에 대한 염려는 수의사에 의한 치료 도우미동물의 정기적인 예방접종, 월 1회 내부기생충 구충, 정기적으로 외부기생충 예방 및 검사, 알레르기 감소물질 함유 샴푸로 정기적 목욕 등 지침서의 내용을 따르면서 최소화될 수 있다.

동물매개치료 과정 동안 활동사들은 환자와의 접촉을 위하여 비누를 가지고 손을 철저히 씻어야 한다. 치료 도우미동물 또한 예방접종 프로그램에 따라 최근 백신이 접종되어야 하고 질병이나 기생충이 없도록 철저한 관리가 필요하며, 동물매개치료 활동 전 24시간 안에 목욕을 시키도록 관리되어야 한다.

치료 도우미동물은 수의사에 의하여 정기적 검진과 예방접종 및 위생 관리를 위한 수의학적 진료를 받고 아래와 같은 수의학적 평가서가 관리돼야 한다. 수의학적 평가서의 내용은 〈표 9-17〉에 제시하였다.

표 9-17. 수의학적 평가서

1. 정기적인 예방접종 유무

백신종류	접종유무			매년 추가접종			수의사 평가
	차수	Yes	No	년도	Yes	No	
DHPPL	1차						
	2차						
	3차						
	4차						
	5차						
Corona	1차						
	2차						
Kennel Cough	1차						
	2차						
Influenza	1차						
	2차						
Rabies	1차						

2. 내·외부 기생충 및 예방검사

	구충약	매달 예방유무(○)						검사유무	수의사 평가
내부기생충		1	2	3	4	5	6		
		7	8	9	10	11	12		
외부기생충		1	2	3	4	5	6		
		7	8	9	10	11	12		

3. 동물병원 진료내역(신체검사포함)

전반적인 검사	병원진료내역	수의사 평가

4. 인수공통전염병 예방 및 검사

동물	병원균	전염	의심유무		검사	평가
			Yes	No		
개	Capnocytophaga canimorsus	상처				
개/고양이	Pastueurella haemolytica	상처				
개/고양이	Pasteurella multocida	상처				
고양이/개	Bartonella henselae	상처				
개/새	Richettsia rickettsiae	상처				
개/쥐/소	Leptospira sp.	물림				
개/고양이/돼지	Dermatophytes (Trichophyton,Microsporum)	피부				
개/고양이	Sarcoptes scabei	피부				
개/고양이	Mixed aerobes/ anaerobes	피부				
개/고양이/돼지	Bordetella bronchiseptica	흡입				
개/고양이/비둘기	Cryptococcus noeformans	흡입				
많은 동물	Pneumocystis carinii	흡입				
개/고양이	Campylobacter sp.	경구				
가축동물	Listeria sp.	경구				
소/기타	Cryptosporidium parvum	경구				
개/양	Giardia lamblia	경구				
고양이	Toxoplasma gondii	경구				
개	Toxocara canis	경구				
개/고양이	Salmonella enterica	경구				
개	Echinococcus granulosus	경구				
물고기	Mycobacterium ulcrans	피부				
새	Chlamydia psittacosis	경구				

5. 수의학적 적합성 평가

평가 목록	적합	부적합	수의사 평가
예방접종 유무			
내외부기생충 예방			
진료내역(신체검사포함)			
인수공통전염병 예방			

※ 1,2,3,4,5의 수의학적 평가에 의하여 치료 도우미 동물 (   )는 동물매개치료 프로그램을 수행함에 있어서 적합함을 인증합니다.

20   년   월   일

담당   (인)

저자약력

김옥진 서울대학교 대학원 수의학과/수의학박사
現 원광대학교 대학원 동물매개심리치료학과 주임교수
現 한국동물매개심리치료학회 회장

홍선화 원광대학교 대학원 동물응용과학과/농학박사
現 한국동물매개심리치료학회 상임이사
現 서울호서직업전문학교 애완동물 계열 교수

김현주 서울대학교 대학원 수의학과/수의학박사 수료
現 한국동물매개심리치료학회 윤리분과 위원장
現 서정대학교 애완동물과 교수

유지현 원광대학교 대학원 동물응용과학과/박사과정
現 국립축산과학원 기술지원과 농촌지도사

치료도우미 동물학

발　　행 / 2026년 3월 20일

판 권
소 유

•
저　　자 / 김옥진, 홍선화, 김현주, 유지현
펴 낸 이 / 정 창 희
펴 낸 곳 / 동일출판사
주　　소 / 서울시 강서구 곰달래로31길7 (2층)
전　　화 / 02) 2608-8250
팩　　스 / 02) 2608-8265
등록번호 / 제109-90-92166호

ISBN 978-89-381-1125-8 93520
값 / 18,000원

본 교재는 2017년 농촌진흥청 어젠다 연구개발사업(PJ0128472017) '아동용 반려견 매개교육 모델 개발 및 전문 인력 활용방안 연구' 연구비 지원을 받아 수행되었으며, 이에 감사드립니다.